CNC 車床程式設計實務與檢定

梁順國　編著

全華圖書股份有限公司

教材使用說明

　　本教材為配合初學者循序學習，故採用程式例作說明，使學習者瞭解各指令之功能意義及程式編寫格式，進而應用正確的指令編輯 NC 加工程式。教材中各章節內加入的程式例，只用當作程式編輯說明使用，而教材內之程式實例可提供學習者實際加工演練使用。教材內 NC 程式以 F-10T、F-15T、F-0T 為主之控制系統做介紹說明。

本教材使用注意事項：

※ 教材內的程式，適合右手座標系統的數值控制車床使用。(目前新推出機械多使用此座標系統) 區分如下圖：

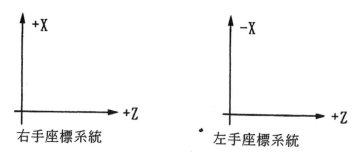

※ 教材內的程式例只供說明使用，不可作實際加工。

※ 教材內的程式實例，需經模擬無誤後，才可作實際加工。

※ 程式實例內的工具編號，須依照使用的機械作適當的修改，才可自動執行程式。

※ 本教材適用於數值控制車床教學、自我學習及技能訓練使用。

※ 本教材以 F-10T、F-15T、F-10TF、F-15TF、F-0T 之控制系統做說明。

※ 教材內附全國技術士乙級術科檢定參考試題，適於參加技能檢定者參考使用。

※ 本教材只以 F-10T、F-15T、F-10TF、F-15TF 之控制面板做說明，若有 F-0T、0iTF 機型者請對照使用。

教材內按鍵狀態說明

 按鍵 "ON" 的狀態　　　　　 按鍵 "OFF" 的狀態

編者序

臺灣的工業近幾年來突飛猛進，在政府大力提倡工業自動化後，由勞力密集工業提昇成為亞洲經濟強國，是因為工業界發展工業自動化之結果，而工業自動化之核心為電腦數值控制機械，因用電腦數值控制機械生產出來的產品，品質優良，產能又容易控制，製造彈性化，非傳統機械所能相比，最近廣為業界大量採用，故電腦數值控制機械程式設計人員、操作人員及維修人員，甚至週邊輔助人員，為業界廣為晉用，在供需失衡的情況下，於是政府在全國各區設立公共職業訓練中心，開設數值控制機械相關課程，提供國民免費做職前、進修、轉業訓練用，亦接受相關業界委託訓練及產學訓合作之服務。

筆者服務於臺北市政府勞工局職業訓練中心，擔任電腦數值控制機械之教學及職能訓練工作，有感於坊間關於專門教授 CNC 車床之書籍，除了製造公司自行編寫的說明書之外，對於教學訓練之教材又不足，所以希望能有適當之教材供自學者、程式設計員、機械操作員及欲參加技術士技能檢定者參考使用。

本書蒙日商丸嘉、陳傳銓先生、泰山職訓陳課長景盛老師校閱、同事洪獻簡、鄭宗澤、孫德良、王大齊、岳校明老師及祺鼎工業有限公司徐一弘總經理、仁安資訊科技股份有限公司陳清安總經理，林世芳、許竣傑、陳映成先生及台中精機的協助，在此深表謝意。

本書除了參考森精機手冊『發那科維修說明書』亦加入吾於日本中央技能開發中心精密機械的職業訓練之心得、三碓貿易、寶華實業、山特維克公司工具手冊、台灣三豐儀器、忠達貿易、基準科技公司技術資料及筆者自行增加之程式範例與 CNC 車床術科檢定範例，供學習者參考學習使用。倉促成書若有謬誤之處，希望諸位先進不吝指正。

梁順國　謹識

編輯部序

「系統編輯」是我們的編輯方針，我們所提供給您的，絕不只是一本書，而是關於這門學問的所有知識，它們由淺入深，循序漸進。

本書內容以 F-15T，F-10T，F-0T 控制系統為主，以程式例做說明，並配合圖解，讓您輕鬆地活用指令功能，進而從工作圖實例中，編輯 NC 加工程式及上機實務。除此之外，還有操作步驟之解析，增加工具的認識及選用要點，並以圖解教導讀者安裝、調整工具，易懂易學，還有自我評量單元及術科技能檢定範例，可供學校、職訓中心教學之用，也可供 CNC 工程師參考，更是欲參加技能檢定者的必備書籍。

同時，為了使您能有系統且循序漸進研習相關方面的叢書，我們以流程圖方式，列出各有關圖書的閱讀順序，以減少您研習此門學問的摸索時間，並能對這門學問有完整的知識。若您在這方面有任何問題，歡迎來函連繫，我們將竭誠為您服務。

相關叢書介紹

書號：06480
書名：Mastercam 2D 繪圖及加工使用
　　　手冊
編著：陳肇權、楊振治
16K/400 頁/480 元

書號：06269017
書名：Mastercam 2D 繪圖及加工使用
　　　手冊(第二版)(附範例光碟)
編著：楊振治、鍾華玉、林似諭
16K/400 頁/450 元

書號：05225017
書名：Mastercam 2D 繪圖與加工教學
　　　手冊(9.1 SP2 版)(附範例光碟片)
　　　(修訂版)
編著：鍾華玉、陳添鎮
16K/528 頁/490 元

書號：05226027
書名：Mastercam 3D 繪圖與加工教學
　　　手冊(9.1 SP2 版)(第三版)
　　　(附範例光碟)
編著：鍾華玉、李財旺
16K/624 頁/620 元

書號：0320903
書名：CNC 綜合切削中心機程式設計
　　　(第四版)
編著：傅能展
16K/368 頁/400 元

書號：0572006
書名：CNC 綜合切削中心機程式設計
　　　與應用(第七版)
編著：沈金旺
20K/456 頁/520 元

書號：0541005
書名：數控工具機(第六版)
編著：陳進郎
16K/520 頁/560 元

書號：0560203
書名：數控技術(第四版)
編著：林聰德
16K/272 頁/320 元

◎上列書價若有變動，請以
　最新定價為準。

流程圖

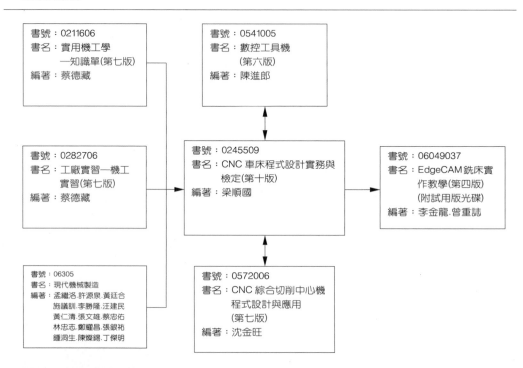

書號：0211606
書名：實用機工學
　　　—知識單(第七版)
編著：蔡德藏

書號：0541005
書名：數控工具機
　　　(第六版)
編著：陳進郎

書號：0282706
書名：工廠實習—機工
　　　實習(第七版)
編著：蔡德藏

書號：0245509
書名：CNC 車床程式設計實務與
　　　檢定(第十版)
編著：梁順國

書號：06049037
書名：EdgeCAM 銑床實
　　　作教學(第四版)
　　　(附試用版光碟)
編著：李金龍.曾重誌

書號：06305
書名：現代機械製造
編著：孟繼洛.許源泉.黃廷合
　　　施議訓.李勝隆.汪建民
　　　黃仁清.張文雄.蔡忠祐
　　　林忠志.鄭耀昌.張銀祐
　　　鍾洞生.陳燦錫.丁傑明

書號：0572006
書名：CNC 綜合切削中心機
　　　程式設計與應用
　　　(第七版)
編著：沈金旺

目錄
Contents

第一章 電腦數控車床概論 **1-1**

1.1 數控機械與傳統機械的比較 1-2

1.2 數值控制車床之基本結構 1-2

1.3 數值控制機械資料傳輸方式 1-8

1.4 紙帶的規格 1-8

1.5 EIA 碼與 ISO 碼之差異 1-10

1.6 程式紙帶 1-11

1.7 數值控制機械操作錯誤導致撞機原因 1-12

第二章 NC 程式之製作 **2-1**

2.1 程式與 NC 車床加工之關係 2-2

2.2 程式的製作 2-3

2.3 NC 程式製作之流程 2-4

2.4 NC 程式編寫應注意之事項 2-4

2.5 程式編寫基本格式 2-6

2.6 原點 2-7

2.7 加工原點之設定 2-9

2.8 程式編號 O 2-10

2.9 序號 2-11

2.10 NC 程式的組成 2-13

2.11 座標值的指令方法 2-14

2.12 自學練習 2-15

2.13 絕對值程式例說明 2-17

2.14 增量值程式例說明 2-18

2.15 絕對值與增量值比較 2-19

2.16 程式製作說明 2-19

第三章　準備機能 (G 指令)　3-1

3.1　G00(快速移動定位) 3-5

　　3.1.1　各機型快速移動一覽表　3-8

3.2　G01(直線切削指令) 3-9

3.3　G02、G03(圓弧切削指令) 3-17

　　3.3.1　圓弧切削方向與座標軸之關係　3-18

　　3.3.2　程式例說明 (不得加工) 刀鼻為 0　3-19

　　3.3.3　圓弧路徑 (I、K 及 R 值之辨識)　3-20

3.4　G04(暫停指令) 3-21

　　3.4.1　指令編寫方法 G04 U(X、P) 時間　3-21

3.5　G20/G21(英制輸入 / 公制輸入) 3-24

3.6　G27(經參考點復歸核對) 3-25

3.7　G28(自動原點復歸) 3-26

3.8　G29(經參考點之原點復歸) 3-27

3.9　G50(座標系設定 / 轉速限制) 3-28

　　3.9.1　G50(主軸最高迴轉速度的設定)　3-28

　　3.9.2　座標系設定 G50X_____Z_____(6T 機型使用)　3-30

3.10　G32(螺紋切削) 3-38

　　3.10.1　進給率的限制　3-38

　　3.10.2　不完全螺紋部分 (L1、L2)　3-39

　　3.10.3　G32(螺紋切削指令)　3-39

　　3.10.4　G32 螺紋切削程式例　3-40

　　3.10.5　G32 錐度螺紋例 (PT-2 1/2)　3-41

3.11　G92(螺紋切削固定循環指令) 3-42

　　3.11.1　外螺紋切削程式實例　3-44

　　3.11.2　螺紋高度之計算　3-45

　　3.11.3　內螺紋程式實例　3-48

　　3.11.4　螺紋切削分配一覽表　3-50

3.11.5 螺紋 3-51

3.11.6 螺旋的原理 3-53

3.11.7 螺紋節距與導程的關係 3-53

3.11.8 螺紋標註例說明 3-54

3.11.9 螺紋的量測 3-54

3.12 G96/G97(周速一定限制 / 轉速一定限制) 3-57

3.13 G98/G99(每分鐘進給指定 / 每迴轉進給指定) 3-59

3.14 自動倒角機能 (F-10T、F-15T 特殊機能) 3-60

3.14.1 倒角機能使用上之注意事項 3-64

3.14.2 自動倒角程式例 3-65

3.15 ／ 選擇性單節刪除 (BLOCK DELETE) 3-66

第四章　輔助機能 (M 指令)   4-1

4.1 M00(程式停止) 4-3

4.2 M01(選擇性程式停止) 4-5

4.3 M02(程式終了) 4-7

4.4 M30(程式終了) 4-8

4.5 M03/M04/M05(主軸正轉 / 主軸逆轉 / 主軸停止) 4-10

4.6 M08/M09(切削液開 / 切削液關) 4-12

4.7 M41、M42(主軸速度檔域選擇) 4-13

4.8 M10/M11(夾頭夾緊 / 夾頭放鬆) 4-15

4.9 M17/M18(刀塔正轉 / 刀塔逆轉) 4-17

4.10 M25/M26(尾座心軸伸出 / 尾座心軸退回) 4-17

4.11 M21/M22(尾座前進 / 尾座後退) 4-18

4.12 M73/M74(捕捉器伸出 / 捕捉器退回) 4-19

4.13 M19(主軸定位停止) 4-19

4.14 M23/M24(斜提刀 / 直提刀) 4-20

第五章	主軸機能 (S 指令)	5-1
5.1	指令方法	5-2
5.2	主軸迴轉速度限制指令 G50 S_____	5-2
5.3	切削速度的指令 G96 S_____	5-3
5.4	迴轉速度的指令 G97 S_____	5-4
5.5	指令應用上的注意事項	5-4
5.6	程式例說明	5-5

第六章	工具機能 (T 指令)	6-1
6.1	工具編號及指令方法	6-2
6.2	工具磨耗補償	6-3
6.3	工具磨耗補償應用	6-4

第七章	進給機能 (F 指令)	7-1
7.1	G99 (每轉進給之設定 mm/rev)	7-2
7.2	進給率公制及英制之編寫方法	7-3
7.3	G98(每分鐘進給之設定)	7-5
7.4	進給率與表面粗度的關係	7-7
7.5	切削進給率範圍	7-9

第八章	捨棄式車刀之選用	8-1
8.1	捨棄式車刀之介紹	8-3
8.1.1	切削工具之分類	8-3
8.1.2	刀具材料	8-4
8.1.3	捨棄式車刀各部位名稱	8-5
8.2	刀柄編號	8-6
8.3	刀片編號	8-15
8.4	刀具選擇要領	8-19

第九章	刀尖補償	9-1

9.1	端面切削的補償	9-2
9.2	外徑及肩部加工之補償	9-3
9.3	錐度加工之補償	9-4
9.4	錐度切削的補償方向	9-7
9.5	圓弧加工之補償	9-8
9.6	三角形關係的各邊比	9-10
9.7	交點計算例 (程式實例)	9-12
9.8	刀鼻半徑補償量一覽表	9-26

第十章	面板操作	10-1

10.1	面板說明	10-2
10.2	按鍵說明	10-2
10.3	符號鍵 (對答式操作使用) 10TF	10-3
10.4	功能軟體按鍵說明	10-4
10.5	開關旋鈕說明	10-5
10.6	CRT 下方按鍵使用說明	10-12
10.7	主功能軟體鍵使用說明	10-13
10.8	操作流程例說明	10-18
10.9	油壓夾頭使用	10-32
10.10	夾爪的分類	10-33
10.11	夾爪裝置要領	10-34
10.12	刀具安裝要領	10-37
10.13	刀具安裝	10-38
10.14	切削液裝置	10-40
10.15	一般校刀法	10-41

第十一章　固定循環指令 (G90、G94)　　11-1

11.1　G90 外徑自動循環切削 11-2

11.2　G94 端面自動循環切削 11-3

11.3　加工實例 11-6

第十二章　刀鼻自動補償機能　　12-1

12.1　G41、G42(偏左及偏右補償) 12-2

12.2　刀尖指令點之決定 12-3

12.3　刀鼻半徑之指令 12-5

12.4　刀鼻半徑補償機能 12-6

12.5　刀鼻自動補償之狀況 12-6

12.6　基本的補償動作 12-7

第十三章　複合形循環指令　　13-1

13.1　G71 橫向粗切削複合形循環指令編寫方法 13-2

13.2　G70 精切削複合形循環指令編寫方法 13-7

13.3　G72 縱向切削複合形循環指令編寫方法 13-11

13.4　G73 成形切削複合形循環指令編寫方法 13-17

13.5　G74 難削材料加工複合形循環指令編寫方法 13-22

13.6　G75 溝槽切削複合形循環指令編寫方法 13-24

13.7　G76 螺紋切削複合形循環指令編寫方法 13-29

第十四章　副程式　　14-1

14.1　M98 副程式呼叫指令 14-2

14.1.1　副程式之編寫方式　　14-3

14.2　M99 副程式結束指令 (跳回主程式) 14-3

14.2.1　副程式執行動作　　14-4

14.2.2　副程式應用實例　　14-5

15.1　傳送 CNC 程式 -PC 到 CNC 機台 15-2

15.1.1　傳送程式 -PC 操作　　　　　　　　　　　　15-2

15.1.2　接收程式 -CNC 機台操作　　　　　　　　　15-4

15.1.3　接收程式 -CNC 機台操作表　　　　　　　　15-7

15.1.4　直接傳送 -PC 操作　　　　　　　　　　　　15-9

15.2　接收 CNC 程式 -CNC 機台到 PC 15-11

15.2.1　接收程式 -PC 操作　　　　　　　　　　　　15-11

15.2.2　傳送程式 -CNC 機台操作　　　　　　　　　15-12

15.2.3　傳送程式 -CNC 機台操作表　　　　　　　　15-15

15.3　DNC 邊傳邊做 15-18

15.3.1　DNC 邊傳邊做 -PC 操作　　　　　　　　　　15-18

15.3.2　DNC 邊傳邊做 - 機台操作　　　　　　　　　15-19

15.4　DNC 傳送 - 斷刀再起動 15-21

15.4.1　斷刀再起動　　　　　　　　　　　　　　　15-21

15.5　常用傳輸設定 15-23

15.5.1　切換傳輸設定　　　　　　　　　　　　　　15-23

15.5.2　修改傳輸設定　　　　　　　　　　　　　　15-24

15.5.3　新增傳輸設定　　　　　　　　　　　　　　15-27

15.6　傳輸參數 - 基本設定 15-29

15.6.1　Test ComPort　　　　　　　　　　　　　　15-30

15.6.2　IP Serial　　　　　　　　　　　　　　　　15-31

15.7　傳輸參數 - 進階設定 15-32

15.8　傳輸參數 - 檔案格式 15-33

15.9　傳輸參數 -DNC 傳輸設定 15-34

15.10　傳輸參數 - 遙控模式設定 15-35

15.11 車削問題發現及問題解決對策 15-36

    15.11.1 刀片鍍層之認識   15-37

    15.11.2 材料有黑皮時首刀切削注意事項   15-38

15.12 對於鋼的維氏硬度比例換算值 15-39

第十六章　技能檢定範例　　16-1

16.1 日本數值控制車床檢定試題 16-2

16.2 CNC 車床練習範例 16-6

16.3 乙級技術士術科檢定模擬練習試題 16-23

16.4 乙級技術士術科檢定參考試題 16-29

1
Chapter

電腦數控車床概論

1.1 數控機械與傳統機械的比較

機械加工是現代使用最廣泛的金屬成型方式之一，近年來政府大力倡導工業自動化，而工業自動化的核心即是數值控制機械，這種機械精度高，加工時間縮短效率高，所生產之產品的品質穩定，又不受操作員心理影響，因機體小型爲一體化設計，移設容易可立即操作，因此節省設置空間，所以工廠之生產配置容易。加工切屑又容易處理，安全性、可信性高，易與周邊設備配合，保養、檢測容易，但價格昂貴，因爲在大量生產時，爲了維持製品的良好品質和穩定的精度，又能降低人事成本，故數值控制機械目前被各種加工製造業所採用。目前傳統機械祇使用在少量製品的製造與機件之修配上。以下爲數控機械與傳統機械之比較。

	傳統工具機	數控機械
刀具成本	需要各式刀具及成型刀具，故刀具成本高。	不需要多種類成型刀具，故刀具成本降低。
夾具成本	爲方便加工及定位正確，所以所需夾具成本高。	因機械重複性高，製品品質穩定，夾具成本降低。
技術性	需要熟練的技術人員。	機械依程式進行加工。
人力成本	一人操作一機。	一人可監管多台機械。
成本精度	易受外界因素影響。	精度穩定均一。
工件型式	受技工素質限制。	依所製作之程式執行。

1.2 數值控制車床之基本結構

數值控制車床的基本構造，除機械本體再配合 NC 之控制裝置，使機械加工精度提高很多。

一、機械本體

1. 刀塔

爲多角形，上有刀槽及螺孔，用以固定工具，亦設置切削液孔道，供加工冷卻使用，各刀槽皆設固定編號並標示於刀塔端面近心軸明顯處。在安裝車刀時要注意刀塔設計的狀況不得發生干涉，最好參照工件外形按照工序程式適當編排。

2. 床台

採用鑄造成型，用以安置尾座及刀塔，其設計成 45° 遠操作者方向，如此可減少設置空間又便利切屑排除，床軌一般使用硬軌或線性滑軌，硬軌適合重切削機具用，線軌適合高速輕切削用。上被覆蓋板用以保護床軌免受損害侵蝕，如此易於維持來台軌道精度及方便保養。

3. 尾座

置於床台右端，頂心軸使用油壓控制做伸縮動作，利用壓力開關控制其頂尖鬆緊度，用來頂持長形工件，可用程式控制或手動操作使尾座前後移動。

4. 夾頭

用以夾持工件，用油壓控制，精度高、夾持力穩且壽命也長，可分為低速和高速兩類型須配合機械轉速使用，並可調做內夾、外張夾持工件。有通孔與不通孔之設計，通孔可配合送料機夾持長條棒材、不通孔需先行下料或半成品零件加工使用。

5. 切屑處理系統

輸送切屑裝置，製作成螺旋狀或履帶狀，用於輸送切屑，履帶輸送帶，搭配廢料車，方便集中處理。

6. 主軸

用以連接夾頭與油壓缸組合使用，藉軸承支撐安裝於車頭內，依靠伺服馬達傳動一般有皮帶式及直結式主軸。為節省空間、提高精度、減少震動已有內藏式主軸設計，但造價較昂貴。

7. 伺服馬達

為動力輸出元件，可分為直流及交流與變頻伺服馬達等；馬達尾端外殼黃色者為直流馬達，紅色者為交流馬達。因直流馬達需做碳刷定期調整，交流伺服馬達則不需做碳刷調整，所以節省保養時間，目前都使用交流伺服馬達。

8. 滾珠螺桿

因滾珠螺桿運轉快速，摩擦係數小，使用壽命長，可用做傳動元件，依滾珠迴流方式，一般分外迴流式、內迴流式兩類。

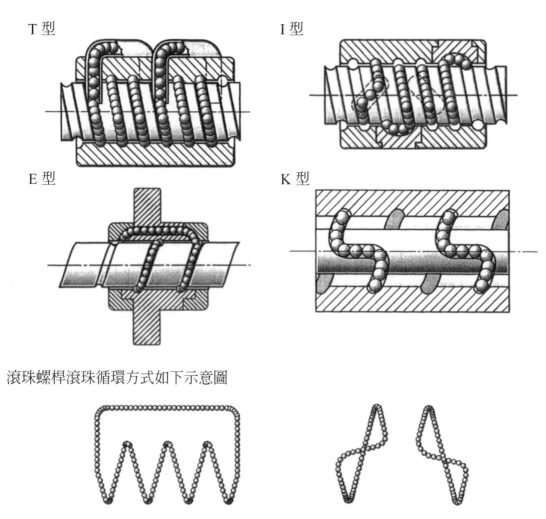

T 型

I 型

E 型

K 型

滾珠螺桿滾珠循環方式如下示意圖

滾珠螺桿的導程精度定義：

為一在有效螺紋長度內，任意 300mm 的累積導程誤差的容許值。精密、超精密的滾珠螺桿，除了在導程誤差的定義及幾何公差與研磨級滾珠螺悍有所不同外，一樣可使用相同的預壓方式來消除數值控制機械軸向餘隙。使用於電腦數值控制車床的軸向導螺桿多採用滾珠導螺桿。

滾珠螺桿應用例如下：

1. 自潤式滾珠螺桿－適用於一般工作母機。

2. 螺帽旋轉式滾珠螺桿－適用於半導體機械、產業用機器、人、木工機械、數值控制機械、搬運輸送裝置…等。

3. 重負荷式滾珠螺桿

可承受較大的軸同負荷與高加減速之特性。用於射出成形機、沖壓機、半導體製造裝置、高負荷制動器、產業機械、鍛造機械。目前各廠商皆致力於加強滾珠循環部位的強度設計及冷卻效能的提升，如此可延長滾螺桿在高加減速進給上之使用壽命及精度的維持。

滾珠螺桿在往復運轉頻繁之使用環境時，鋼珠間會因熱源生成，可能會造成氧化或脫碳現象，而縮短滾珠螺桿使用壽命。為因應滾珠螺桿高速化需求亦投入滾珠螺桿冷卻裝置之設計研究，利用冷卻液循環熱交換方式，以降低滾珠螺桿操作在高速運轉時之熱源的產生與熱膨脹現象的發生，達成高速化及高精度的目的，極適合應用在高速工具機與高速綜合加工中心機上。所以於溫控環境中冷卻型式滾珠螺桿的冷卻作用雖然可抑制熱變形，並使進給精度維持於穩定狀態，但迴轉壽命亦需考量。

高速化滾珠螺桿：

適用於 CNC 數值控制機械、精密工具機、產業用機械、電子機械等高速化機械。

滾珠螺桿設計特色如下：

最佳化設計

主要為使冷卻型式滾珠螺桿具有完善的熱抑制功能與高可靠度的結構設計外亦需要考慮使用壽命。

提供更高的轉速：

具冷卻設計的滾珠螺桿可消弭因高轉速而產生的溫升膨脹問題，反之因具備穩定的溫控功能即能提昇更高更穩定的主軸運轉速度。

避免熱變形發生：

具備熱傳設計滾珠螺桿，可有效降低熱源產生與避免熱變形之發生。

增加耐磨與耐久性：

具冷卻設計的滾珠螺桿由於在穩定的溫控環境下操作，可增加耐久性及精度控制。

如何延長潤滑油脂壽命：

　　於恆溫控制環境下操作，可防止潤滑油脂因溫升而產生潤滑品質劣化現象，恆溫抗氧化及防污染可延長潤滑油脂壽命。

提供更高的進給精度：

　　因冷卻型式滾珠螺桿的冷卻作用可抑制熱變形，進而使進給精度更能維持穩定性。

二、NC 控制裝置

　　現在數值控制車床皆內藏電腦來增強其演算機能與記憶容量，使 NC 的機能大幅提高。現稱 CNC(Computerized Numerical Control) 以下為其特徵：

1. 周速控制機能 (G96)

   採用伺服馬達，為保持切削速度一定，必須使主軸迴轉數自動依工件直徑大小做迴轉速變化，直徑愈大轉速愈慢。

2. 程式記憶與編輯機能

   以往紙帶讀入 NC 控制裝置，現在使用電腦將程式直接記憶至電腦內，於執行中並作自動偵測，NC 控制裝置還提供內容修正、刪除、新增、插入、輸出、編輯 NC 程式模擬、防撞、震刀補償等機能。

3. 刀鼻自動補償機能 (G40 ～ G42)

   因加工之工具其尖端必定設計成圓弧形，以往設計程式前必須先做妥補償計算，再行編輯程式，此機能使得程式設計變的容易又可縮短編寫時間。有關自動補償機能其注意事項需參照控制系統設計商規範。

4. 循環機能 (G70 ～ G76)

   車床加工餘肉的去除，若為相同的動作，作多次往返切削，有了此機能可簡化程式編寫長度。固定循環機能可分為單一形固定循環機能、複合形固定循環機能兩類。

5. 定位精確

   為使確認機器移動準確定位，可採購加裝光學尺做比對修正，讓移動定位更為精準，當然光學尺也有其精度等級之差異。

三、機器採購與安裝

　　採購不是只看外表及顏色，機器的控制器配置等級、機構設計使用的材質，主軸、床軌、導螺桿的潤滑、冷卻系統設計與特性，各重要傳動元件與回饋系統元件選用之等級精度、與周邊設備配合之相容性、安全規範設計、環保節能規範設計、操作設備技術人員素質能力等都要清楚了解，機器製造商技術支援能力 (如售後服務、教育訓練、技術諮詢等服務) 也很重要。

機器採購一般會依照公司政策目標及被加工工件之精度、形狀、表面粗糙度等條件來選購機器，但最重要是需充分了解自身的工作環境及設備的周邊各種支援 (如震動、溫濕度、穩定的電壓、潔淨合格的氣源與穩定氣壓力、接地等) 是否配合得上，為使機器能達到精密穩定的加工運作生產，首先一定要有符合可供乘載機器之合格安裝地基 (可請機器製造商提供安裝地基施工圖與安裝要求等必要條件，地基圖非經銷商提供) 與合格的工作環境 (須遠離震動、汙染、外部與內部機器相互之干擾等因素之影響) 皆要考量。

機器的精準性與可靠性，機器具有良好的控制功能、補償、防撞、擴充相容等功能、機構的高剛性及平衡的設計，基座、床台、床架材料材質的選用與加工後處理的方式；主軸、滑軌、導螺桿等選用與裝設是否有考量加工時機器自身之熱應變及運轉切削時發生震動之補償設計，這些都是可從機器製造商的生產使用設備、製造組裝的工作環境、現場組裝人員技術的專業度、出廠前製造廠所使用的精密量測儀器與調校技術和日後技術支援服務能力等方面來諮詢觀察判斷。

選擇優良的製造廠商謹慎採購才有保障，錯誤的機器採購，買回來當擺飾或待修空置可就麻煩了，亦增加了您的持有成本 !!

機器安裝定位後的驗收檢驗尤為重要，機器會因受新環境及長途運輸路途顛波震動等因素影響，落地安裝後亦有可能發生微變，尤其落地搬運稍有不慎即會嚴重影響機器精度；如碰撞與撞擊或重摔。

為確認所需加工精度是否達標，可採動態檢驗 (實際切削加工) 或請第三方 (具有國家合格工具機檢驗認證單位如工研院與 PMC) 重點複驗，以確保符合被加工工件之品質能達到所需的精準度與工作圖上之規範要求，順利出貨。

目前業界控制器除日本發那科、三菱、安川、大隈外等尚有海德漢、西門子、發格等系統。亦有使用 PC 控制系統，但要小心電腦中毒發生。

1.3　數值控制機械資料傳輸方式

數值控制機械之所有動作皆由電腦控制系統來指揮，而控制系統全靠程式來規範，程式又如何指揮控制系統呢？所以數值控制機械的控制系統可與那些周邊設備連線並做資料的傳輸，如個人電腦及其他數值控制周邊設備 (如仁安 NC 程式模擬編輯系統、乙太網路、USB 等等)。(於第十五章再做說明)

1.4　紙帶的規格

早期 NC 機械所使用的紙帶一幅有八孔，紙帶材質透光率爲 50% 染製成黑或灰色，其製作基準按照 EIA RS-227 A 規格製造。

數控機械的控制系統由 NC 程式所指揮，而 NC 程式則由程式設計員來編寫，所以程式紙帶之規格必須符合電腦讀頭及解碼之規格。

現用之紙帶亦與電傳機及電報電碼紙帶相同。紙帶寬爲一英寸，第三、四孔中間處有一串進給小孔，可與齒輪配合以方便傳輸紙帶上的資料，但因儲存空間大且不易保存，故目前已被價廉體積小攜帶方便的磁片及隨身碟所取代。

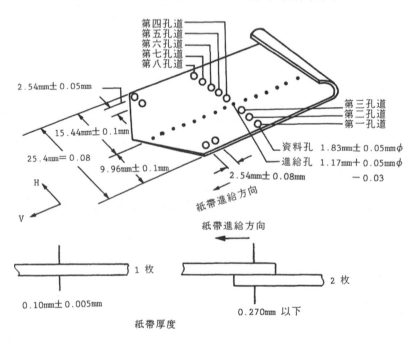

程式紙帶可分為 EAI (ELECTRONCS INDUSTRIES ASSOCIATION 美國電子工業標準協會)、ISO (INTERNATIONAL STANDARD ORGANIZATION 國際標準組織) 兩種標準碼,但兩者皆為二進位碼。因二進位數字系統是配合電子元件的開與關兩種狀態,最理想者。

1.2.3. 4.5.6.7.8.	因為二進位系統
①	①之孔意義為數值 $1\,(2^0)$
②	②之孔意義為數值 $2\,(2^1)$
④	④之孔意義為數值 $4\,(2^2)$
⑧	⑧之孔意義為數值 $8\,(2^3)$

紙帶上之一列沖孔為奇數者即為 "EIA" 規格碼,紙帶上之一列沖孔為偶數者即為 "ISO" 規格碼,目前一般常用 EIA 規格。說明如下例:

數字 "1" 及 "6" 在兩種系統中紙帶表示狀態如下:

$$
\begin{array}{l}
\text{"1"} \leftarrow \quad 1.2.3. \quad 4.5.6.7.8. \\
\text{"1"} \leftarrow \bigcirc - - - - - - - - 2^0 \\
\text{"6"} \leftarrow \bigcirc\bigcirc - - - - - - 2^1 + 2^2 = 6
\end{array}
$$

因 EIA 碼為奇數孔,所以必須在第五行,再沖製一個檢查孔,使其成為奇數孔的紙帶。

而 ISO 碼為偶數孔,所以必須在第八行,再沖製一個檢查孔,使其成為偶數孔的紙帶。

兩種規格紙帶分別表示狀態如下:

EIA 碼(奇孔數)　　　　　　　ISO 碼(偶孔數)

※ ◎為檢查孔。

程式例： NIG40M41；G50S1000；G96S130M3；

ISO 碼 (偶數)

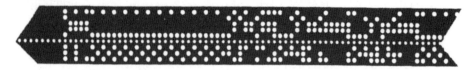

EIA 碼 (奇數)

1.5　EIA 碼與 ISO 碼之差異

EIA 碼

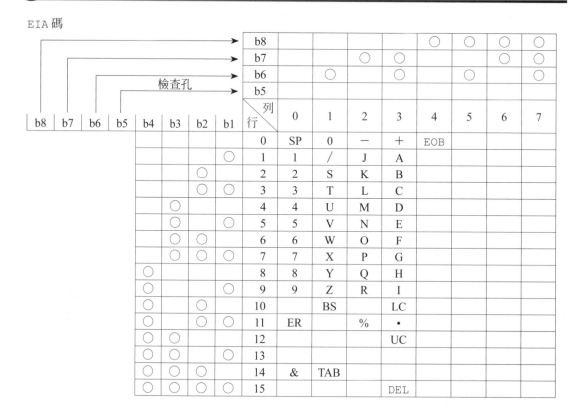

b8	b7	b6	b5	b4	b3	b2	b1	行\列	0	1	2	3	4	5	6	7
								0	SP	0	−	+	EOB			
							○	1	1	/	J	A				
						○		2	2	S	K	B				
						○	○	3	3	T	L	C				
					○			4	4	U	M	D				
					○		○	5	5	V	N	E				
					○	○		6	6	W	O	F				
					○	○	○	7	7	X	P	G				
○								8	8	Y	Q	H				
○							○	9	9	Z	R	I				
○						○		10		BS		LC				
○						○	○	11	ER		%	•				
○	○							12				UC				
○	○						○	13								
○	○					○		14	&	TAB						
○	○					○	○	15				DEL				

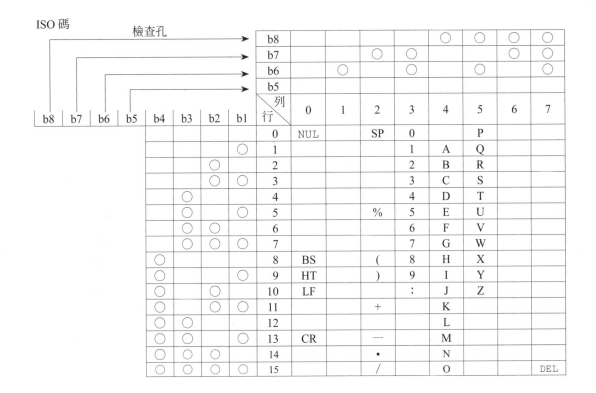

1.6 程式紙帶

用以記錄 NC 程式，採紙帶沖孔方式作記憶，故儲放空間大，又容易受潮或蟲咬且破損，須具備讀帶裝置之控制電腦系統才可使用。因目前個人電腦普及周邊設備精巧，只要具有 RS232C、乙太網路、USB 介面、CF 卡等，即可傳輸連線，爲目前新機型所廣泛採用。

紙帶傳輸爲了方便控制，電腦系統讀取資料及停止閱讀，需在程式開頭與結尾處加註一個符號 "%" 做爲閱讀程式時開始與結束之辨識使用。

程式開始與結束

% 程式起始指令

程式經由紙帶方式輸入記憶庫內必須在程式開頭及終了時加寫一個起始指令，來停止程式紙帶的閱讀。於 ISO 場合時以 "%" 爲起始指令。

```
%·················································· 起始結束指令
01234;
N041 GOO X180.0 Z100.0 M09;
N042    T0300;
N043    M05;
N044    M30;················· 設定重置,回到程式開頭
%·················································· 起始結束指令
```

N02　A→B（圓弧切削）一個單節

N03　B→C（外徑切削）一個單節

N04　C→D（端面切削）一個單節

N05　D→E（倒角切削）一個單節

;	A→B	;	B→C	;	C→D	;	A→B	;

單節結束 (;)

　　因程式是由很多個單節組合而成的,控制系統可依實際需要做單節執行,故程式中各個單節之起始與終止皆冠以一個 EOB(;) 單節結束記號,作為中斷使用,因系統之不同而有不同的代字或記號。如下表:目前一般習慣用 EIA 系統。

系統	單節結束	代表記號
EIA 系統	CR	;　　*
IS0 系統	LR,NL	

1.7　數值控制機械操作錯誤導致撞機原因

　　數值控制機械在執行加工前必須作詳細的檢查與模擬,可使用模擬軟體或 NC 教練機模擬所編程式是否有錯,亦可練習熟練機器之操作步驟減少撞機發生,程式確定無誤後才可以讓機器全盤操控。一般來講電腦是不容易犯錯的,若有差錯不外乎下列幾點供操作者參考使用。

1. 操作者操作不當。
2. 編寫程式與機種不符編寫錯誤。
3. 校刀操作步驟及設定錯誤。
4. 補償資料、符號輸入錯誤。
5. 工作與程式原點設定錯誤。
6. 工件夾持壓力設定不當。
7. 相關參數設定錯誤。
8. 刀具安裝不牢固。
9. 工作原點決定錯誤。
10. 工件夾持方式不當。
11. 補償資料與號碼輸入與實際使用刀號不相符。
12. 刀具更換後未重新校刀。
13. 程式修改時輸入錯誤資料。
14. 刀具安裝位置不當與主軸發生干涉。
15. 刀具選用不當,加工切入時發生擠推現象。
16. 刀塔未停在適當安全距離即執行換刀。
17. 加工中途停止後,利用手動移動刀塔,未再原點復歸即繼續執行程式。

數值控制機械之保養

為符合自動化及彈性化之需求,數值控制機械之維修設計傾向於簡單化,電路設計附自動偵測與故障顯示、遠端監控、工件自動量測補償等功能,操作者只要依警訊編號查詢故障原因,即可排除故障,若無法解除再請原廠服務,於使用中大多數故障原因皆為潤滑系統缺油或程式編寫錯誤所致 (警示訊號說明請參考附錄章節),故於使用前各注油裝置適量適時添油,並檢視潤滑油管內是否有氣泡產生,以決定是否要更換分配器,並且按使用說明書操作使用,不使用劣質油品定可增加機械使用壽命。

潤滑部位用油參考表

潤滑部位	油類品名
油壓夾頭	抗極壓性油脂
滑道、齒輪箱	68#、Mobil No2.、Mobil Nol.
尾座心軸	#30 機油
油壓系統	WA 32、Mobil DTE 42、Light 42
輸送裝置減速機	90# 潤滑油

機器維護 (潤滑油)

　　主要功能為減少摩擦與磨損，潤滑油的性質作用可直接影響機器機構件之動作、床台軌道之滑動、軸承齒輪轉動之順暢與安定性，亦可減少震動的發生，所以潤滑油除了可延長機器壽命外亦有助機器精度之維持。

　　潤滑油招受侵入汙染是造成機件磨損或機器故障之重要因素之一，所以油品的使用不當或儲放的環境惡劣受到日照、落葉、雜物、灰塵、水分、水氣、空氣氧化等汙染，油桶受損、頂蓋口積水或雜物汙穢包覆等，都會影響油質的純淨。尤其取油人員如果工作習慣不良，使用油脂抽吸工具及分裝容器發生混用狀況，皆會因混油結果而嚴重造成油質快速惡劣與敗壞。

　　要維持潤滑油之物理性應改善儲油環境及教育人員良好用油習慣，正確選油、用油，除可延長機件和油脂壽命外，同時亦能提升設備之可靠性。

　　數控機械皆有自動注油裝置設置容易維護，但夾頭夾爪、尾座心軸、廢料輸送履帶減速機及周邊輔助設備等之潤滑，可能仍然需要人工加油，故能正確加油及油脂與維持油質的清潔度尤為重要。

　　油桶最好臥倒存放，非要豎立戶外存放，應墊高一端使桶微傾斜，如有積水時不至於會淹過桶蓋。

維護不良	儲存不當

自我評量

一、單選題

1. ( ) 大量生產時，內孔度量應使用　①游標卡尺　②內徑分厘卡　③氣缸規　④塞規　度量。

2. ( ) 100mm 正弦規，若僅一邊墊高 50mm，則量取工件的夾角為　① 60　② 45　③ 30　④ 15　度。

3. ( ) 現場工作使用量錶檢驗錐度時，計算式中不必考慮　①錐度的大徑　②錐度的小徑　③錐度部分的長度　④工件的總長度。

4. ( ) 正弦規配合塊規及量錶度量錐度公式 "H = Lsinθ" 中，"L" 表示　①正弦規總長　②塊規高度　③正弦規二圓桿中心距離　④正弦規寬度。

5. ( ) 以正弦規檢驗錐度，其公式 "sinθ = H/L" 中，"H" 是　①正弦規全長　②塊規組合高度　③標準桿直徑　④正弦規寬度。

6. ( ) 用直徑 10mm 之兩標準圓桿，欲測工件之錐度，豎立錐桿夾兩圓桿測量其尺度為 38.65mm，將兩圓桿以 50mm 之塊規墊高後，測得尺度 28.65mm，則工件之錐度為　① 1/2　② 1/4　③ 1/5　④ 1/10。

7. ( ) 使用游標卡尺度量孔徑，若孔徑愈小，可能發生之誤差則　①愈小　②不變　③愈大　④與孔徑、大小無關。

8. ( ) 缸徑規之歸零校正，除使用環規外，亦可用　①外徑分厘卡　②內徑分厘卡　③量錶　④螺紋分厘卡　校正。

9. ( ) 用缸徑規度量工件內徑是讀取其　①最小度量值　②最大度量值　③量錶歸零校正　④樣圖度量值。

10. ( ) 度量階級桿的階級長度較迅速，確實的量具是　①內徑分厘卡　②外徑分厘卡　③量錶　④游標卡尺。

11. ( ) 度量彈性材料時，如塑膠零件，應選用　①軸頸游標卡尺　②液晶數字式游標卡尺　③附錶式游標卡尺　④定壓式游標卡尺。

12. ( ) 可以讀 0.05mm 的游標卡尺，設本尺一格為 1mm，則游尺上有幾條刻劃線 ①25 ②21 ③20 ④19 條。

13. ( ) 精度高，度量技術較少的內徑量具是 ①三點式內徑分厘卡 ②卡鉗型內側分厘卡 ③缸徑規 ④棒形內徑分厘卡。

14. ( ) 工件內徑尺度為 20±0.02mm，應選用內徑分厘卡的規格為 ①0 至 25 ②5 至 25 ③25 至 50 ④50 至 70 mm。

15. ( ) 溝槽分厘卡無法度量 ①溝槽的寬度 ②溝槽背的寬度 ③溝槽的直徑 ④溝槽的位置。

16. ( ) 卡爪式內徑分厘卡之最小測定尺度，一般為 ①0 ②5 ③10 ④25 mm。

17. ( ) 0.01mm 外徑分厘卡套筒上刻度為 6 至 6.5 間，而套管刻度在 16 則其尺度應為 ①6.34 ②6.32 ③6.16 ④6.016 mm。

18. ( ) 度量圓工件狹窄溝槽的直徑，最理想的量具是 ①外徑分厘卡 ②扁頭直進分厘卡 ③V 溝槽分厘卡 ④溝槽分厘卡。

19. ( ) 三點式內徑分厘卡可換測砧者為 ①錐度螺紋推動式 ②錐度推動式 ③斜度推動式 ④凸輪推動式。

20. ( ) 附有游標刻度的分厘卡，其精度最小可度量至 ①0.5 ②0.1 ③0.01 ④0.001 mm。

21. ( ) 分厘卡上具有定壓作用的裝置為 ①棘輪彈簧鈕 ②外套管 ③內螺紋彈簧套筒 ④可調整內錐度螺紋。

22. ( ) 錐度 1：10 的工件，若量錶停在直徑 20mm 處後，再向工件大端移動 10mm，則量錶指針轉動的尺度應為 ①2.5 ②2.0 ③1.0 ④0.5 mm。

23. ( ) 錐度 1：5 的工件，若量錶停在直徑 15mm 處後，再向工件大端移動 10mm，則量錶指針轉動的尺度應為 ① 2.5 ② 2.0 ③ 1.0 ④ 0.5 mm。

24. ( ) 卡規之通過端可檢查工件外徑的 ①最大 ②最小 ③公稱 ④實測 尺寸。

25. ( ) 錐度計算公式 "T = D − d/L" 其中 "L" 代表 ①工件全長 ②錐體錐面長 ③錐體軸線長 ④材料全長。

26. ( ) 度量工件之內、外圓角，宜選用 ①中心規 ②半徑規 ③角尺 ④量角器。

27. ( ) 塊規用扭合密接組合後，不會脫離主要是因為什麼力之關係？ ①磁力 ②分子吸引力 ③靜電力 ④重力。

28. ( ) 以外錐度規度量錐度面之接觸率時，若工件小端紅丹被擦掉，則表示工件錐度 ①太大 ②太小 ③正確 ④過於精細。

29. ( ) 校正外徑分厘卡之精度，宜選用何種量具 ①內徑分厘卡 ②環規 ③缸徑規 ④塊規。

30. ( ) 正弦規配合塊規可精確度量 ① 45 ② 50 ③ 55 ④ 60 度以下的角度。

31. ( ) 游標卡尺 (500mm 以上) 測量內孔部分之測爪通常製成 ①矩形 ②半圓形 ③錐形 ④刀口形。

32. ( ) 精度為 0.02mm，每刻度為 1mm 的游標卡尺其游尺是如何劃分的？ ①取主尺 9 刻度長分為 10 等分 ②取主尺 49 刻度長分為 50 等分 ③取主尺 39 刻度長分為 40 等分 ④取主尺 19 刻度長分為 20 等分。

33. ( ) 測量內孔階級工件之階級長，下列量具何者精度較佳？ ①內徑分厘卡 ②深度分厘卡 ③游標卡尺 ④外徑分厘卡。

34. ( ) 每刻度為 1mm 的游標卡尺，其游尺刻度係取主尺 39 刻度長分為 20 等分，則此游標卡尺之精度為多少 mm？ ① 0.01 ② 0.02 ③ 0.05 ④ 0.1 mm。

35. ( ) 主尺每刻度 1 度，可以測量 5 分之游標角度儀，游尺部分通常如何劃分？ ①取 19 度分為 20 等分角 ②取 11 度分為 12 等分角 ③取 9 度分為 10 等分角 ④取 39 度分為 40 等分角。

36. ( ) 選用中心鑽頭鑽削中心孔，應考慮 ①夾頭大小 ②工件直徑大小 ③工件長度 ④工件材質。

37. ( ) 鑽頭之兩切邊所成為角度為 ①間隙角 ②鑽唇角 ③鑽頂角 ④螺旋角。

38. ( ) 一般常用之鑽頭直徑為 20mm 時，其鑽柄之錐度規格為 ①莫斯 1 號 ②莫斯 2 號 ③莫斯 3 號 ④莫斯 4 號。

39. ( ) 用 P10 車刀車削 S45C 的工作物，在相同進刀量的情況下，切削速度愈快則工作物表面的粗糙度 ①愈大 ②愈小 ③不變 ④不一定。

40. ( ) 車削鋁或鋁合金，其刀具較適當的斜角是 ① - 10 ～ 0 ② 0 ～ 8 ③ 10 ～ 15 ④ 20 ～ 35 度。

41. ( ) 車削易削鋼宜採用 ①正斜角 ②負前隙角 ③負邊隙角 ④負間隙角 刀具。

42. ( ) 焊接式碳化物車刀利用 ①錫 ②鎂 ③銀銅 ④鋁 合金為焊料，焊接在刀柄上。

43. ( ) 增加刀具邊斜角和後斜角，則切削產生熱量將 ①增加 ②減少 ③漸增再漸減 ④不變。

44. ( ) 高速鋼之切斷刀或圓鼻刀，車削軟鋼材料，其後斜角以 ① 4 ② 16 ③ 26 ④ 32 度為宜。

45. ( ) 切斷刀在切削碳鋼工件時，兩側邊間隙角的最佳角度應為 ①2度至3度 ②5度至7度 ③7度至9度 ④10度至12度。

46. ( ) 以碳化物超硬刀具切削鑄鐵時，車刀之後斜角一般為 ①0度至5度 ②7度至10度 ③14度至16度 ④20度至24度。

47. ( ) 鑽孔孔徑較預期的尺度大，其主要原因是 ①未先鑽削中心孔 ②鑽頭切邊長短不一 ③鑽削速度太快 ④鑽削速度太慢。

48. ( ) 鑽削較硬材料時，鑽頭鑽頂角度應 ①減少 ②增加 ③任意皆可 ④與材質無關。

49. ( ) 二心間工作，在二端鑽削中心孔，其孔徑的大小，是以下列何者來決定？ ①工件材質 ②刀具材質 ③頂心材質 ④工件直徑。

50. ( ) 去角 "5×45°"，係表示 ①斜面長1 ②斜面長2 ③軸向長3 ④軸向長5 mm。

51. ( ) 錐度的小徑為300mm，錐度長350mm，錐度比為1：10，則其大徑為 ①303 ②307 ③335 ④370 mm。

52. ( ) 車削內螺紋之孔徑宜選 ①孔徑的下限 ②略大於孔徑的下限 ③略小於孔徑的上限 ④略大於孔徑的上限 尺度。

53. ( ) 車削下列何種材料可使用較大後斜角的車刀來加工？ ①不鏽鋼 ②鋁 ③低碳鋼 ④合金鋼。

54. ( ) 車削較軟材料若有不易排屑現象則代表 ①添加切削劑不當 ②車刀材質不當 ③工件材料延性較大 ④刀具角度不當。

55. ( ) 車削鋼料時，理想的切屑形狀是 ①連續 ②擠斷成片片如魚鱗狀 ③捲曲成約2/3圈 ④長條狀 的屑片。

56. ( ) 切削工件時，形成連續切屑最主要的原因為 ①工件延展性較低 ②工件延展性較高 ③進給率加大 ④刀具後斜角較小。

57. ( ) 粗車削工件，如有足夠的工件夾持力，可增加切削深度，但仍受　①刀具材質　②主軸馬力　③Z軸傳動馬力　④X軸傳動馬力　的影響。

58. ( ) 下列刀具材料何者韌性最佳？　① P05　② K40　③ P40　④ HS18-4-1。

59. ( ) 一般切削阻力中，以那一種阻力最大？　①摩擦阻力　②徑向阻力　③切線方向阻力　④縱向阻力。

60. ( ) 理論上影響車削工件外圓之表面粗糙度，其主要因素是車刀的　①邊隙角　②後斜角　③邊斜角　④刀尖半徑。

61. ( ) 車削圓桿外徑，所產生之切削阻力中，下列何者所佔份量最小？　①向下分力　②進刀分力　③背分力　④馬達扭力。

62. ( ) 車削碳鋼圓桿時，使用適當的切削劑，能使工件增加　①真圓　②表面粗糙　③圓筒　④硬度。

63. ( ) 車削工件外徑時，車床主軸之迴轉數，與下列何者的關係為正確？　①與工件直徑成反比　②與車床大小成反比　③與工件直徑成正比　④與刀柄大小成正比。

64. ( ) 在同一條件下，車削鋼管外徑之主軸迴轉數，要比車削圓桿者為　①高　②低　③相同　④不一定。

65. ( ) 下列何種材料，切削時，最易形成不連續切屑？　①軟鋼　②黃銅　③中碳鋼　④鋁。

66. ( ) 車削圓桿選用切削劑最主要之依據為何？　①切削深度　②環境保護　③車床結構　④工件材質。

67. ( ) 選擇適當切削速度，可提高刀具之　①壽命　②精度　③強度　④切削阻力。

68. ( ) 錐度按其配合情形，可分為自著式錐度與自離式錐度，下列何者為自離式錐度？ ①國際標準 (N.T.) ②白氏 (B.&S.T.) ③莫氏 (M.T.) ④加諾 (J.T.) 錐度。

69. ( ) 錐管螺紋的錐度為 ①1：6 ②1：10 ③1：12 ④1：16。

70. ( ) 深孔徑之車削，選用最佳的量具是 ①游標卡尺 ②二點式內徑分厘卡 ③缸徑規 ④塊規。

71. ( ) 車削鑄鐵工件內孔，宜用何種切削劑？ ①水溶性油 ②植物性油 ③礦物性油 ④不必加任何切削劑。

72. ( ) 測量精度公差為 0.05mm 的內孔，宜選用量具的刻度值為 ①0.001 ②0.01 ③0.02 ④0.05 mm。

73. ( ) 車削圓桿內孔前，必須先完成的步驟為 ①鑽孔 ②去角 ③車削外徑 ④車削螺紋。

74. ( ) 精車削內孔的目的與下列何者無關？ ①真圓 ②垂直 ③圓筒 ④平行 度。

75. ( ) 車削內孔端面倒角的目的，主要在於 ①防止割傷軸件 ②車刀較易車削 ③方便軸件滑入配合 ④免除修毛邊。

76. ( ) 內孔車刀與外徑車刀，差異較大的是 ①前者間隙角較大 ②前者間隙角較小 ③無間隙角 ④鋒角較大。

77. ( ) 車削鋼質圓桿深內孔，下列何者之排屑較為正確？ ①壓縮空氣吹出 ②鐵屑鈎鈎出 ③磁鐵吸出 ④切削劑沖出。

78. ( ) 一般內孔車削，其表面粗糙度十點平均粗糙度值 (Rz) 是中心線平均粗糙度值 (Ra) 的 ①4 ②3 ③2 ④1 倍。

79. ( ) 軸徑 $80\ ^{\ \ 0}_{-0.035}$ mm 鬆配合，內孔車削下列何種為準確？ ①$85\ ^{+0.047}_{+0.012}$ ②$85\ ^{-0.030}_{-0.038}$ ③$85\ ^{-0.051}_{-0.086}$ ④$85\ ^{-0.124}_{-0.159}$。

80. (　) 下列有孔工件中，不適合以內孔車削者為　①軸承　②凸輪軸孔　③鉚釘孔　④皮帶輪孔。

81. (　) 車床加工工件先鑽孔的主要目的是為　①減輕重量　②減少加工程序　③校正偏心　④便於車削內孔。

82. (　) 直徑 35mm 之內孔溝槽的槽寬，應選用何種量具測量較正確？　①游標卡尺　②鋼尺　③塊規　④溝槽分厘卡。

83. (　) 量產車削內孔錐度時，應選用何種量具來測量？　①游標卡尺　②內徑分厘卡　③塊規　④錐度塞規。

84. (　) 內孔車刀刀桿以採用下列何種材質製作最佳？　①低碳鋼　②不鏽鋼　③合金鋼　④鑄鐵。

85. (　) 一般車削配合工件，下列何者的組合是鬆配合？　①軸大配合孔小　②h8 配合 $\phi85 \begin{smallmatrix} 0 \\ -0.035 \end{smallmatrix}$　③配合孔 $\phi85 \begin{smallmatrix} +0.174 \\ +0.120 \end{smallmatrix}$　④軸及孔均為 $\phi80 \pm 0.07$。

86. (　) 內孔車削車刀之前間隙角應比外徑車刀之前間隙角　①大　②小　③相等　④大小不拘。

87. (　) 下列何者為圓柱度公差符號？　①◎　②○　③ ⌀　④ ⌖ 。

88. (　) 下列內徑車削工作之敘述何者正確？　①切削速度較外徑車削大　②車刀柄儘量伸長，以防止刀座碰到工件　③進給量愈大，車刀之邊隙角愈大　④孔徑愈大，主軸之轉速愈小。

89. (　) 同一把刀車削相同孔徑時，低碳鋼工件的切削速度應比鋁質工件的切削速度　①大　②小　③相等　④無法比擬。

90. (　) 標示為 $\phi52H7$ 之內孔，下列標示之公差何者正確？　① $52 \begin{smallmatrix} 0 \\ -0.03 \end{smallmatrix}$　② $52 \begin{smallmatrix} +0.03 \\ 0 \end{smallmatrix}$　③ 52 ± 0.015　④ 52 ± 0.03。

91. ( ) 欲車削如下圖之工件，其材料為 "S45C"，設 "1" 代表外徑粗車削，"2" 代表車削螺紋，"3" 代表外徑精車削，"4" 代表切槽，則其正確的車削順序為 ① 1、2、3、4 ② 1、3、2、4 ③ 1、3、4、2 ④ 1、4、2、3。

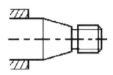

92. ( ) 下列何者不是車刀壽命的判定標準？ ①刀口磨損長度 ②刀口磨損寬度 ③工件表面粗糙度 ④切屑之斷屑狀況。

93. ( ) 造成斷屑的原因中，下列何者為錯誤？ ①切屑受彎曲力距 ②切屑已被剪力破壞 ③刀具溫度之上昇 ④切屑排出時碰到障礙物。

94. ( ) 在車刀口旁開一小槽，主要功用是 ①使刀口銳利 ②擠斷切屑 ③改善加工面的表面粗糙度 ④增加刀具壽命。

95. ( ) 在相同之主軸轉數下，車削大直徑工件較易產生高溫現象，主要原因是 ①車削速度較快 ②被車削材料表面部分較軟 ③刀尖高度較低 ④車刀材質較硬。

96. ( ) 車削強度較大材料，其刀具宜採較 ①大後斜角 ②大邊隙角 ③小刀刃角 ④小前隙角。

97. ( ) 車削強度較大材料，宜作下列何種車削狀況處理？ ①提高主軸轉數 ②增高刀尖對中心軸線高度 ③不添加切削劑 ④降低主軸轉數。

98. ( ) 精車削較深內孔，若有尖銳振動聲，可能之原因是 ①內孔徑太大 ②刀桿強度不足 ③被車削材料太軟 ④車刀刃口太鋒利。

99. ( ) 車削內孔時其表面刀痕成波紋狀，主要原因為 ①切屑速度太慢 ②進給量太快 ③刀桿伸出太長 ④刀鼻半徑太小。

100. ( ) 車削內孔粗牙，產生振動現象宜 ①增加進給量 ②增加進刀深度 ③減少進給量 ④減少進刀深度。

101. ( ) 圓桿車削後，工件表面摩擦發亮是由於　①主軸轉數太低　②工件未對準中心　③車刀較中心線高　④車刀沒裝緊。

102. ( ) 下列何者不是形成刀尖積屑之因素？　①後斜角太大　②後斜角太小　③選用之切削劑不當　④工件材料延性較大。

103. ( ) 車削下列何種材料，最易產生刀尖積屑？　①鋁　②碳鋼　③黃銅　④青銅。

104. ( ) 下列何者較不受刀尖積屑之影響？　①切屑流向　②材料強度　③工件表面粗糙度　④刀具壽命。

105. ( ) 防止刀尖積屑通常是　①選用硬度較低之車刀　②添加合適切削劑　③降低車削速度　④選較硬之加工材料。

106. ( ) 車削鋼鐵材料，若切屑呈紫黑色且四面亂射時，宜　①不用切削劑　②選擇合適刀角之刀具　③增加進給量　④增加車削速度。

107. ( ) 車削內孔若發出嚴重振動聲音時，宜　①選用刀鼻半徑較大之刀片　②增加車削深度　③更換強度較佳之刀柄　④提高主軸轉數。

108. ( ) 精車削不通孔，若發生振動聲音，宜先　①減少切削劑　②增加進刀深度　③停機　④減低主軸轉數。

109. ( ) 清潔電腦數值控制車床床面時，下列何者為不當之使用方法？　①真空吸塵　②高壓空氣　③毛刷　④抹布。

110. ( ) 油壓夾爪的夾爪移動潤滑方式，一般採用　①拆卸擦拭　②自動潤滑　③施打黃油　④無需潤滑保養。

111. ( ) 調整油壓壓力，下列敘述何者正確？　①任意調整　②調高　③調低　④依規定調整。

二、複選題

112. ( ) 有關單位之轉換，下列選項何者正確？ ① 3/8 吋 = 9.525mm ②表面加工符號 3.2Ra ≒ 12.5S ③俗稱術語 5 條 = 0.005mm ④工場術語 1 分 = 1/8 吋。

113. ( ) 有關游標卡尺的使用，下列敘述何者錯誤 ①使用外測爪時，盡量使用測爪尖端測量 ②內測爪尖銳可當圓規使用 ③游標卡尺可測量旋轉中的工件 ④內徑測量時，內測爪應儘可能深入孔內。

114. ( ) 組合角尺可以完成下列何種工作 ①劃 90° 線 ②劃圓桿端面中心線 ③劃 30° 線 ④劃 45° 線。

115. ( ) 工件量測時需考慮 ①工件的熱脹冷縮量 ②工件熱變型 ③阿貝誤差值 ④刀具定位誤差。

116. ( ) 游標卡尺的功能除了工件內、外側尺寸測量外，還能測量工件何種部位尺寸 ①斜度測量 ②段差測量 ③錐度測量 ④深度測量。

117. ( ) 電腦數值控制車床車削加工件，如同一部位尺寸值量測結果如下表所示，其目標值為 $\phi10\pm0.01$mm 時，可說明該車床擁有什麼特性 ①高精度 ②低精度 ③高重複性 ④低重複性。

件 1	ϕ10.00	件 6	ϕ10.02mm
件 2	ϕ9.97	件 7	ϕ9.98mm
件 3	ϕ10.01mm	件 8	ϕ10.03mm
件 4	ϕ10.02mm	件 9	ϕ9.99mm
件 5	ϕ9.97mm	件 10	ϕ10.04mm

118. ( ) 分厘卡測定時理論之誤差包含 ①阿貝原理 ②視差 ③量具誤差 ④量測者的情緒。

119. (　) 有關錐度值 T = 1/20 之敘述，下列何者正確？　①錐度的長度 20mm，兩端的直徑相差 1mm　②此錐度配合是屬於自離式錐度　③錐度的半錐角 5.71°　④錐度的半錐角 1.43°。

120. (　) 精車削圓桿時，下列何者可提高加工精度　①車削深度勿太深　②車刀邊斜角要負值　③進給量減小　④增加切削速度。

121. (　) 切屑宜用何種方式來清除　①除屑鈎具　②直接用手　③切削劑　④空氣。

122. (　) 切削劑的主要的作用是　①冷卻　②潤滑　③降低切削速度　④清洗。

123. (　) 車削時切削熱主要是藉由何者傳導　①刀具　②工件　③切屑　④尾座。

124. (　) 影響切削的要素包括　①切削速度　②刀塔　③切削深度　④進給率。

125. (　) V = π DN/1000 的車削公式中，下列何者正確？　① N 是工件每分鐘的轉速，其單位為 rpm　② V 為切削速度，其單位是 m/rev　③工件直徑與轉速成正比　④切削速度與轉速成正比。

126. (　) 電腦數值控制車床的軸向刀具多用於加工　①鑽孔　②內徑車削　③鉸孔　④外徑切槽。

127. (　) 電腦數值控制車床的回饋裝置主要作用為　①提高機台的安全性　②提高機台的使用壽命　③提高機台的定位精度　④提高機台的加工精度。

128. (　) 一般所謂切削量是依據　①切削進給率　②切削深度　③切削正交應力　④刀具形狀。

129. (　) 關於滾珠螺桿說法下列何者為正確　①透過預壓可消除軸向間隙　②透過預壓可提高軸向高度　③不能自鎖　④適當的預壓應為最小的軸負載。

130. (　) 切槽刀的刀寬較小時　①散熱條件差　②散熱條件較好　③刀具強度佳　④刀具強度較差。

131. (　) 固定切削速度車削端面時，爲防止事故發生必須限定　①進刀量　②最高主軸轉速　③最低主軸轉速　④車削最小直徑。

132. (　) 車削有凹凸圓弧輪廓時，可選擇下列何種加工方式　① 80° 粗車刀及圓弧路徑　②成型車刀及圓弧路徑　③圓鼻車刀及圓弧路徑　④成型車刀及直線路徑。

133. (　) 車削螺紋主要考慮是牙型、節徑、底徑及　①線數　②節距　③公稱直徑　④螺旋角。

134. (　) 有關車削條件敘述何者正確　①車刀愈接近端面中心點進給速度應愈慢　②粗車削用低轉速、大切削深度　③精車削用高轉速、小切削深度　④精車削一般進給率約在 0.05 ～ 0.2mm/rev 之間。

135. (　) 下列何者是優良切削劑的特性？　①不腐蝕機具　②兼顧冷卻性及潤滑性　③易產生泡沫　④高溫不易著火燃燒。

136. (　) 下列何者是基軸制的餘隙配合　① H7/h6　② H7/p6　③ G7/h6　④ M7/h6。

137. (　) 車削長軸件時，可用中心架或跟刀架是爲了　①增加工件硬度　②增加工件韌性　③防止工件變形　④減少工件承受的彎曲力矩。

138. (　) 下列何種工件適用於在電腦數值控制車床上加工　①普通車床難加工　②毛坯餘量不穩定　③要求精度高　④形狀複雜。

答案

1.(4)	2.(3)	3.(4)	4.(3)	5.(2)	6.(3)	7.(3)	8.(1)	9.(1)	10.(4)
11.(4)	12.(2)	13.(1)	14.(2)	15.(3)	16.(2)	17.(3)	18.(2)	19.(2)	20.(4)
21.(1)	22.(4)	23.(3)	24.(1)	25.(3)	26.(2)	27.(2)	28.(1)	29.(4)	30.(1)
31.(2)	32.(2)	33.(2)	34.(3)	35.(2)	36.(2)	37.(3)	38.(2)	39.(3)	40.(4)
41.(1)	42.(3)	43.(2)	44.(2)	45.(1)	46.(1)	47.(2)	48.(2)	49.(4)	50.(4)
51.(3)	52.(3)	53.(2)	54.(4)	55.(3)	56.(2)	57.(2)	58.(4)	59.(3)	60.(4)
61.(3)	62.(2)	63.(1)	64.(2)	65.(2)	66.(4)	67.(1)	68.(1)	69.(4)	70.(3)
71.(4)	72.(2)	73.(1)	74.(4)	75.(3)	76.(1)	77.(4)	78.(1)	79.(1)	80.(3)
81.(4)	82.(4)	83.(4)	84.(3)	85.(3)	86.(1)	87.(3)	88.(4)	89.(2)	90.(2)
91.(3)	92.(4)	93.(3)	94.(2)	95.(1)	96.(4)	97.(4)	98.(2)	99.(3)	100.(4)
101.(3)	102.(1)	103.(1)	104.(2)	105.(2)	106.(2)	107.(3)	108.(4)	109.(2)	110.(3)
111.(4)	112.(124)	113.(123)	114.(124)	115.(123)	116.(24)	117.(24)	118.(123)	119.(14)	120.(134)
121.(134)	122.(134)	123.(123)	124.(134)	125.(14)	126.(123)	127.(34)	128.(12)	129.(13)	130.(14)
131.(12)	132.(234)	133.(123)	134.(234)	135.(124)	136.(13)	137.(34)	138.(134)		

2
Chapter

NC 程式之製作

　　好比一架飛航班機，在進入飛航管制區時，需經過管制塔台之導引方能安全降落地面；而雷達所傳送之訊號，被駕駛接收後，按照指示操作，使飛機安全著陸。將以上敘述，雷達訊號比喻為 NC 程式而駕駛為數值控制機械之控制系統而飛機即為電腦工具機。所以，NC 程式就是用來指揮數控機械之控制系統，籍以控制機械運作，來達到所需求之目的。

　　程式亦即是記錄加工的流程，其中將加工時選用的工具及切削條件，並依照加工流程做順序排列。機械動作經指令化後，將此一連串的命令及語文和數值，依規則作編排組合即稱為程式編輯。

　　程式設計的好壞直接影響到車床的運轉能力與使用壽命，更會影響車製工件品質之優劣。所以設計程式時須謹慎周延。

2.1　程式與 NC 車床加工之關係

　　當程式設計員接到工作圖時，他必需將相關資料運算記錄下來，並按照執行加工之數值控制機械的程式格式，編寫加工程式模擬無誤後，再送至操作員手中，利用周邊設備將程式傳輸至機械電腦控制系統中，指揮機械切削加工，製作出與工作圖相符之製品。

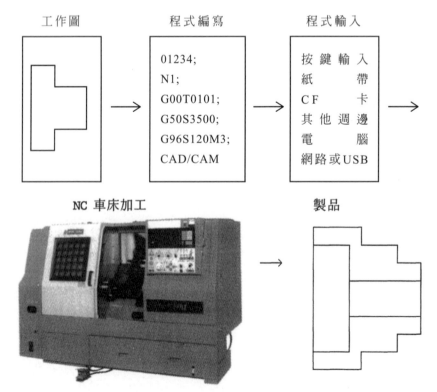

2.2　程式的製作

　　NC 程式在編輯時，首先要閱讀 NC 裝置相關說明書及程式編寫組合之規範。才能正確的應用其所有控制機能，來指揮 NC 車床的所有動作。

● 程式製作人員應具備下列基本能力

(1) 閱圖及正確量具使用之能力

工作圖為設計人員與技術人員溝通的橋樑。用以表達工件之外表型狀尺寸及處理方式等，若無法明瞭工作圖上文字、符號所代表之意義，就無從下手製作正確的 NC 程式。如果無法正確熟練的使用量具必定無法製造高精度尺寸的產品。

(2) 加工流程之研判之能力

詳閱了藍圖之後，首先要研判各部位之加工方式，並決定其先後順序使不致於影響工件之度量與外型加工，以達到品質之要求。

(3) 切削條件之計算之能力

運用材料之切削速度，機器相關之條件，加以計算以求出適合加工之轉速、進刀量及進給率等數值，以方便程式製作。

(4) 刀具選擇之能力

程式設計需依照工件之型狀，在配合程式設計人員本身之加工經驗，按照工作加工道次，依序編寫，在最經濟、快速又當時之原則下，正確的安排所選用的工具。

(5) 應用指令之能力

有了以上的條件，最重要本身需要瞭解並熟悉 NC 各個指令之機能及其注意事項與規範，能夠正確的應用機台具有的功能指令，串聯所有指令與相關資料而成一個完善的加工程式。

2.3 NC 程式製作之流程

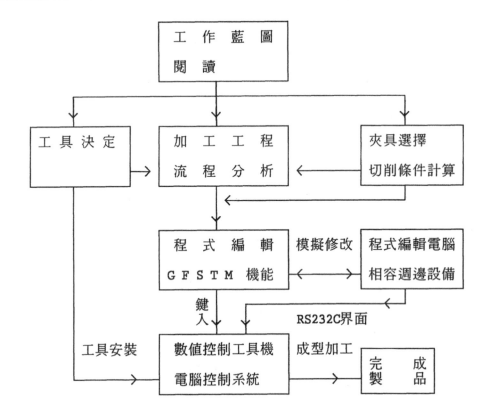

2.4 NC 程式編寫應注意之事項

　　程式製作除了對程式的內容先作瞭解之外。還必須詳細閱讀各個廠牌型式機械之使用說明書及理解其各主要機能之功能意義。以下幾點於編寫 NC 程式時應注意之事項供程式設計者參考。

(1) 控制系統之型式及功能

　　機械因控制系統之不同，而導致功能及指令和程式編寫格式有所差異。

(2) 機械之座標系統

　　編寫程式前須先瞭解所使用之機械座標系統為右手座標系統還是左手座標系統。因左、右手座標系統之 X 軸正負向相異，若使用錯誤容易發生撞機，並危害操作人員之生命，故不可不愼。目前機台多採用右手座標系統。

(3) 機械之型式與切削能力

程式編寫須配合機械之剛性及切削性能與精度，主軸轉速限制，刀塔進給率的限制，機械床台與床軌之規格型式 (硬軌與線軌) 等，皆為程式編輯前須事先瞭解的，如此可避免干涉發生，而增長機械使用壽命。

(4) 機械所具備之機能為何

若編寫程式時使用到不具備的指令，祇會增加事後程式修改的時間，所以要先了解使用機械具有之基本機能及特殊機能有那些，再設計程式必可事半功倍。

座標系之決定

右手座標系表示如圖 2-1(a)，右手母指、食指、中指互相成垂直向，母指指向為 X 軸的正方向食指指向為 Y 軸的正方向，中指指向為 Z 軸的正方向，而平行於 X、Y、Z 軸的各回轉軸為 A、B、C 軸。A、B、C 三軸迴轉的正方向依右螺紋的法則來辨別，如圖 2-2(b) 所示右手母指伸出，其餘四指輕握，則四指的轉向即為迴轉軸的正方向。X、Y、Z 軸與 A、B、C 迴轉軸之關係如圖 2-3(c) 所示。

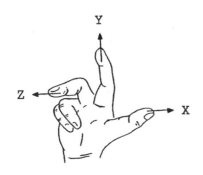

圖 2-1(a)　右手座標系

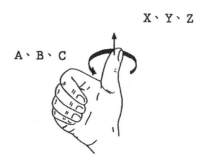

圖 2-2(b)　右螺紋法則

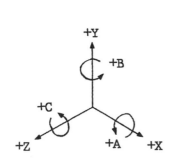

圖 2-3(c)　NC 工作機械座標系

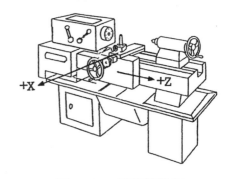

圖 2-4(d)　車床的軸向

※ 所有工作機械的回轉軸訂定為 Z 軸 (圖 2-4(d))。(車床回轉主軸為 Z 軸，刀塔為 X 軸及 Y 軸 (車銑複合機)

● 2.5 程式編寫基本格式

　　加工程式內分別記錄此次加工之各個道次，如粗車後精車再做其它成型工作，視需要及計劃按順序排列。編寫格式如下：(F-10T、F-15T、F-10TF、F-15TF、F-0；)

O 程式編號

N 序號／工程編號；第一工程切削加工

G50 S 主軸最高迴轉速

G00 T 刀具編號 ＋ 補償號碼 M 主軸高低檔域

G $\begin{matrix} 96 \\ 97 \end{matrix}$ S 切削速度 主軸轉速 M 主軸迴轉方向

X 切削準備位置 Z 工件前準備位置約 2 ～ 5mm

G01 Z 切削長度 F 進給率

G00 U 刀具退刀逃離量 Z 工件前準備下刀位置約 2 ～ 5mm

　　　粗　　　車　　　削　　　程　　　式

⋮

G00 X 退刀適當距離 Z 退刀適當距離 T 刀具編號 補償消除 （新系統可簡化）

M01 選擇性程式暫停

N 序號／工程編號；第二工程切削加工

　　　其　他　車　削　加　工　程　式

M30 程式結束

F-6T 機型程式編寫格式如下：

O 程式編號

N 序號／工程編號；第一工程切削加工

※G92/G50 X X軸原點距起始點距離 Z Z軸原點距起始點距離 S 主軸轉速

G00 T 刀具編號 ＋ 補償號碼 M 主軸高低檔域

G 96/97 S 切削速度 主軸轉速 M 主軸迴轉方向

X 切削準備位置 Z 工件前準備位置約 2～5mm

G01 Z 切削長度 F 進給率

G00 U 刀具退刀逃離量 Z 工件前準備位置約 2～5mm

粗　　車　　削　　程　　式

⋮

※G00 X 退刀回起始點 Z 退刀回起始點 T 刀具編號 補償消除

M01 選擇性程式暫停

N 序號／工程編號；第二工程切削加工

其　他　車　削　加　工　程　式

M30 程式結束

※ 每一把刀於切削完畢後，必須退回其起始位置，如此才不會因改變位置，而導致撞機的發生。

2.6 原點

　　數控工具機於安裝時都設有一個永久不變的位置，機械定位及移位計算皆以此位置做為基準點。此點稱為『機械原點』。所以在操作機械前必須做 " 原點復歸 " 之動作，使電腦得到起始位置之訊息後，於執行加工時皆以此點為計算依據。(新型機可不用原點復歸)

　　因程式製作時，完全依照程式設計人員於閱圖分析後，在適當位置設定一原點，而所有程式指令座標值皆以此點為基準，此點稱為『程式原點』。

　　機械加工時在機台上須先設定『加工原點』，往後以程式原點設定為執行加工之起始點，所以在加工前一定要做刀具設定即所謂 " 校刀 " 之工作；即是程式原點與工作原點合而為一之操作。

程式原點

　　程式製作在閱謂工作圖後，須先決定『程式原點』之位置，程式製作時各座標值皆依此原點為編寫基準。如下圖一般程式原點可設定在工件之端面上二處位置。

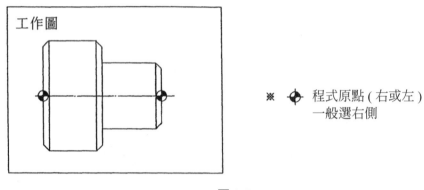

圖 2-5

機械原點

　　機械原點於機械製造時即設定在機械上的一個固定位置處，此固定位置為方便控制系統做為計算及確認的依據。

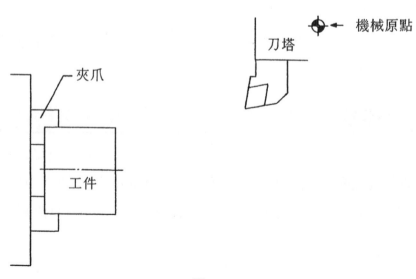

圖 2-6

2.7 加工原點之設定

加工前需作加工原點設定 (校刀操作)，設定後工具則依此原點做切削加工。原點設定即 X 軸原點設定及 Z 軸原點設定，無此設定操作不得正確成型切削加工。

X 軸的原點設定

工作物徑向尺寸完全依靠 X 軸之控制，於主軸中心設定為 X0。

Z 軸的原點設定

Z 軸用以控制工作物各長度之尺寸，通常於工件的端面設定為 Z0。

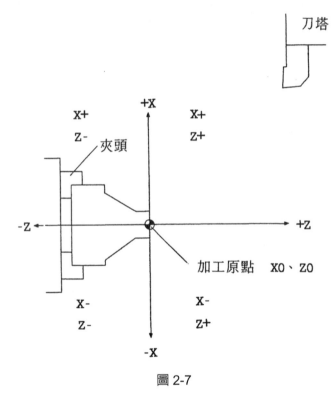

圖 2-7

※ 一般程式設計者將 Z 軸原點設置在工件的右前端面上或夾爪頂持面上。如此可便利程式編寫和工具設定。依上圖程式原點設定可知進刀切削 X、Z 座標值為 " − " 退刀則 X、Z 座標值為 " + "。

2.8 程式編號 O

O △△△△

程式編號以 "O" 來表示，英文字母 O 後面可編寫四位以下之數字。記憶庫內可記憶多個獨立或共用程式，而程式編號之標註主要是為方便記憶庫對程式之管理，所以在程式開頭都加寫程式編號做為識別用。但對於重覆之程式編號，記憶庫對於後者不予以記錄，須做修改後才會被電腦記憶庫接受輸入貯存列管。

例如：工件加工需調頭分兩工程，才能於完成製作時同時作兩個加工程式。

第一工程程式可採 O1111 編號，第二工程程式可採 O1112 編號作區別。

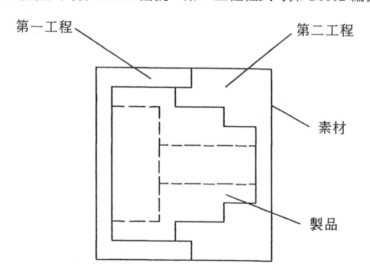

第一工程（外徑加工、內孔加工）　　　第二工程調頭後（外徑加工）

圖 2-8

程式說明例

```
01221；                              程式編號
G50 S3000；
G00 T0101；
G96 S130 M03；
G00 X56.0 Z5.0；
M08；
G01 Z-33.9 F0.3；
    U2.0 W1.0
G00 Z5.0；
    X52.0；
G01 Z-31.9；
    U2.0W1.0；
    ⋮
M01；
```

※ 工件加工時若有數個工程加工，可用不同之程式編號加以區別。

※ 每一程式都必須使用一個程式編號以便區分辨別。

2.9 序號

N □□□□□

序號 N 後可編寫五位數字以下 (0T 為四位以下)。序號雖非機能指令但在程式中亦扮演著相當重要的角色。以下就序號之應用加以說明。

序號使用目的如下：

(1) 可識別程式中不同道次的加工。(N1 定為粗車、N2 定為精車)

(2) 為了方便搜尋程式中各個單節或工序道次前可加入序號。

(3) 使用複合形循環指令時，序號可做為輪廓界限之指定。

※ 一般序號主要加註在各工具前之程式內以便利各工程之辨識。

1. 程式說明例

<pre>
0102 ; ─────────────────── 程式編號
N1 ; ─────────────────── 加工道次序號（粗加工 N1）
G00 T0202(M41) ;
  ⁞
G00 X100.0 Z100.0 ;
M01 ;
N2 ; ─────────────────── 加工道次序號（精加工 N2）
G00 T0303(M42) ;
  ⁞
G00 X100.0 Z100.0 ;
M30 ;
</pre>

2. 程式例

<pre>
01234 ; ─────────────────── 程式編號
N05 G50 S1000 ; ─────────── 單節序號 N05
N10 G00 T0202(M41) ; ─────── 單節序號 N10
N15 G96 S100 M03 ;
  ⁞
N70 G00 X100.0 Z100.0 ;
N75 M01 ;
</pre>

3. 程式例

<pre>
02468 ; ─────────────────── 程式編號
N1 ; ─────────────────── 加工道次序號（粗加工）
G00 T0202(M41) ;
  ⁞
G71P50Q60U0.3W0.1D2000F0.2 ;─── G71 複合形循環指令
N50 X0 ; ─────────────────── 輪廓起始序號
  ⁞
N60 X70 ; ─────────────────── 輪廓終了序號
M01 ;
</pre>

※ 若程式非常的長為了節省記憶容量可不必寫太多的序號，只要將必要的作記
即可，如此可將記憶庫剩餘之容量做有效的運用。

2.10 NC 程式的組成

　　NC 程式，即為一個切削工具的切削工程，須依據所必要的資訊做適當的排列，經組合後成為一個 NC 程式。而一個零件加工，其各個加工流程經順序整理後再串成一個完整的加工程式。而這程式內各個加工流程有其所必要的加工刀具及切削資訊。

1. 英文字母

```
N1 G00X6. Z5.0;
└──┘
英文字母
```

阿拉伯數字以外之部分。

2. 數值

```
N1 G00X6. Z5.0;
       └──┘
       數值
```

數值需與英文字母配合，內含阿拉伯數字及符號、小數點。

3. 單語

```
N12 G00 X25. Z5.;
└─┘ └─┘ └──┘ └─┘
        單語
```

單語＝（英文字母）＋（數值）。單語為構成單節的最小單位。
如 M30

4. 單節

```
N1 G0 X0 Z0;
└──────────┘
    單節
```

NC 程式是由數個單節所組合而成的，單節為構成程式的最小單位。

小數點使用之場合

(1) 小數點使用在距離、時間、速度單位上時，有不同的意義與限制。

(2) 亦有不使用小數點的程式。

　　字母與小數點使用情況如下。

```
F-10T.11T.15T. XZUWIKFR
F-0T.          XZUWIKFR
```

小數點輸入需參照各機器廠牌所提供之使用說明書。

小數點的位置用於公制、英制、時間單位的狀態時、其輸入位置及意義如下表：

指令語法	意義說明
Z16.0	Z16mm、Z16inch
F0.5	0.5mm/rev、0.5mm/min、0.5inch/rev、0.5inch/min
G04X1.0 / G04P1000	暫停一秒鐘

※ 字碼 X、Z、U、W、的數值可輸入小數點，而 P、Q 字碼後之數值不可有小數點 (因 P、Q 代表意義為序號指定)。小數點輸入位置亦會受 G 指令之改變而異。

2.11 座標值的指令方法

程式的編寫依據有兩種方法，一以假想刀尖為指令點，另一以刀鼻中心為指令點來編寫程式，無論以何種方法，程式的編輯方式不外乎，絕對值程式、增量值程式、絕對值與增量值混合程式三種。

(1) 絕對值指令：座標系中以點所在的位置來表示，所有點依座標原點 (X0，Z0) 為基準。

(2) 增量值指令：以增量值方式表示其位置的移向，依照其移動的距離和方向來表示。

※ NC 車床因主軸為旋轉軸，故目前程式編寫時 X 軸採用直徑值，如下圖例從原點經 A 點、B 點到 C 點之座標值編寫如下表。

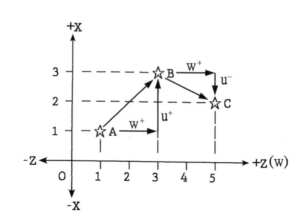

起始點	絕對座標	相對座標
A	X2.Z1.	U2.W1.
B	X6.Z3.	U4.W2.
C	X4.Z5.	U-2.W2.

X 軸為直徑值

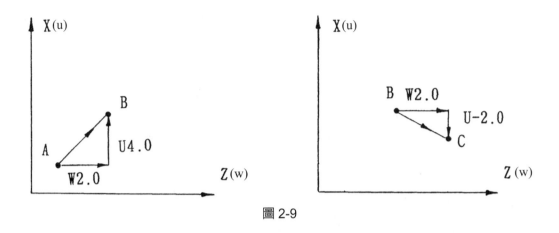

圖 2-9

2.12 自學練習

請依英文字母順序寫出各點座標值 (由原點經 A 至 E)，採增量值與絕對值方式。

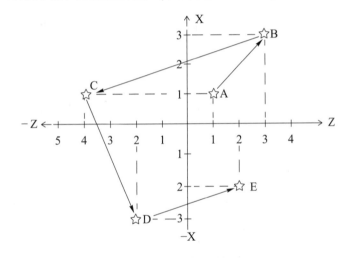

答案卷：

點	A		B		C		D		E	
座標軸	X/U	Z/W	X/U	Z/W	X/U	Z/W	X/U	Z/W	X/U	Z/W
絕對值										
增量值										

x 軸可先採 x 軸無直徑值練習 (答案置於自我評量後)

1. 依照以下圓形，以 A、B 兩原點，分別用絕對座標及增量座標值方式，寫出各交點的座標值。

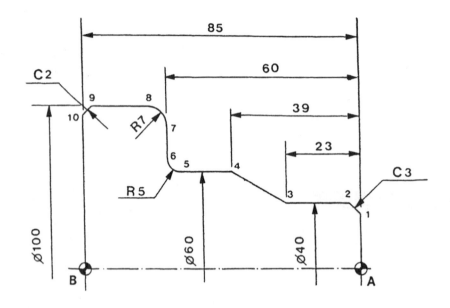

以 A 點為程式原點

交點	絕對座標值		增量座標值	
1.	X	Z	U	W
2.	X	Z	U	W
3.	X	Z	U	W
4.	X	Z	U	W
5.	X	Z	U	W
6.	X	Z	U	W
7.	X	Z	U	W
8.	X	Z	U	W
9.	X	Z	U	W
10.	X	Z	U	W

以 B 點為程式原點

交點	絕對座標值		增量座標值	
1.	X	Z	U	W
2.	X	Z	U	W
3.	X	Z	U	W
4.	X	Z	U	W
5.	X	Z	U	W
6.	X	Z	U	W
7.	X	Z	U	W
8.	X	Z	U	W
9.	X	Z	U	W
10.	X	Z	U	W

2.13 絕對值程式例說明

　　絕對值以 X、Z 表示 X 為工件的直徑指令，Z 為工件從端面起的水平移動距離。工具的移動距離皆以加工原點為準。

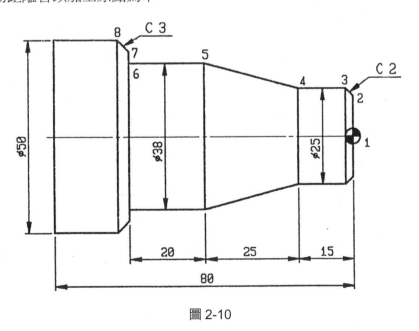

圖 2-10

程式例：(絕對值編寫方式)

```
G0 T0101;
G97 S2500 M3；                      N04 Z-15.
X0 Z5.M8；                          N05 X38.Z-40.
N01 G1 X0 Z0 F0.1；                 N06 Z-60.
N02 X21.                            N07 X44.
N03 X25.Z-2 ────── 倒 C2            N08 X50.Z-63. ────── 倒 C3
```

2.14 增量值程式例說明

增量值方式與絕對值方式區別如下：

1. X 軸指令以 U 字母表示。

2. Z 軸指令則使用 W 字母表示。

增量值指令程式編寫方法即以目前指令點位置對下一個指令點的方向 (" ＋ "、 " － ") 採用符號與距離來表示。下圖的點從 a ～ f 點以增量值表示如下：

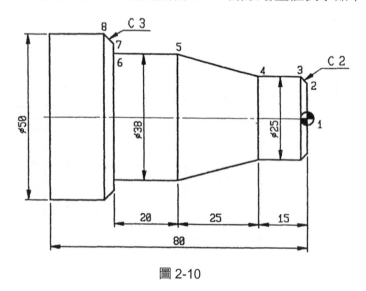

圖 2-10

程式例：（增量值編寫方式）

```
G0 T0101;
G97 S2500 M3;                    N04 W-13.
X0 Z5.M8;                        N05 U13.W-25.
N01 G1 U0 W-5.F0.1;              N06 W-20.
N02 U21.                         N07 U6.
N03U4.W-2. ———— 倒 C2           N08 U6.W-3. ———— 倒 C3
```

2.15 絕對值與增量值比較

絕對值與增量值比較如下表：

	絕對值	增量值
記號	XZ	UW
符號的意義	程式指令點的所在象限	程式指令點的指示方向
數值的意義	所在象限的座標值	移動的距離
加工原點	X0、Z0	程式指令點的指示方向
一個程式中可用絕對值 X...W... 或增量值 U...Z... 方式亦可絕對值與增量值混合使用。		

2.16 程式製作說明

當程式設計人員取得工作圖後，除詳細閱圖外，本著自身的加工經驗，依正確的加工方式來製作 NC 程式。程式製作首先將工作圖之各個交點確定後，再加上正確的指令，編寫一個精車輪廓程式，而後特殊加工程式，最後才編輯粗車程式。

一般程式排序如下：

工作分析如後：N1 粗加工 (T0101)、N2 精加工 (T0303)、N4 截斷 (T0505)

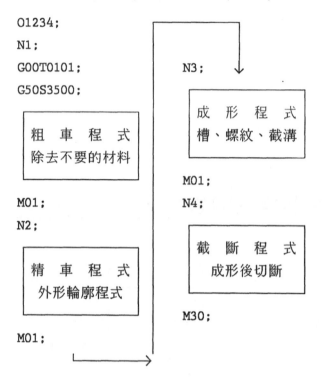

```
O1234;
N1;
G00T0101;
G50S3500;
```

┌─────────────────┐
│ 粗 車 程 式   │
│ 除去不要的材料   │
└─────────────────┘

```
M01;
N2;
```

┌─────────────────┐
│ 精 車 程 式   │
│ 外形輪廓程式   │
└─────────────────┘

```
M01;
```

```
N3;
```

┌─────────────────┐
│ 成 形 程 式   │
│ 槽、螺紋、截溝   │
└─────────────────┘

```
M01;
N4;
```

┌─────────────────┐
│ 截 斷 程 式   │
│ 成形後切斷   │
└─────────────────┘

```
M30;
```

一、閱圖

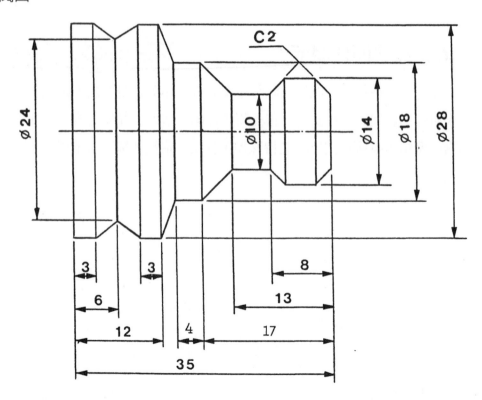

二、寫出交點

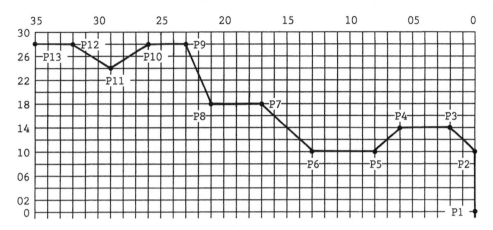

三、使用絕對值座標寫出各點座標值

	P01	P02	P03	P04	P05	P06	P07	P08	P09	P10	P11	P12	P13
X0	10.	14.	14.	10.	10.	18.	18.	28.	28.	24.	28.	28.	
Z0	0	-2.	-6.	-8.	-13.	-17.	-21.	-23.	-26.	-29.	-32.	-35.	

四、寫出輪廓程式

(1) 列出各座標值

```
N02 ;
X0 Z0 ;
X10.Z0 ;
X14.Z-2. ;
X14.Z-6. ;
X10.Z-8. ;
X10.Z-13. ;
X18.Z-17. ;
X18.Z-21. ;
X28.Z-23. ;
X28.Z-26. ;
X24.Z-29. ;
X28.Z-32. ;
X28.Z-35. ;
```

(2) 加入正確指令

```
N02 ;
G01X0 Z0 ;
G01X10.Z0 ;
G01X14.Z-2. ;
G01X14.Z-6. ;
G01X10.Z-8. ;
G01X10.Z-13. ;
G01X18.Z-17. ;
G01X18.Z-21. ;
G01X28.Z-23. ;
G01X28.Z-26. ;
G01X24.Z-29. ;
G01X28.Z-32. ;
G01X28.Z-35. ;
```

五、插入運轉、進給、工具等必要指令

```
N02 ;                           N02 ;
G50S3500 ;                      G50S3500 ;
G00T0303 ;                      G0T0303 ;
G96S160M03 ;                    G96S160M3 ;
X0Z5.M08                        X0Z5.M8
G01X0 Z0F0.1 ;                  G1X0 Z0F0.1 ;
G01X10.Z0 ;                        X10. ;
G01X14.Z-2. ;                      X14.Z-2. ;
G01X14.Z-6. ;                         Z-6. ;
G01X10.Z-8. ;                      X10.Z-8. ;
G01X10.Z-13. ;                        Z-13. ;
G01X18.Z-17. ;                     X18.Z-17. ;
G01X18.Z-21. ;                        Z-21. ;
G01X28.Z-23. ;                     X28.Z-23. ;
G01X28.Z-26. ;                        Z-26. ;
G01X24.Z-29. ;                     X24.Z-29. ;
G01X28.Z-32. ;                     X28.Z-32. ;
G01X28.Z-35. ;                        Z-35. ;
M09 ;                           M9 ;
G00X100.Z100. ;                 G0X100.Z100. ;
M01 ;                           M1 ;
```

為節省記憶庫容量可做必要
的刪改，刪改後程式如右

→

六、整理後精車輪廓程式

```
N2 ;                            X18.Z-17. ;
G0T0303 ;                       Z-21. ;
G50S3500 ;                      X28.Z-23. ;
G96S160M3 ;                     Z-26. ;
X0Z5.M8                         X24.Z-29. ;
G1X0Z0F0.1 ;                    X28.Z-32. ;
X10. ;                          Z-35. ;
X14.Z-2. ;                      M9 ;
Z-6. ;                          G0X100.Z100. ;
X10.Z-8. ;                      M1 ;
Z-13. ;
```

程式製作注意事項：

1. 程式開頭須要有程式編號。

2. 位址後數值爲整數時須加標註小數點。(參照手冊)

3. 程式單節結束一定要有 EOB(；) 符號。

4. 程式同一單節中不能使用同一組群之 G 機能，若同時使用以後者之機能有效。

5. 程式同一單節中可使用不同組群之 G 機能。

6. 00 組群之 G 機能，必須單獨輸入一行，不能與其它組群之 G 機能寫在同一行，因其沒有延續性。(參閱 3.2 表)

7. 有☆記號之機能，爲送電時或按重置鍵 (RESET) 後即爲此工作狀態。(參閱第三章)

自我評量

一、單選題

1. ( ) 運用電腦數值控制車床車削圓桿，其加工直徑產生誤差之主要因素通常為　①床台鬆動　②床台螺桿鬆動　③車床主軸鬆動　④刀具設定誤差。

2. ( ) 投影幕直徑為 300mm 之光學比測儀檢驗工件，其圓弧半徑為 14mm，影幕上顯示出 140mm，則透鏡之倍率為　① 1　② 10　③ 20　④ 100　倍。

3. ( ) 光學比測儀的投影透鏡的放大精度誤差為 0.1%，則當倍率為 10 倍，投影幕上的長度為 100mm，則誤差為　① 0.001　② 0.01　③ 0.1　④ 1　mm。

4. ( ) 光學比測儀檢驗工件圓弧時，下列何者不需使用？　①透鏡　②裝物台　③直徑用標準圖片　④厚薄規。

5. ( ) 光學比測儀無法度量工件的部位為　①直徑　②長度　③孔深度　④角度。

6. ( ) 使用光學比測儀度量螺紋，其最難度量的部位尺寸為　①外徑　②牙角　③節距　④節徑。

7. ( ) 精確度量工件之高度或孔距時，可把桿槓式量錶裝在　①劃線台　②缸徑規　③深度規　④高度規　上使用。

8. ( ) 缸徑規於使用時，一般先以何種量具予以校對歸零　①游標卡尺　②游標高度規　③相近尺寸之環規　④內徑分厘卡。

9. ( ) 用槓桿式量錶度量內錐度孔，當其依軸線行走一定距離時，錶針在兩點間移動所增減的刻劃數，係表示該兩點間孔徑之　①半徑差　②半徑和　③直徑差　④直徑和。

10. ( ) 若車削直徑為 38±0.02mm 圓棒，則其公差應為　① 0.01　② 0.02　③ 0.03　④ 0.04　mm。

11. ( ) 檢驗外徑分厘卡二砧座測量面之平面度與平行度，宜選用光學　①平　②凸透　③凹透　④球面　鏡。

12. ( ) 光學比測儀投影幕直徑為 300mm，設工件直徑為 15mm，則選用的透鏡，可放大的最大倍數為　①15　②20　③30　④45　倍。

13. ( ) 0.01mm 精度之槓桿式量錶，測桿的軸線與測定面成 30 度時，因須角度補償，若量錶之讀數為 0.5mm，則實際移動值應為　①0.44　②0.47　③0.49　④0.50　mm。

14. ( ) 使用光學平鏡檢驗外徑分厘卡二測量面的平面度時，如有色帶不平行時，則每一條色帶係代表　①0.09　②0.22　③0.29　④0.42　μm 的偏差量。

15. ( ) 深度分厘卡與下列何種分厘卡之尺寸襯筒閱讀方向是一樣的？　①內徑　②外徑　③螺紋節徑　④管厚　分厘卡。

16. ( ) 使用 60 度 V 溝分厘卡測量三溝槽工件之外徑時要直接讀出其直徑時，其使用之分厘卡螺距應為　①0.25　②0.45　③0.5　④0.75　mm。

17. ( ) 測量鑽頭上鑽腹之厚度要選用　①尖頭外徑分厘卡　②一般外徑分厘卡　③扁頭直進外徑分厘卡　④圓盤式外徑分厘卡。

18. ( ) 一般 300mm 之單列精密高度規，其規塊之最大移動量為多少 mm？　①10　②50　③100　④300　mm。

19. ( ) 用 0.02mm 精度之槓桿量表來測量 T = 1：6 的內錐度，若量表沿軸線移動 12mm，則表針轉動多少格錐度才算正確？　①120 格　②100 格　③60 格　④50 格。

20. ( ) 以 47 片組之精測塊規組成 90.745 之尺寸，最少需要幾片？　①4　②5　③6　④7　片。

21. ( ) 精測塊規中，47 片組的最薄一片是多少 mm？　①0.005　②0.995　③1　④1.005　mm。

22. ( ) 齒輪游標卡尺是用來同時測量齒輪之齒厚及　①模數　②齒寬　③齒頂　④壓力角。

23. ( ) 使用前如發現分厘卡之刻度未歸零時，通常是調整那裡？　①棘輪　②主軸桿　③襯筒　④套筒。

24. ( ) 使用內徑分厘卡測量內徑時，下列說法何項較不正確？　①直桿式內徑分厘卡可以測量深孔之孔徑　②其襯筒標示與深度分厘卡相似　③其襯筒標示與外徑分厘卡相似　④要用環規歸零。

25. ( ) 結構上下列何種量具較容易產生亞培(Abbe)測量誤差？　①外徑分厘卡　②卡式內徑分厘卡　③直桿式內徑分厘卡　④深度分厘卡。

26. ( ) 程式設計時，可利用絕對座標系統和　①機械座標系統　②工件座標系統　③增量座標系統　④右手座標系統。

27. ( ) 車削 45mm 直徑的長形工件，下列何者為最佳中心孔徑？　①小於 2　②2 至 3　③3 至 4　④4 至 5　mm。

28. ( ) 車削 100mm 直徑的長形工件，下列何者為最佳中心孔徑？　①小於 2　②2 至 3　③3 至 4　④4 至 5　mm。

29. ( ) 增量座標使用何種位址代號？　①X、Y　②X、Z　③U、V　④U、W。

30. ( ) 若內孔的尺度為 30±0.05mm，則程式中的直徑最好寫為　① X29.95　② X30.05　③ X30.0　④ X31.0。

31. ( ) 如下圖所示，如採增量值座標系統，要從 "P2" → "P1"，則其指令為　① G00 X24.0 W38.0 F0.1；　② G01 U-26.0 W38.0 F0.1；　③ G01 U-26.0 Z80.0 F0.1；　④ G01 X24.0 Z80.0 F0.1；。

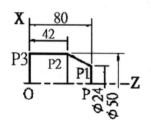

32. ( ) 程式編號首字使用英文字母 ①O ②N ③M ④P。

33. ( ) 操作電腦數值控制車床時，刀具移動之各點，以前一刀具座標點為基準的座標值，稱為 ①絕對座標值 ②增量座標值 ③原點座標值 ④向量座標值。

34. ( ) 在電腦數值控制車床中與主軸垂直的軸是 ①A ②B ③X ④Z 軸。

35. ( ) 若車削工件必須換邊車削，其接面(頭)位置不宜選擇在 ①階級肩 ②曲 ③槽 ④輥花 面。

36. ( ) 當發生嚴重撞機事件後宜 ①休息片刻，再繼續操作 ②繼續強迫操作 ③停機作機器檢修及刀具重新設定 ④立即召開懲治會議。

二、複選題

37. ( ) 使用游標高度規劃線，下列何者錯誤？ ①劃平行線應在工件下方墊平行塊 ②微調高度時，應將滑塊與游標尺的固定螺絲都放鬆 ③劃刀與工件表面應成點接觸 ④劃刀與工件應保持 90 度。

38. ( ) 標準等級用塊規應選 ①00 等級 ②0 等級 ③1 等級 ④2 等級。

39. ( ) 盤式分厘卡可用於檢測齒輪之 ①節距 ②齒厚 ③外徑 ④壓力角。

40. ( ) 一般電腦數值控制車床之軸向導螺桿是採用 ①梯形螺桿 ②滾珠螺桿 ③滾柱螺桿 ④方形螺桿。

41. ( ) 電腦數值控制車床 X、Z 軸常用的傳動形式 ①硬軌 ②線性滑軌 ③人造石材滑軌 ④花崗岩滑軌。

42. ( ) 為了防止換刀時刀具與工件發生干涉，換刀點的位置應設在 ①機械原點 ②工件外部安全處 ③程式原點 ④校刀點。

43. ( ) 電腦數值控制車床撰寫程式的座標表示方式，可以用 ①絕對座標 ②相對座標 ③混合座標 ④曲面座標。

44. ( ) 程式 G00G01X30.0Z-10.F0.3；下列何者正確？　①執行快速定位　②執行直線切削　③進給率 0.3mm/min　④進給率 0.3mm/rev。

P2-15 自學練習答案卷：

點	A		B		C		D		E	
座標軸	X/U	Z/W	X/U	Z/W	X/U	Z/W	X/U	Z/W	X/U	Z/W
絕對值	1	1	3	3	1	−4	−3	−2	−2	2
增量值	1	1	2	2	−2	−7	−4	2	1	4

答案

1.(4)	2.(2)	3.(2)	4.(4)	5.(3)	6.(4)	7.(4)	8.(3)	9.(1)	10.(4)
11.(1)	12.(2)	13.(1)	14.(3)	15.(1)	16.(4)	17.(1)	18.(1)	19.(4)	20.(2)
21.(3)	22.(3)	23.(3)	24.(3)	25.(2)	26.(3)	27.(3)	28.(4)	29.(4)	30.(3)
31.(2)	32.(1)	33.(2)	34.(3)	35.(2)	36.(3)	37.(124)	38.(12)	39.(123)	40.(23)
41.(12)	42.(12)	43.(123)	44.(24)						

3
Chapter

準備機能 (G 指令)

G 指令爲準備機能，於 NC 中可決定位置及移動方式及方向，亦可控制主軸轉速。

表 3.1　G 指令區分一覽表 (參照森精機)

G 指令	區分			機能說明或他牌功能
	F15T	F10T	FOT	
G00	B	B	B	快速移動
G01	B	B	B	直線切削
G02	B	B	B	圓弧切削 (順時針方向，依座標系統決定)
G03	B	B	B	圓弧切削 (逆時針方向，依座標系統決定)
G04	B	B	B	暫時停留
G07	O	—	—	假想軸
G09	B	B	B	定位確認
G10	O	O	O	資料設定
G11	O	O	O	資料設定型態消除
G20	B	B	B	英制資料輸入
G21	B	B	B	公制資料輸入
G27	B	B	B	經參考點復歸核對
G28	B	B	B	自動原點復歸
G29	B	B	B	經參考點之復歸
G30	O	—	*B	第 n 參考點復歸
G32	B	B	B	螺紋切削
G34	O	O	O	可變螺距切削
G35	O	—	—	圓弧螺紋切削 (順時鐘方向)
G36	O	—	—	圓弧螺紋切削 (逆時鐘方向)
G40	B	B	B	刀鼻半徑補償消除
G41	B	B	B	刀鼻半徑補償偏左
G42	B	B	B	刀鼻半徑補償偏右
G50	B	B	B	座標系設定 / 主軸最高轉速設定
G52	B	B	B	區域座標系設定

G 指令	區分			機能說明或他牌功能
	F15T	F10T	FOT	
G53	B	B	B	機械座標系選擇
G54	B	B	B	工作座標系 1 選擇
G55	B	B	B	工作座標系 2 選擇
G56	B	B	B	工作座標系 3 選擇
G57	B	B	B	工作座標系 4 選擇
G58	B	B	B	工作座標系 5 選擇
G59	B	B	B	工作座標系 6 選擇
G70	B	B	B	精車循環
G71	B	B	B	內、外徑粗車複循環 (軸向)
G72	B	B	B	端面粗車複循環 (徑向)
G73	B	B	B	成型加工複循環
G74	B	B	B	端面切溝複循環或啄式鑽孔 (軸向)
G75	B	B	B	內、外徑溝槽切削複循環 (徑向)
G76	B	B	B	螺紋切削複循環
G90	B	B	B	內、外徑車削固定循環 (軸向)
G92	B	B	B	螺紋車削固定循環
G94	B	B	B	端面車削固定循環 (徑向)
G96	B	B	B	周速一定機能
G97	B	B	B	主軸轉速一定機能
G98	B	B	B	每分鐘進刀量 (mm/min)
G99	B	B	B	每迴轉進刀量 (mm/rev)

B：標準機能　O：特殊機能

※ 參照廠商型錄

G 機能表示著控制裝置之功能，但在同一系統中又包含著三種型態 (A、B、C)，各機能之意義如下表：

表 3.2　G 指令規格一覽表 (參照森精機)

G 指令系統			組群	機能說明	開設機定
A	B	C			
G00	G00	G00	01	快速移動	☆
G01	G01	G01	01	直線切削	
G02	G02	G02	01	圓弧切削 (順時針方向，依座標系統決定)	
G03	G03	G03	01	圓弧切削 (逆時針方向，依座標系統決定)	
G04	G04	G04	00	暫時停留	
G07	G07	G07	00	假想軸	
G09	G09	G09	00	定位確認	
G10	G10	G10	00	資料設定	
G11	G11	G11	00	資料設定，型態消除	
G20	G20	G70	06	英制資料輸入	
G21	G21	G71	06	公制資料輸入	☆
G27	G27	G27	00	機械原點復歸核對	
G28	G28	G28	00	自動原點復歸	
G29	G29	G29	00	經參考點之復歸	
G32	G33	G33	01	螺紋切削	
G34	G34	G34	01	可變螺距切削	
G40	G40	G40	07	刀鼻半徑補償消除	☆
G41	G41	G41	07	刀鼻半徑補償偏左	
G42	G42	G42	07	刀鼻半徑補償偏右	
G50	G92	G92	00	座標系設定 / 主軸最高轉速設定	
G70	G70	G72	00	精車循環	
G71	G71	G73	00	內、外徑粗車複循環 (軸向)	
G72	G72	G74	00	端面粗車複循環 (徑向)	
G73	G73	G75	00	成型加工複循環	
G74	G73	G76	00	端面切溝複循環或啄式鑽孔 (軸向)	

G 指令系統			組群	機能說明	開設機定
A	B	C			
G75	G75	G77	00	內、外徑溝槽切削複循環 (徑向)	
G76	G76	G78	00	螺紋切削複循環	
G90	G77	G20	01	內、外徑車削固定循環 (軸向)	
G92	G78	G21	01	螺紋車削固定循環	
G94	G79	G24	01	端面車削固定循環 (徑向)	
G96	G96	G96	02	周速一定機能	
G97	G97	G97	02	主軸轉速一定機能	☆
G98	G94	G94	05	每分鐘進刀量 (mm/min)	
G99	G95	G95	05	每回轉進刀量 (mm/rev)	☆
	G90	G90	03	絕對值座標系統設定	☆
	G91	G91	03	增量值座標系統設定	

☆記號為電源輸入時即設定為此狀態。

G □□

　　G 後面的不同之數值在程式中代表著不同的意義。

　　因發那科 (FANUC) 目前市面上車床常用指令系統皆以 "A" 型式為主。本書以後的程式例皆以此型式作說明。準備機能之多但非各機能都適合每一機種，於是採購數值控制機械時，不同的機型附不同的基本機能，若有特殊之需要，可另增購其他的特殊機能。其各機型基本機能區分如表 (3.1)：(本表取錄於日本森精機程式說明書)

3.1 G00(快速移動定位)

　　工具出發點至指令點或工具退至換刀位置可使用快速移動指令。

　　使用一次 G00 指令之場合時，此指令延續有效，直至下一個單節有 G01、G02、G03 的指令出現時，G00 指令才會被新指令所取代。

指令方法

程式① G00X(U) □□□□；（只有 X 軸移動）

程式② G00Z(W) □□□□；（只有 Z 軸移動）

程式③ G00X(U) □□□□Z(W) □□□□；（X，Z 軸同時移動）

例、快速移動速度 X 軸 12000 mm/min

　　　　　　Z 軸 15000 mm/min

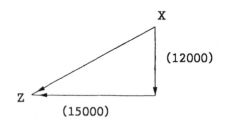

G00 X_Z_ 指令時 X、Z 軸同時移動 X、Z 軸的快速定位速度皆依照各機型的內部參數設定來移動，並不受進給機能控制。各軸速度如左圖所示。

圖 3-1

X 軸 Z 軸移動速度於出廠前已預先做設定，以合適機台使用，故不可隨意更改，以免損害機件壽命。起始點至指令點及指令點退回起始點之動作路徑，如下圖所示：

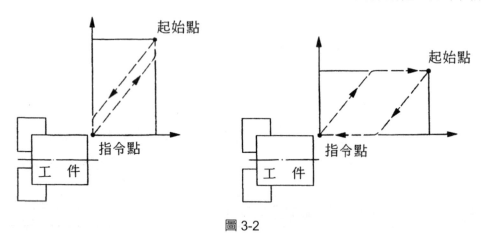

圖 3-2

指令編寫方法

	程式①	程式②	程式③
指令方法	G00 X(U)_;	G00 Z(W)_;	G00 X(U)_Z(W)_;
工具路徑	●出發點 ↓ ●指令點	出發點 ●←● 指令點	●出發點 ↘ ●指令點

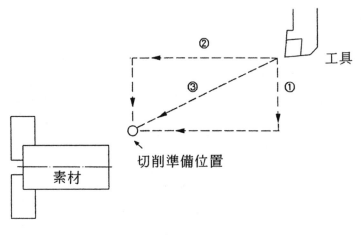

圖 3-3

※ 程式③的場合移動路徑不爲直線移動,而是兩軸同動。

※ 在實際加工場合時,工具的更換應有充分的空間,以避免發生干涉。

※ 長形工件加工使用尾座場合時,工具應先做 Z 軸移動後再做 X 軸移動,以防
刀塔於移動時撞擊尾座。如下圖分解動作所示:

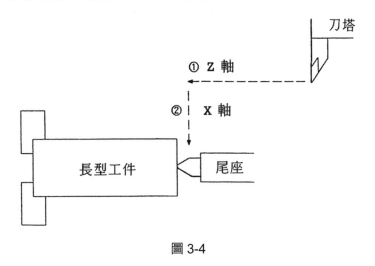

圖 3-4

3.1.1 各機型快速移動一覽表

表 3.3 快速移動的速度不得違反機械內部之設定

機型軸	X(mm/min)	Z(mm/min)
SL-00	4000	8000
SL-15, 25, 35,45	12000	15000
SL-65	5000	8000
SL-75	5000	8000
SL-80	5000	8000
ZL-15, 25, 35, 15S	12000	15000
ZL-100	5000	8000
AL-20, 22	10000	15000
TL-40	4800	9600
LL-6, 7, 8	5000	8000

※ 此表僅供參考，需視使用說明書而定。

面板狀態

※ 快速定位速度於機械操作面板上由下圖之旋轉鈕可作控制。

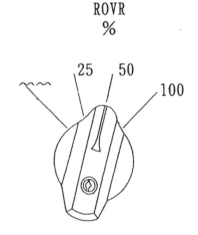

ROVR
%

~~ (400mm/min)
25% 設定速度之 25%
50% 設定速度之 50%
100% 設定速度之 100%

圖 3-5

※ 連續加工時可使用 100% 施行切削，若實行模擬加工或初期切削時可將快速
定位速度減緩以利觀察並使有足夠時間做應變措施。

3.2 G01(直線切削指令)

直線切削 X、Z 指令位置其移動速度由 F 機能控制。

※ 使用 G01 指令後若無 G00，G02，G03 等指令取代則以 G01 記憶狀態持續執行。

程式例① G01 X(U) _____ F _____ ;

使用場合：

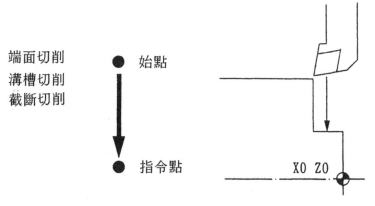

端面切削
溝槽切削
截斷切削

程式例② G01 Z(W) _____ F _____ ;

使用場合：

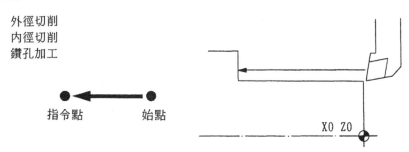

外徑切削
內徑切削
鑽孔加工

程式例③ G01 X(U) _____ Z(W) ; F _____ ;

使用場合：

倒角切削
錐度切削

指令點

始點

※ F □□□□ 進給指令在 G98 之狀態下執行時其進給率為 (mm/min)。

鋁合金素材直徑 22mm，切削速度 160m/min ～ 210m/min 進刀深度 1.5mm，使用仿削車刀加工 (35°)，完畢後切斷 (刀寬 W=3mm)。

練習 1.

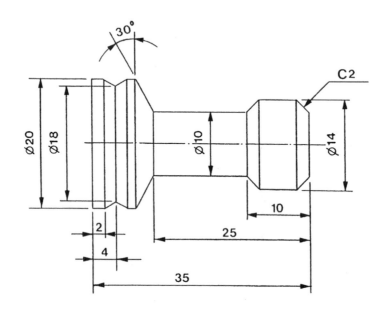

```
% ;
00001 ;  ──────────────────────────→ 程式編號
G50 S3000 ;  ──────────────────────→ 轉速限制
G96 S160 M03 ;  ──────────────────→ 週速一定，主軸正轉
N1 G00 T0404 ;  ──────────────────→ 更換四號刀
G00 X25.0001 Z5.0 ;  ─────────────→ 快速定位，起刀位置
M08 ;  ────────────────────────────→ 切削液開
G00 X21.0001 Z5.0 ;
G01 Z-35.4 F0.2 ;  ───────────────→ 直線切削，進給率 0.2mm/rev
G00 X22.0001 Z5.0 ;
X18.0001 ;
G01 Z-27.2187 ;
G00 X19.0001 Z5.0 ;
X15.0001 ;
G01 Z-26.3527 ;
G00 X16.0001 Z5.0 ;
X12.0001 ;
G01 Z-0.8722 ;
```

粗加工

```
G00 X13.0001 Z5.0；
X9.0001；
G01 Z0.15；
G00 X10.0001 Z5.0；
X6.0001；
G01 Z0.15；
G00 X7.0001 Z5.0；
X3 .0001；
G01 Z0.15；
G00 X4.0001 Z5.0；
X0.0001；
G01 Z0.15；
G00 X16.0001 Z0.95；
X15.7658 Z-8.2106；
G01 X12.0001 Z-10.0935；
Z-25.4866；
G00 X24.0 Z-24.6866；
Z5.0；
X0.3 Z1.15；
Z0.15；
G01 X9.9556；
X14.6 Z-2.1722；
Z-8.6278；
X10.6 Z-10.6278；
Z-25.0825；
X20.6 Z-27.9692；
Z-29.5298；
X18.7298 Z-31.4；
X20.6 Z-33.2702；
Z-35.4；
M09；————————————→ 切削液關
G00 X100.0 Z100.0；————————→ 退至安全位置（準備量測）
/M01；————————————→ 選擇性程式暫停（量測、補償）
```

```
    ┌─ N2 G96 S200 M03;  ──────────────→  主軸正轉
    │  G00 X0.0 Z5.0;
    │  G01 Z0.0 F0.1;  ───────────────→  直線切削，進給率 0.1mm/rev
    │  M08;  ─────────────────────────→  切削液開
    │  G01 X10.0;
    │  X14.0 Z-2.0;
    │  Z-8.0;
精  │  X10.0 Z-10.0;
加  │  Z-25.0;
工  │  X20.0 Z-27.8868;
    │  Z-29.0;
    │  X18.0 Z-31.0;
    │  X20.0 Z-33.0;
    │  Z-35.0;
    │  U2. W1. M09;  ─────────────────→  切削液關，退刀
    │  G00 X100.0 Z100.0;
    └─ T0400;  ───────────────────────→  四號刀補償消除
       /M01;  ───────────────────────→  選擇性程式暫停（量測）
    ┌─ G00 T0606;  ───────────────────→  更換六號刀
    │  G97 S1200 M03;  ───────────────→  轉速固定 1200RPM，主軸正轉
    │  X26.0 Z-38.0 M08;  ────────────→  切削液開
截  │  G01 X0. F0.08;  ────────────────→  直線切削，進給率 0.08mm/
斷  │  rev
    │  M09;  ─────────────────────────→  切削液關
    └─ T0600;  ───────────────────────→  六號刀補償消除
       G00 G28 U0 W0;
       M30;  ───────────────────────→  程式終了
       %
```

練習 2.

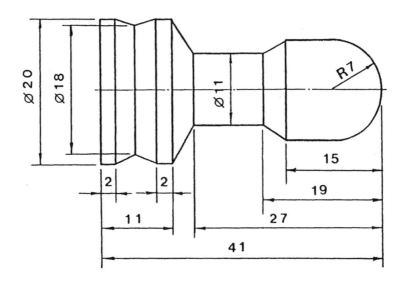

使用 35° 仿削刀片,無刀鼻補償。

```
01002；(NO OFFSET)
N0001 G50 S2000；( 粗車外徑 )
G00 T0101；
G96 S200 M03；
Z3；
X18；
G01 Z-28.845 F0.2；
X21. Z- 29.711；
Z-32.07；
X19.04 Z-35.5；
X21. Z-38.93；
Z-41.；
X23. Z-40.626；
G00 Z3.0；
X14.0；
G01 Z-27.5；
U2.0 W1.0；
G00 Z3.0；
```

```
X10.0；
G01 Z-1.41；
G03 X14. Z-4.307 R7.5 F0.15；
G01 X16. Z-3.934 F0.2；
G00 Z3.0；
X6.0；
G01 Z-0.126；
G03 X10. Z-1.410 R7.5 F0.15；
G01 X12. Z-1.036 F0.2；
G00 Z3.0；
X2.0；
G01 Z0.433；
G03 X6. Z-0.126 R7.5 F0.15；
G01 X12. Z-1.036 F0.2；
G00 Z3.0；
X2.0；
G01 Z0.433；
G03 X6. Z-0.126 R7.5 F0.15；
G01 X8. Z-0.248 F0.2；
G00 Z3.0；
X0；
G01 Z0.5；
G03 X2. Z0.433 R7.5 F0.15；
G01 X4. Z0.807 F0.2；
G00 X26.0；
Z-14.346；
X19.0；
G01 X15. Z-15.091；
X12. Z-19.891 F0.15；
Z-27.113 F0.2；
X15. Z-27.979 F0.15；
X17. Z-27.605 F0.2；
```

```
G00 X26.0 M09；
X100 Z100；
T0100；
M01；
N0002 G50 S2000；( 精車 )
G00 T0101；
G96 S300 M03；
Z25.0；
X0；
G01 Z0 F0.1；
G03 X14. Z-7. R7.0；
G01 Z-15.0；
X11. Z-19.0；
Z-27.402；
X20. Z-30.0；
Z-32.0；
X18. Z-35.5；
X20. Z-39.0；
Z-41. 0；
X25.0；
G00 X60.0；
Z19.3；
T0100；
M01；
M05；
M30；
```

切槽程式例

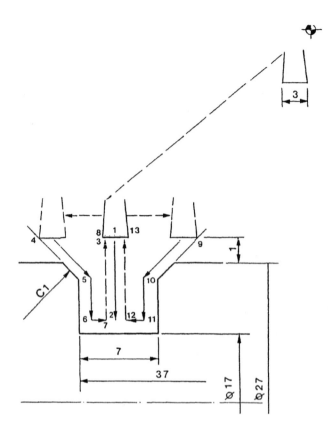

```
       G50S2000;
       G0T0505;
       G96S80M03;
N01  X29.0  Z-33.5  M08;
N02  G01  X17.0  F0.07;
N03  G00  X29.0;
N04  Z-39.0;
N05  G01  X25.0  Z-37.0  F0.05;
N06  X17.0;
N07  Z-33.5;
N08  G00  X29.0;
N09  Z-31.0;
N10  G01  X25.0  Z-33.0;
N11  X17.0;
N12  Z-34.0;
N13  G00X29.0;
     G28  U0  W0;
     M01;
```

3.3 G02、G03(圓弧切削指令)

　　工具由圓弧起點至圓弧終點依 F 機能 (進給率) 之指定做圓弧路徑的移動。以下兩種語法方式可表達圓弧切削功能，即 I、K 或 R 值之大小來決定圓弧之大小，又另以 G02 及 G03 指令來決定圓弧之切削方向。

1. 以 I、K 值作編輯例：

```
G□□    X (U)□□□□Z (W)□□□□I□□□□K□□□□F□□□□;
```
切削方向　　　　圓弧終點座標值　　　　　圓弧起始座標　　進給率

```
G02X(U) _____Z(W) _____I_____K_____F_____;
G03X(U) _____Z(W) _____I_____K_____F_____;
```

　　※ I、K 即 X、Z 方向之對應。經過始點往中心的距離並附 " ＋ "　 " － " 符號。

2. 以 R 值作編輯例：

```
G□□    X (U)□□□□Z (W)□□□□R□□□□F□□□□;
```
切削方向　　　　圓弧終點座標值　　　　半徑值　　進給率

```
G02X(U) _____Z(W) _____R_____F_____;
G03X(U) _____Z(W) _____R_____F_____;
```

3.3.1 圓弧切削方向與座標軸之關係

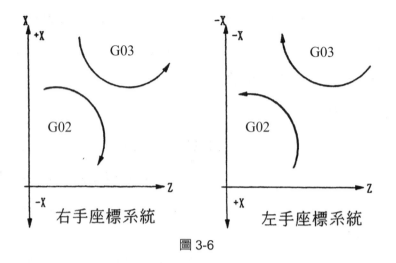

圖 3-6

※ 因目前所有數控車床採用右手座標系統，故本書所有程式採右手座標系統做
說明。

I、K 值編寫與圓弧位置之關係如下圖所示

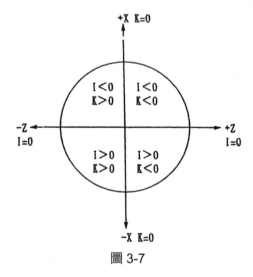

圖 3-7

3.3.2 程式例說明 (不得加工) 刀鼻為 0

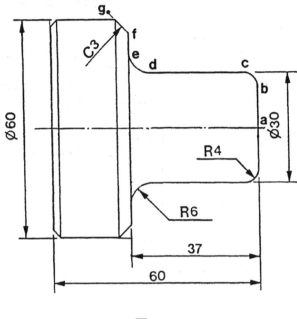

圖 3-8

```
    M08；
a.  X0 Z.0；
b.  G01 X22.0 F0.12；
c.  G03X30.0 Z-4.0R4.0；───────→ 倒角 R4
d.  G01Z-31.0；
e.  G02 X42.0 Z-37.0 R6.0；──────→ 倒角 R6
f.  G01X54.0；
g.  X62.0 Z-41.0；──────────→ 倒角 C3
    G00 U1.0 W10.0 M09；
    X100.0 Z50.0 M05；
    M30；
```

練習 (棋子)

素材直徑 22mm，切削速度 120 ～ 150m/min，進刀深度 2mm，加工完畢後切斷。

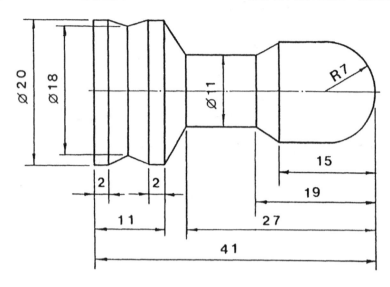

3.3.3 圓弧路徑 (I、K 及 R 值之辨識)

a. F-0T 的場合編輯如下

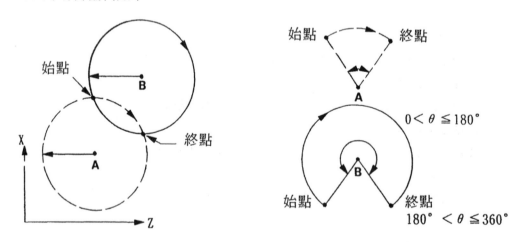

依參考 1.2. 項及上圖之圓弧說明 R 指定之使用狀況：

1. 圓弧在小於 180° 以下之場合

   G02 X20.0 Z60.0 R50.0 F0.3；

2. 圓弧在大於 180° 以上之場合 (如右圖)R 指令在程式中不可使用，須用 I、K 值來編寫，如中心機

   G02 X20.0 Z60.0 I86.6 K25.0 F0.3；

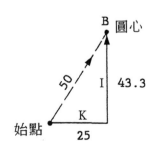

b. F-10T，11T，15T 的場合編輯如下

   1. 圓弧在小於 180° 以下之場合

      G02 X20.0 Z60.0 R50.0 F0.3；

   2. 圓弧在大於 180° 以上之場合

     R 指定之數值祇需加一個負符號即可。

      G02 X20.0 Z60.0 R-50.0 F0.3；

c. I、K 值皆為零時此指令可省略。

d. 程式中單節中同時有 I、K、R 值指令出現時，以 R 值為有效值。

3.4 G04(暫停指令)

    為單次指令碼在程式執行中當讀到 G04 指令時，機械依 U、X、P 值指定之停止時間，做暫時停止動作，再繼續執行下一單節之程式動作。使用於製作沉頭孔及切槽加工。

3.4.1 指令編寫方法 G04 U(X、P) 時間

1. 這機能為單獨程式機能。

2. 當在 G98 指令狀態時其 G04 之指定為時間。

   ※ 當在 G99 指令狀態時其 G04 之指定為主軸迴轉數。

   ※ 參數設定與 G98、G99 型態之關係。一般以時間指定為指令。(　　　　　)

表 3.4

設定單位	型態	指令範圍
公制輸入	G98 G99	0.001 ～ 99999.999sec 0.001 ～ 99999.999rev
英制輸入	G98 G99	0.0001 ～ 9999.9999sec 0.0001 ～ 9999.9999rev

例、溝槽加工之場合：

　　當工具切削至溝底徑即立即退出工具，會使底徑為非一真圓，故工具切削至溝底徑時依指令之指定在溝底徑做適當之停留，使底徑能被充分切削成一完全真圓。

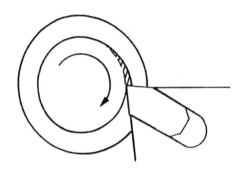

　　主軸 1 迴轉所需的時間其計算公式如下

　　主軸轉速為每分鐘迴轉數，而一分鐘即 60 秒，其 1 迴轉的時間計算如下式：

$$t = \frac{60}{主軸迴轉速度\,(rpm)}\,(秒)$$

　　G01 X □□□□

　　G04 U1.0；暫停一秒

　　G00 X □□□□

例、暫停 0.5 秒指令編寫方法例如下：

　　G04 U0.5；

　　G04 X0.5；

　　G04 P500；　　　　　　　　　　　　※P 不可有小數點輸入。

　　一般取一圈多的時間較佳，太多會使刀刃磨損鈍化。

程式例說明：(不得加工) 刀鼻：0

　　S25C 材質，切削速度 V = 130m/min，槽刀寬 4mm。未註明之倒角爲 2mm。

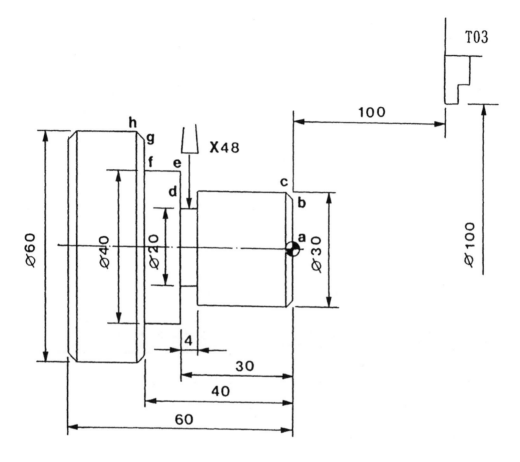

$$N = \frac{130 \times 1000}{3.14 \times 27} = 1533(RPM)$$

$$T = \frac{60}{1533} = 0.039 秒$$

程式例說明

N2；(外型加工)

G96S130M3；

G0T101；

X0Z5.0；

a. G01X0Z0 M08；

b. X26.0 F0.1；

c. X30.0Z-2.0；

d. Z-30.0；

e. X40.0；

f. Z-40.0；

g. X56.0；

h. X60.0Z-42.0；

  X100.0Z100.0；

  M9；

  M1；

N3；(槽加工)

G0T303；

G97S1600M3；

X48.0Z-30.0；

G01X20.0F0.07； ⟶ 切至槽底部

G04X0.04； ⟶ 暫停 0.04 秒

G0X48.0； ⟶ 直退刀

X100.0Z100.0M9；

M1；

3.5 G20/G21(英制輸入 / 公制輸入)

當工作圖為英制標註時可使用 G20 指令作英制輸入指定。

當工作圖為公制標註時可使用 G21 指令作公制輸入指定。

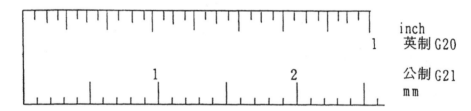

inch
英制 G20

公制 G21
mm

※ 一般開機即設定為公制的形態。

※ 公制與英制混合使用，很容易導致撞機。

※ 1 英吋有 8 分，為 25.4mm，1/8" 即 1 分為 3.175mm。

※ 一般開機為公制設定。

程式說明例

```
G40G21；————————————————→  公英制指定須編寫於程式的開頭。
G0T0101；
G50S3500；
G96S120M03；
    ⌇
    ⌇
    ⌇
G0X100.Z100.M09；
M01；
```

3.6　　G27(經參考點復歸核對)

```
G27X(U)_____Z(W)_____
```

用以核對程式原點之設定是否正確；當刀塔回歸機械原點時，則原點復歸指示燈會亮。

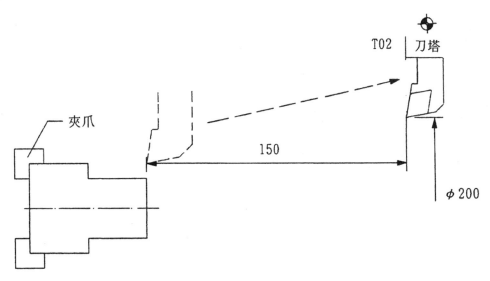

程式例

```
    ⌇
    ⌇
T0200；
G27X200.0Z150.0；
M01；
```

3.7 G28(自動原點復歸)

為單次指令碼，刀具於切削完畢後，欲將刀具退回到機械原點時使用。尤其在做內孔切削時為恐因退刀而撞壞工件，故可使用此指令：命令刀具經過中間點再退至機械原點。路徑即是由 a 點經過 b 點再復歸至機械原點。用於交換工具或增加量測空間。

G28X(U) _____ Z(W) _____

指令編寫方法如下：

1. G28X(U) □□□□ ; ————————→ X 軸自動原點復歸
2. G28X(W) □□□□ ; ————————→ Z 軸自動原點復歸
3. G28X(U) □□□□ Z(W) □□□□ ; ———→ 兩軸自動原點復歸

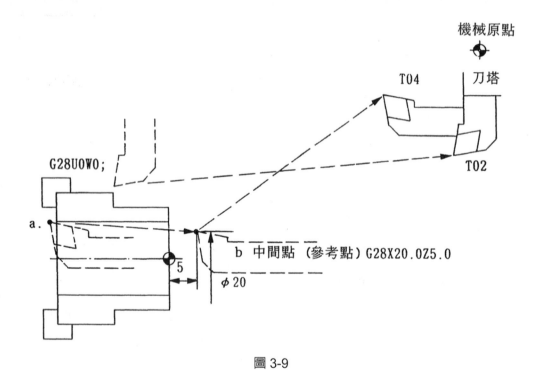

圖 3-9

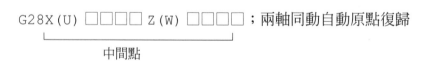

G28X(U) □□□□ Z(W) □□□□ ；兩軸同動自動原點復歸

中間點

程式說明例

```
N1 ;
G50S2000 ;──────────────────→ 外徑加工
G00T0202 ;
G96S120M03 ;
   ⦚
G01X66.
T0200 ;
G28U0W0 ;──────────────────→ 外徑加工完畢直接退回機械原點
M01
N2 ;
G50S1500 ;──────────────────→ 內徑加工
G00T0404 ;
G96S120M03 ;
   ⦚
T0400 ;
G28X20.0Z5.0 ;─────────────→ 刀具經中間點 (b) 再退回機械原點，
M1 ;                          如此可避免刀具與工件產生碰撞干涉。
```

3.8　G29(經參考點之原點復歸)

　　G29 指令必須與 G28 指令配合使用，因 G29 指令動作路逕為經過 G28 指令之中間點到達指定點 (C)。

　　　G29X(U)_____Z(W)_____

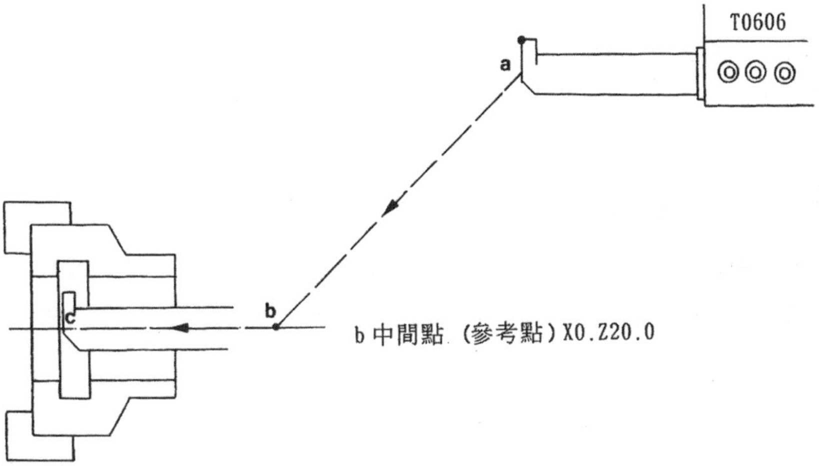

圖 3-10

b 中間點 (參考點) X0.Z20.0

G29X(U) □□□□ Z(W) □□□□
　　　　　　　　指定點 (C)

程式說明例

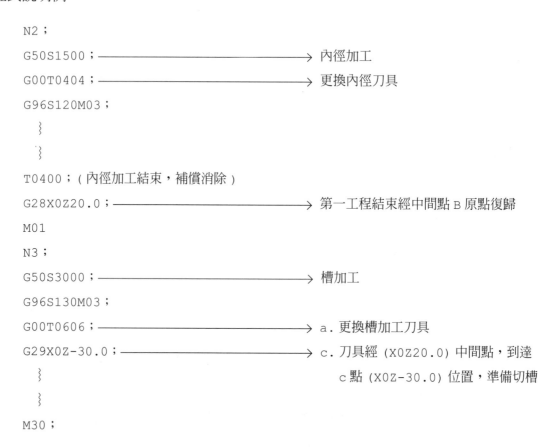

```
N2；
G50S1500；─────────────────────→ 內徑加工
G00T0404；─────────────────────→ 更換內徑刀具
G96S120M03；
    ⌇
    ⌇
T0400；（內徑加工結束，補償消除）
G28X0Z20.0；──────────────────→ 第一工程結束經中間點 B 原點復歸
M01
N3；
G50S3000；─────────────────────→ 槽加工
G96S130M03；
G00T0606；─────────────────────→ a. 更換槽加工刀具
G29X0Z-30.0；─────────────────→ c. 刀具經 (X0Z20.0) 中間點，到達
    ⌇                                 c 點 (X0Z-30.0) 位置，準備切槽
    ⌇
M30；
```

3.9　G50(座標系設定 / 轉速限制)

G50 具兩種機能之指令：

1. 主軸最高迴轉速度的設定。
2. 座標系設定。

3.9.1　G50(主軸最高迴轉速度的設定)

各個切削工具距離程式原點位置的設定或主軸最高迴轉數的限制指令。即成型切削工程執行時其主軸最高迴轉數不得超過此限。此指令功能主要在於維護機械安全與延長工具使用壽命籍以維持在良好的切削環境。

程式說明例

N1；

G50 S2000；──────────────── 主軸最高轉速限制 2000RPM 以下

G00 T0202(M42)；

G96 S180 M03；

    X12.0 Z10.0 M08；

    X0；

G01 Z0 F0.15；

G01 X4.0；

G01 Z0；

G03 X8.0 Z-2.0 R2.0 F0.1；

G01 Z-12.0 F0.15；

G02 X14.0 Z-15.0 R3 .0 F0.1；

G01 X18.0；

    X20.0 Z-16.0；

G00 U1.0 Z10.0；

    X100.0 Z100.0；

    M01；

N2；

G50 S1000；──────────────── 主軸最高轉速限制 1000RPM 以下

G00 T0404(M42)；

G96 S100 M03

    X25.0 Z-25.0 M08；

G01 X0. F0.08；

    X25. M09；

G00 X100.0 Z100.0；

    M30；

※ 最高主軸回轉限制的解除必須使用新的一個 G50 S □□□□指令來取代舊
   指令。

當使用 G96 周速一定指令作大工件端面切削時,刀具離主軸中心越近時其迴轉數越高,此時爲了考慮大旋徑工件在高速迴轉時所產生之離心力是否會大過夾頭之夾持力,而導致工件飛出傷及操作人員,所以必須用 G50 指令設定最高轉速的限制以策安全。

3.9.2 座標系設定 G50X_____ Z_____ (6T 機型使用)

G50 後之 X、Z 值即工具於加工時其出發點至加工原點 (X0、Z0) 的距離作座標系之設定。

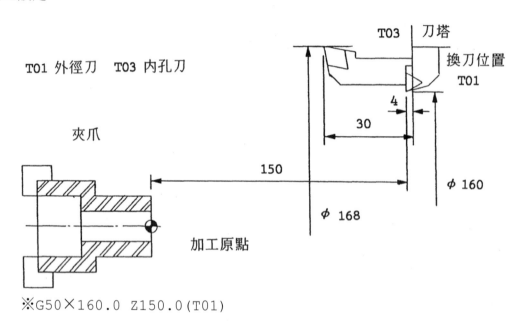

※G50×160.0 Z150.0(T01)

圖 3-11

※ 此種編寫方式為 F-6T 車床使用。如下

程式例說明：(不得加工) 刀鼻：0mm

```
N2；( 外徑加工 )
G50 X160.0 Z150.0；─────→ ( 始點 )※ 工具必須在加工原點前 X160.0 Z150.0
                                     的位置開始執行加工。
G00 T0101(M42)；
G96 S100 M03；
    X55.0 Z5.0 M08；
G01 X60.；
    M09；
G00 X160.0 Z150.0；─────→ ( 終點 )※ 加工完畢後工具必須回到起始位置準備
                                     下一道次的加工。
    M01；
G00 T0303(M42)；( 內孔加工 )
G50 X168.0 Z124.0；─────→ ( 始點 )※ 工具必須在加工原點前 X168.0 Z124.0
                                     的位置開始執行加工。
G96 S100 M03；
    X35.0Z5.0；
G01 Z-35.0 F.08M08；
G01 X20.0；
    Z5. M09；
G00 X168.0 Z124.0；─────→ ( 終點 )※ 加工完畢後工具必須回到起始位置準備
                                     下一道次的加工。
    M09
    M30；
```

注意事項如下：

1. 程式編輯時其出發點與工具加工完畢後終點必須一致。

2. 若始點與終點之座標值不一致則很容易發生撞車事故。

3. 加工原點一般設定在主軸中心 (X0) 及實際工件型狀之端面 (Z0) 上。

※ 最近座標系的設定的 G50 指令方法已不採用，直接使用工具機能之工具補償
   做設定。

練習 3.

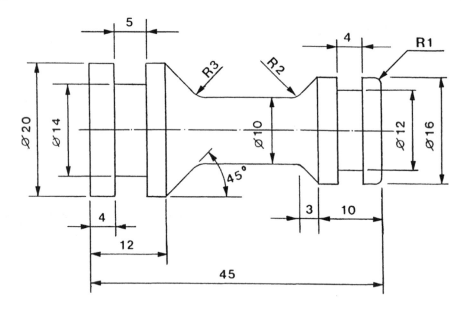

```
% ;
O0003 ;
G50 S3000 ;
G96 S200 M03 ;
G00 T0404 ;
G00 X25.0001 Z5.0 ;
M08 ;
G00 X21.0001 Z5.0 ;
G01 Z-45.4 F0.1 ;
G00 X22.0001 Z5.0 ;
X18.0001 ;
G01 Z-31. 8722 ;
G00 X19.0001 Z5.0 ;
X15.0001 ;
G01 Z-0.0436 ;
G00 X16.0001 Z5.0 ;
X12.0001 ;
G01 Z0.15 ;
G00 X13.0001 Z5.0 ;
X9.0001 ;
G01 Z0.15 ;
G00 X10.0001 Z5.0 ;
X6.0001 ;
G01 Z0.15 ;
```

```
G00 X7.0001 Z5.0；
X3.0001；
G01 Z0.15；
G00 X4.0001 Z5.0；
X3.0001；
G01 Z0.15；
G00 X19.0001 Z0.95；
X18.7658 Z-9.7106；
G01 X15.0001 Z-11.5935；
Z-30.3722；
G00 X15.7658 Z-11.2106；
G01 X12.0001 Z-13.0935；
Z-28.8721；
G00 X24.0 Z-28.0721；
Z5.0；
X0.3 Z1.15；
Z0.15；
G01 X13.5；
G03 X16.6 Z-1.4 K-1.55；
G01 Z-10.6278；
X11.4494 Z-13.2031；
G02 X10.6 Z-14.2284 I1.0253 K-1.0253；
G01 Z-27.1574；
G02 X12.0352 Z-28.8898 I2.45；
G01 X20.6 Z-33.1722；
Z-45.4；
U1.0 W1.0；
M09；
G00 X100.0 Z100.0；
/M01；
N2 G96 S200 M03；
G00 X0.0 Z5.0；
G01 Z0.0 F0.1；
M08；
G01 X14.0；
G03 X16.0 Z-1.0 K-1.0；
G01 Z-10.0；
X11.1716 Z-12.4142；
G02 X10.0 Z-13.8284 I1.4142 K-1.4142；
G01 Z-26.7574；
```

```
G02 X11.7574 Z-28.8787 I3.0；
G01 X20.0 Z-33.0；
Z-45.0；
U2. W1.；
M09；
T0400；
G00 G28 U0 W0；
/M01；
N03 G50 S1000；(切槽)
G97 S1200 M03；
G00 T0606；
X22. Z-7.；
M08；
G01 X12. F0.08；
G04 X0.2；
G01 X20.；
Z-6.；
X12.；
G04 X0.2；
G01 X22.；
Z-41.；
X14.；
G04 X0.2；
G01 X22.；
Z-39.；
X14.；
G04 X0.2；
G01 X22.；
M09；
G00 X100.0 Z100.0；
/M01；
N4G00 T0606；(截斷)
G97 S1200 M03；
X26.0 Z-48.0 M08；
G01 X0.0 F0.08；
M09；
T0600；
G00 G28 U0 W0；
M30；
%
```

練習 4.

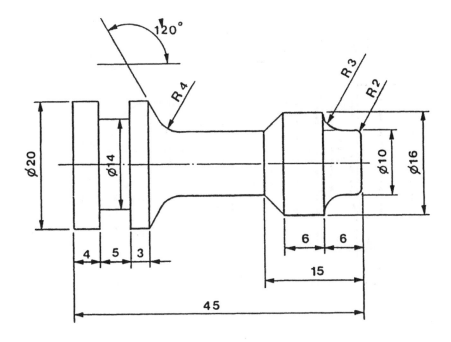

練習 5.

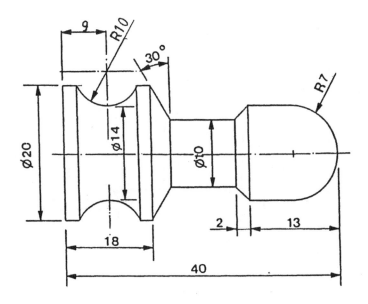

練習 6.

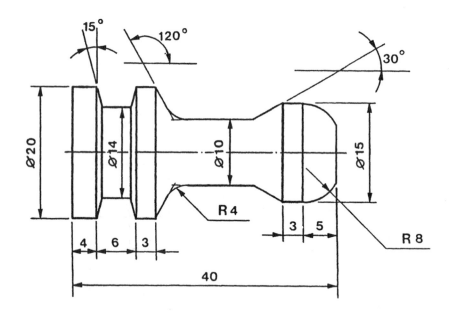

練習 7.

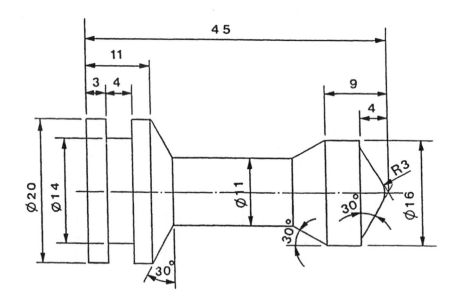

練習 8.

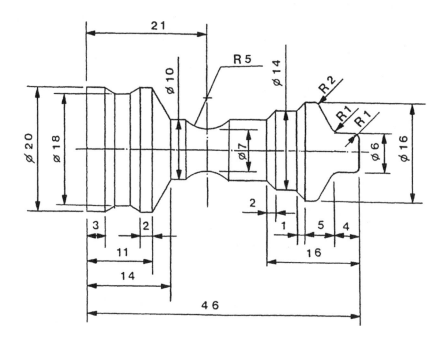

練習 9.

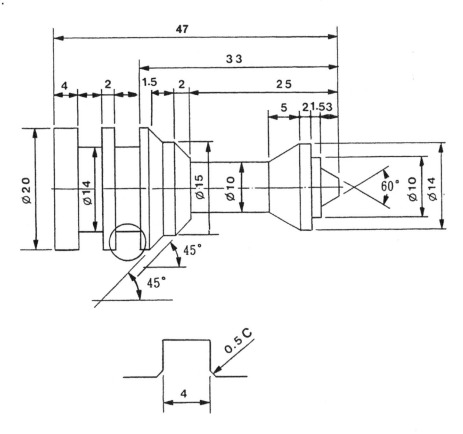

3.10 G32(螺紋切削)

用以車製螺紋之指令，所有螺紋切削相關指令如下：

1. G32 螺紋切削指令。

2. G92 螺紋切削固定循環指令。

3. G76 螺紋切削複循環指令。

螺紋切削有三個機能，以下對 G32 指令與 G92 指令做說明。

G76 指令則留在特殊複合形循環指令之章節再加以詳敘。

螺紋切削時應注意事項如下：

1. 螺紋切削時面板上進給率選擇鈕無效。

2. 螺紋切削時空跑無效。

3. 螺紋切削中途停止時工具立刻從 X 軸離開延 Z 軸回到出發點。這種機能亦可稱回復機能。

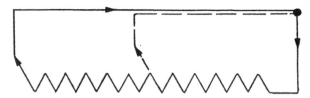

螺紋切削中途停止之逃離量與切削至終點之逃離量相同。

4. 螺紋加工時，主軸迴轉速度必須保持一定，不得任意改變轉速，否則會產生亂牙現象，所以必須使用 G97(轉速度一定) 指令車螺紋。

5. 螺紋切削進給率必須受到限制。

6. 螺紋切削的始點與終點必須考慮到不完全螺紋部份。

3.10.1 進給率的限制

螺紋切削的導程指令通常與進給率相同，利用相位分配速度。其界限如下式：

$$P \leqq \frac{(12000^{*})}{S}$$

P：導程 (mm)

S：迴轉速度 (rpm)

※ (12000*) 快速定位速度，此數值因機械的不同而有差異。

3.10.2 不完全螺紋部分 (L1、L2)

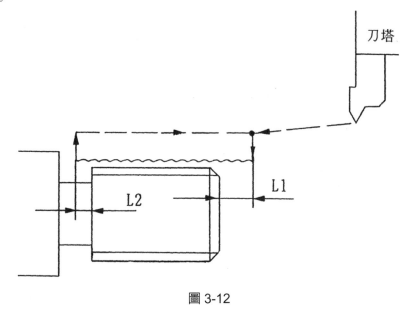

圖 3-12

※ 螺紋切削時，正確下刀點及退刀點須在始點和終點附近，如此才能車製出完整的螺紋，這車削前與車削後之延長距離 (L1、L2) 稱不完全螺紋部分。

不完全螺紋部份之計算式如下：

$$L1 = \frac{S \times P}{600} \qquad L2 = \frac{S \times P}{2400}$$

L1、L2：不完整螺紋部分　S：迴轉速度 (rpm)　P：導程 (mm)

L1 部分工具經過短暫停止狀態採用正確的螺紋切削速度再做切削動作。

L2 部分工具經過短距離之減速及停止，所以需要最小限度的距離是必須的，但於實際加工時必須考慮工具與工件是否發生干涉而決定其數值之大小。

3.10.3 G32(螺紋切削指令)

此機能可做平螺紋、錐度螺紋、端面螺紋的切削。

指令編寫方法：

1. 平行螺紋切削加工

```
G32 Z (W)_____F_____Q_____;
```

2. 錐度螺紋加工

G32 X (U) _____ Z (W) _____ F _____ ;

3. 端面螺紋加工

G32 X (U) _____ F _____ ;

※ F _____ 爲螺紋之導程指令。

※ Q _____ 爲螺紋切削起始角度，例：螺紋起始位置爲 180 度，則語法
Q180000，因 Q 不得有小數點。

3.10.4 G32 螺紋切削程式例

素材直徑 45mm，切削速度 120m/min，進刀深度 1.63mm，未註明之倒角爲 1mm。
螺紋規格爲 M30×2.5。

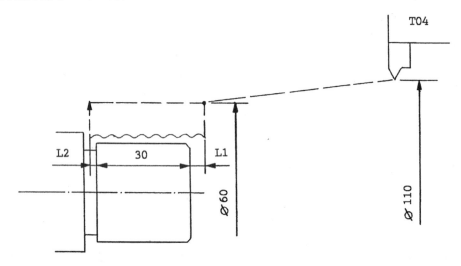

1. 迴轉速度 (S) 的決定

$$S1 \leq \frac{12000}{P} = \frac{12000}{2.5} = 4800(rpm) \longrightarrow 螺紋加工轉速限制$$

$$N \leq \frac{V \times 1000}{\pi \times D} = \frac{120 \times 1000}{3.14 \times 30} = 1274(rpm) \longrightarrow 螺紋加工轉速$$

2. 不完全螺紋 (L1、L2 的算出)

$$L1 = \frac{N \times P}{600} = \frac{1200 \times 2.5}{600} = 5(mm)$$

$$L2 = \frac{N \times P}{2400} = \frac{1200 \times 2.5}{2400} = 1.25(mm) \qquad ※L1=10mm，L2=2mm$$

螺紋切削程式例

```
N0001 G00 T0404 (M42) ;       N0016 X28.0 ;
N0002 G97 S1200 M03 ;         N0017 G32 Z-32.0 ;
N0003 G00 X60.0 Z10.0 ;       N0018 G00 X60.0 ;
N0004 X29.5 ;                 N0019 Z10.0 ;
N0005 G32 Z-32.0 F2.5 ;       N0020 X27.3 ;
N0006 G00 X60.0 ;             N0021 G32 Z-32.0 ;
N0007 Z10.0 ;                 N0022 G00 X60.0 ;
N0008 X29.0 ;                 N0023 Z10.0 ;
N0009 G32 Z-32.0 ;            N0024 X26.74
N0010 G00 X60.0 ;             N0025 G32 Z-32.0 ;
N0011 Z10.0 ;                 N0026 G00 X60.0 ;
N0012 X28.5 ;                 N0027 Z10.0 ;
N0013 G32 Z-32.0 ;            N0028 X110.0 Z50.0 ;
N0014 G00 X60.0 ;             N0029 T0400 ;
N0015 Z10.0 ;
```

3.10.5 G32 錐度螺紋例 (PT-2 1/2)

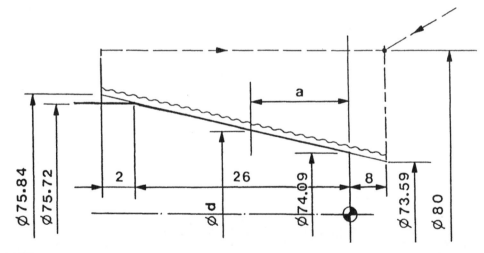

材質 =S45C

$$S1 = \frac{12000}{P} = \frac{12000}{2.3091} = 5100(\text{rpm})$$

$$N = \frac{V \times 1000}{\pi \times D} = \frac{100 \times 1000}{3.14 \times 75} = 425(\text{rpm})$$

$$L1 = \frac{N \times P}{600} = \frac{425 \times 2.3091}{600} = 1.64(mm)$$

$$L2 = \frac{N \times P}{2400} = \frac{425 \times 2.3091}{2400} = 0.4(mm)$$

L1=8mm，L2=2mm

JIS 規格

a	17.46
f	9.2
ϕd	75.184
P	2.3091
H	1.479
T	1/16

程式例：

N001 G00 T0404 M41；
N002 G97 S425 M03；
N003 G00 X80.0 Z8.0；
N004 X73.59；
N005 G32 X75.84 Z-28.0 F2.3091；
N006 G00 X80.0；
N007 Z8.0；
N008 X72.59；
N009 G32 X74.84 Z-28.0；
N010 G00 X80.0；
N011 Z8.0；
N012 X71.59；
N013 G32 X73.84 Z-28.0；
N014 G00 X80.0；
N015 Z8.0；
N016 X70.7；
N017 G32 X72.95 Z-28.0；
N018 G00 X80.0；
N019 Z8.0；
N020 X70.63；
N021 G32 X72.88 Z-28.0；
N022 G00 X80.0；
N023 Z8.0；
N024 X150.0 Z100.0；
N025 T0400；

3.11 G92(螺紋切削固定循環指令)

(F-10T、F-15T)

指令方法 G92 X(U)_____ Z(W)_____ I_____ F_____；

(F-0T)

指令方法 G92 X(U)_____ Z(W)_____ R_____ F_____；

每回進刀值　　　終點位置　　斜度差　　　導程

一、平螺紋加工 (I、R=0)

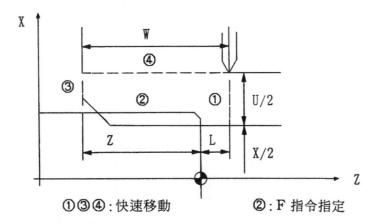

①③④:快速移動　　　②:F 指令指定

(F-10T、F-15T、F-0T)

指令方法 G92 X(U)＿＿＿＿＿ Z(W)＿＿＿＿＿ F＿＿＿＿＿;

　　　　　　　　　每回進刀值　　　　終點位置　　　導程

二、錐度螺紋加工

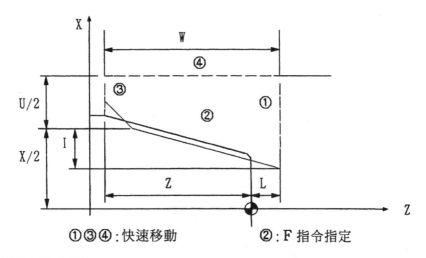

①③④:快速移動　　　②:F 指令指定

(F-10T、F-15T)

指令方法 G92 X(U)＿＿＿＿＿ Z(W)＿＿＿＿＿ I＿＿＿＿ F＿＿＿＿;

(F-0T)

指令方法 G92 X(U)＿＿＿＿＿ Z(W)＿＿＿＿＿ R＿＿＿＿ F＿＿＿＿;

　　　　　　　　每回進刀值　　　　終點位置　　　斜度差　　　導程

※ 斜度差 (I、R) 以半徑值指令。

※ F-15T 使用 I 值指令，F-T 使用 R 值指令。

3.11.1 外螺紋切削程式實例

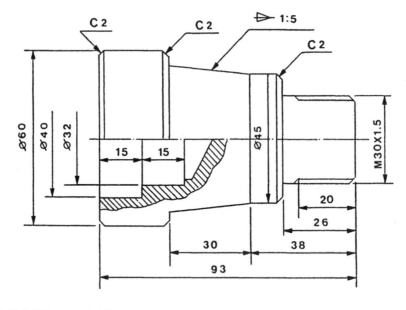

進給率的限制　　　周速 120m/min

迴轉速度的決定

$$N = \frac{1000 \times 120}{\pi \times 30} = 1900\text{(rpm)}$$

不完全螺紋的計算

$$L1 = \frac{S \times P}{600} = 4.8$$

$$L2 = \frac{S \times P}{2400} = 1.2$$

設 L1=4mm、L2=1mm

切削次數　　　　材質 S45C 螺紋切削次數 "n"

n=P×4=6

※ 螺紋切削次數依材質之不同而有所改變。

3.11.2 螺紋高度之計算

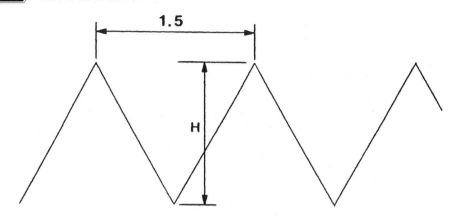

牙深 H=0.65×P=0.65×1.5=0.975

第一次切削 x 座標值爲

X=30−2×0.35=29.3

n1 次切削量 0.35mm	1	X29.3
n2 次切削量 0.25mm	2	X28.8
n3 次切削量 0.151mm	3	X28.50
n4 次切削量 0.11mm	4	X28.30
n5 次切削量 0.08mm	5	X28.14
n6 次切削量 0.05mm	6	X28.04

程式例：

```
N3；
G00 T0606 (M41)；
G97 S1900 M03；
X35.0 Z5.0 M23；
M08；
G92 X29.3 Z-22.5 F1.5；
X28.8；
X28.5；
X28.3；
X28.14；
X28.04；
G00 X100.0 Z100.0 M09；
T0200 M05；
M30；
```

螺紋加工實例

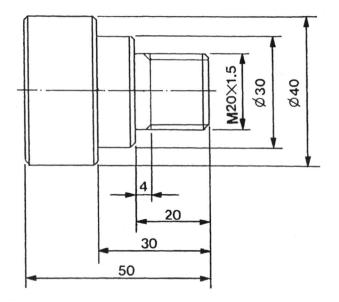

O6692；

N1；

G50S3000；

G96S130M3；

G0T404；

X48.0Z2.0M8；

G1Z-53.8F0.15；

G0X55.0；

Z2.0；

X44.0Z2.0M8；

G1Z-53.8F0.15；

G0X55.0；

Z2.0；

X40.60；

G1Z-53.8；

G0X55.0；

Z2.0；

X36.0；

G1Z-29.8；

G0X50.0；

Z2.0；

X32.0；

G1Z-29.8；

G0X50.0；

Z2.0；

X30.6；

G1Z-29.8；

G0X50.0；

Z2.0；

X26.0；

G1Z-19.8；

G0X40.0；

Z2.0；

X22.0；

G1Z-19.8；

G0X40.0；

Z2.0；

X20.4；

G1Z-19.8；

G0X100.0Z100.0M9；

M1；

N2；

G50S4000；

G96S150M3；

G0T404；

X-1.6Z2.0M8；

G01Z0F0.1；

X14.863；

X19.8Z-2.469；

Z-20.0；

X27.063；

X30.0Z-21.469；

Z-30.0；

X37.063；

X40.0Z-31.469；

Z-50.8；

X44.4；

G0X100.0Z100.0M09；

T400；

M1；

N3；

G00 T0606(M41)；

G97 S1900 M03；

X30.0 Z5.0 M23；

M08；

G92 X19.3 Z-17.5 F1.5；

X18.8；

X18.5；

X18.3；

X18.14；

X18.04；

G00 X100.0 Z100.0 M09；

T0600 M05；

M30；

3.11.3 內螺紋程式實例

素材中心鑽 30mm 通孔，螺紋分六次切削。V=130m/min

T01 內孔刀 T03 內螺紋刀

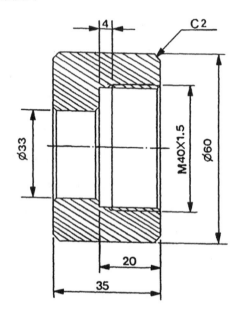

進給率的限制　$N = \dfrac{1000 \times 130}{\pi \times 40} = 1035$ (rpm)

迴轉速度的決定

內螺紋加工內孔尺寸如下：

內孔尺寸 =（外徑）–（節距）

內孔尺寸 =40–1.5=38.5mm

螺紋高　0.6495×1.5=0.97mm

分割牙深 0.97

		X38.12
	0.35	X38.82
	0.20	X39.22
	0.19	X39.60
	0.10	X39.80
	0.05	X39.90
	0.05	X40.00

程式實例：

```
O6922；
N1G50S2500；
G0T101；
G96S130M3；
X32.5Z5.0；
M08；
G01Z-36.0F0.15；
U-1.0；
G0Z5.0；
X34.0；
G1Z-19.9；
U-1.0；
G0Z5.0；
X37.0；
G1Z-19.9；
U-1.0；
G0Z5.0；
X39.0；
G1Z-19.9；
U-1.0；
X36.468；
X33.0Z-21.734；
Z-36.0；
U-1.0；
G0Z5.0M9；
X100.0Z100.0；
M1；
N2；
G97S1000M03；
G00T0303；
X37.0Z5.0；
M08；
G92X3 8.12Z-19.0F1.5；
X38.82；
X39.22；
X39.60；
X39.80；
X39.90；
X40.0；
X40.0；
G0X100.0Z100.0M9；
M30；
```

3.11.4 螺紋切削分配一覽表

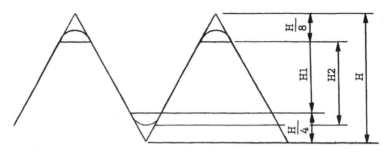

H=0.86603P

H1=0.54127P

H2=55/80H

螺紋切削量分配表 (3.5)

螺紋規格	P	1.00	1.25	1.50	1.75	2.00	2.50	3.00	3.50	4.00	4.50	5.00	5.50	6.00
	H2	0.60	0.74	0.89	1.05	1.19	1.49	1.79	2.08	2.38	2.68	2.98	3.27	3.57
	H1	0.541	0.677	0.812	0.947	1.083	1.353	1.624	1.894	2.165	2.435	2.705	2.977	3.248
	01	0.25	0.35	0.35	0.35	0.35	0.40	0.40	0.40	0.40	0.40	0.45	0.45	0.45
	02	0.19	0.19	0.20	0.25	0.25	0.30	0.35	0.35	0.35	0.35	0.35	0.40	0.40
	03	0.10	0.10	0.14	0.15	0.19	0.22	0.25	0.30	0.30	0.30	0.30	0.35	0.35
	04	0.05	0.05	0.10	0.10	0.12	0.20	0.20	0.25	0.25	0.30	0.30	0.30	0.30
	05		0.05	0.05	0.10	0.10	0.15	0.20	0.20	0.25	0.25	0.25	0.30	0.30
	06			0.05	0.05	0.08	0.10	0.15	0.14	0.20	0.20	0.25	0.25	0.25
	07				0.05	0.05	0.05	0.10	0.10	0.15	0.20	0.20	0.20	0.25
	08					0.05	0.05	0.05	0.10	0.14	0.15	0.15	0.15	0.20
	09						0.02	0.05	0.10	0.10	0.10	0.15	0.15	0.15
切削量及次數	10							0.02	0.05	0.10	0.10	0.10	0.10	0.15
	11							0.02	0.05	0.05	0.10	0.10	0.10	0.10
	12								0.02	0.05	0.09	0.10	0.10	0.10
	13								0.02	0.02	0.05	0.09	0.10	0.10
	14									0.02	0.05	0.05	0.08	0.10
	15									0	0.02	0.05	0.05	0.08
	16										0.02	0.05	0.05	0.05
	17										0	0.02	0.05	0.05
	18											0.02	0.05	0.05
	19											0	0.02	0.05
	20												0.02	0.05
	21												0	0.02
	22													0.02
	23													0
	24													

3.11.5 螺紋

螺紋規格有國際公制標準螺紋、統一標準螺紋 (英制螺紋) 兩大類，螺紋為機件組合的重要元件，其主要功能有固定機件、調整位置、傳達動力或運動等。一般螺紋相關日常產品有螺帽、螺絲、螺栓、飲料瓶蓋、燈泡、車床導螺桿等。

依螺紋形狀：可分三角形、方形、梯形、鋸齒形、圓形等。

依螺紋種類分類：可分為三角螺紋 (V 形螺紋)；螺紋角為 60 度。惠式螺紋；螺紋角為 55 度，標示符號為 "W" ，管用螺紋；螺紋角為 55 度，可分為直管螺紋代號為 "P.S.、N.P.S" 和斜管螺紋代號為 "N.P.T" ，其錐度為 1：16，即每吋 3/4 吋。方形螺紋用於水管；標示符號為 "S" ，用於虎鉗，梯形螺紋；又稱愛克姆螺紋，公制之螺紋角為 30 度、英制之螺紋角為 29 度，標示符號為 "Tr" ，用於車床導螺桿，鋸齒形螺紋；螺紋角為 45 度，標示符號為 "Bu" ，用於千斤頂，圓螺紋表示符號為 "Rd" ，用於燈泡。

依螺紋旋轉鎖緊方向分類：可分為右螺紋與左螺紋兩類，一般螺紋若無明確標註，皆視為右手螺紋。從軸線端看，螺紋紋路依逆時針方向圍繞前進者，或由側面看，螺紋紋路由左下方往右上方傾斜者為左螺紋。

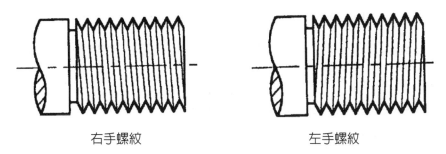

右手螺紋　　　　　　　　　左手螺紋

依螺紋頭數 (線數) 分類

依螺旋頭數又可分為單頭螺紋與雙螺紋及複螺紋；

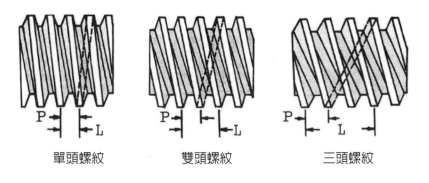

單頭螺紋　　　　雙頭螺紋　　　　三頭螺紋

螺紋各部名稱

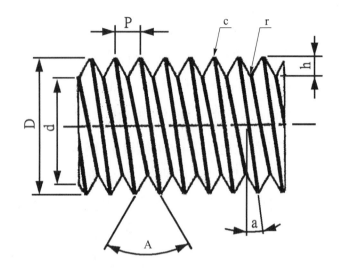

大徑 D：螺紋公稱外徑，即螺紋的最大直徑。

小徑 d：螺紋底徑或內徑 (d = D − P)，即螺紋的最小直徑。

節圓直徑 E：簡稱節徑，可視為外螺紋與內螺紋配合時，所接觸的點形成的假想直徑，螺紋製造量測時皆以節圓直徑為度量基準。

螺距 (pitch)：螺紋上任意一點到相鄰同位點，與軸線平行之距離稱為螺距，常用「P」表示。

導程 (lead)：當螺絲固定不動，螺帽旋轉一周所移動之軸向距離稱為導程，常用「L」表示。

導程角：螺旋線上任一點之切線與中心軸線垂線所夾的角。

螺紋角 A：即螺紋兩牙面間的夾角，或稱牙角。

螺紋深度 h：沿垂直於中心軸線方向所量得螺紋牙頂與牙根間之垂直距離。

螺旋角 a：節徑上螺紋之螺旋線與軸之垂直線所構成之夾角。

$$\tan a = L / \pi D$$

3.11.6 螺旋的原理

假想一張直角三角形之紙張，圍繞一個任意圓柱，如上圖所示，該三角形紙張的斜邊即構成一螺旋線條，圖中 (d 爲圓柱直徑，L 爲導程，α 爲導程角，a 爲螺旋角)。

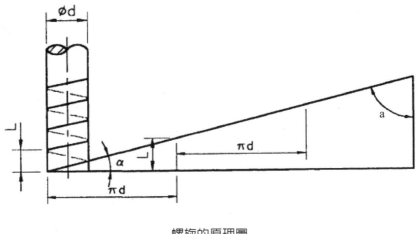

螺旋的原理圖

3.11.7 螺紋節距與導程的關係

節距 (pitch)

節距是指螺紋上任意一個牙峰到相鄰牙峰沿螺紋軸線所測量得之距離，稱爲螺距，通常以 "P" 爲代號。

導程 (lead)

所謂導程是指螺紋之任一點沿螺紋軸線繞行一週所移動之距離，通常以 "L" 爲代號，在單頭螺紋之狀況下，螺紋之節距等於導程 (P = L)，在雙頭螺紋之狀況下，螺紋之導程爲節距的兩倍 (L = 2P)，雙頭螺紋導程計算依此類推。

單線螺紋之導程 L = P (螺紋線開端爲 0°)。

雙線螺紋之導程 L = 2P (螺紋線開端爲 0° 與 180°)。

三線螺紋之導程 L = 3P (螺紋線開端爲 0° 與 120° 及 240°)。

導程之計算：L(導程) = n(螺紋線數) × P(螺距)

3.11.8 螺紋標註例說明

螺紋標註是由螺紋旋轉方向、螺紋線數、螺紋種類符號、螺紋大徑、螺距、螺紋公差等級之順序排列標註。

如 L 2N M20 × 1.25 6H /5g 即 "L" 為左螺旋 "2N" 雙頭螺紋，外螺紋公差域分 e、g、h 三級，內螺紋公差域分 G、H 二級。

公制螺紋標註 L 2N M20 × 1.256g

L 為左螺紋、2N 為雙頭螺紋、M 為公制、20 為螺紋外徑尺寸、1.25 即該螺紋節距尺寸、外螺紋 6g 公差等級配合。

英制螺紋標註 LH 2H 3/8" – 24NF6H

"LH" 為左螺紋、"3H" 為三頭螺紋、3/8" 為英制螺紋外徑尺寸、"24" 為每一吋單位長度有 24 牙 (NF 為細螺紋、NC 為粗螺紋、NEF 為特細螺紋)，"2A" 為該母螺紋為 2 級配合。

英制螺紋節距換算成公制

螺紋節距 P= 牙數 /25.4mm=24/25.4mm。

3.11.9 螺紋的量測

在螺紋製造與量測時皆以螺紋節圓直徑為度量尺寸，管制此基準公差即為螺紋配合等級。有關螺紋功能性的檢查，外螺紋可用螺紋環規檢查，內螺紋可用螺紋塞規檢查，螺紋外螺紋輪廓可用輪廓測定機檢查，螺紋角可以用投影影像機測量，內螺紋相較之下不易測量。螺紋節徑量測方法很多，如使用螺紋環、塞規、節徑分厘卡、三線法等，其中螺紋輪廓則可用輪廓測定儀檢驗，螺紋角可用投影影像量測儀檢驗，螺紋節距則可使用螺紋節距規檢視。

螺紋節徑量測最常用三線法，其中三線線徑的選用原則，其三線直徑不得超過±0.0025mm。

　　量測螺紋所選用的三支鋼線直徑尺寸，越接近越準確；其鋼線與螺紋節徑接觸點越接近越好。

最適線徑 W 計算如下：螺紋牙角 α

最佳線徑 W(d) = P/(2 × cos(α /2))

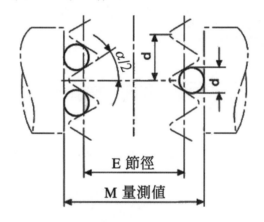

螺紋節圓直徑量測計算式如下：

29 度螺紋線徑 W=0.5164P　　量測值 M = E + 4.9939W － 1.9333P

30 度螺紋線徑 W=0.5176P　　量測值 M = E + 4.8637W － 1.866P

55 度螺紋線徑 W=0.5636P　　量測值 M = E + 3.1657W － 0.960P

60 度螺紋線徑 W=0.5773P　　量測值 M = E + 3W － 0.866P

(M：量測值　 d：線徑　 E：節徑／圓值　 d：牙角的一半　 P：節距)

量產螺紋量測工具

螺紋環規與塞規採 SKD11 合金鋼製造，硬度達 HRC60° 之螺紋量測工具之一，螺紋環規與塞規有通與不通兩件一組，用以檢驗量測外螺紋節圓直徑尺寸是否合格；螺紋環規通環規厚度較厚，不通環規厚度較薄，環規外緣設有溝槽並塗上紅漆，螺紋塞規通端 (較長) 不通端 (較短另設有溝槽亦塗上紅漆) 用以檢驗量測內螺紋節圓直徑尺寸，適合當作大量生產工件的量測檢驗工具。

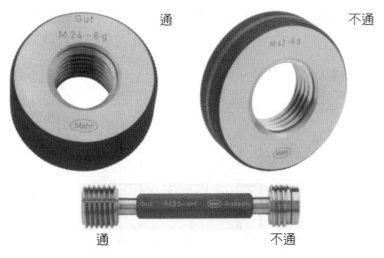

※ 螺紋節徑分厘卡用以量測螺紋節圓直徑 (測砧須配合節距選用)。

※ 螺紋牙規用以檢測螺紋節距 (牙數)。

3.12 G96/G97(周速一定限制 / 轉速一定限制)

G96S □□□□
      切削速度 (m/min)

G97S □□□□
      主軸轉速 (RPM)

※ G96、G97 須與 S 機能配合使用 G96 適用於端面及直徑差大的工件，G97 適用於直徑差小及螺紋加工。

※ G96 後 S 機能為切削速度指令指定。

※ G97 後 S 機能為主軸迴轉速度指令指定。

注 1：G96，G97 指令指定後須再下一次之 G97 及 G96 指令來取代控制系統內之舊記憶設定。於加工中途欲改變周速或迴轉數只要將 S 機能指令更換即可。

程式例說明如下：

```
N01 G00T1111；
N02 G96S120M03；———————————— 周速指定為 120m/min
N03 X39.5；
N04 Z-50.0；
N05 S70；———————————————— 周速更改為 70m/min
N06 X96.0；
N07 Z-100.0；
```

※ G96 指令為保持工件與車刀相對速度一定之指令。

※ G96 指令不可用於切削螺紋、鑽孔、攻牙、鉸孔。

※ G96 中所指定的速度經 G97 指令取代，但其數值仍保持著，一旦 G96 指令重新出現時，若無指定 S 機能時，則取用前面指定的 S 機能指令。

程式例說明如下：

N01 G00T0303；

N02 G96S130M03；————————— 指定 130m/min 的周速度 ——————

　　⁝

N17 M01；

N18 G00T0505；

N19 G97S80M03；————————— 主軸迴轉速為 800rev/min

　　⁝

N37 M01；

N38 G96X60.9；————————— 周速 130m/min，無指定則取用前面 S 指令 ——

注 2：使用 G96 的指令場合，皆為端面加工，其主軸迴轉速度的改變都不得超過
　　　G50(主軸最高轉速限制) 指令所設定之迴轉速度。

迴轉速度的計算式：

$$n = \frac{1000 \times V_C}{\pi \times \phi D}$$

n：迴轉速度 (rpm)
V_C：周速 (切削速度 m/min)
D：加工直徑
π：圓周率

※ 切削速度與被削工件材質有很大關係，切削鋁、銅金屬較鋼鐵材料快。

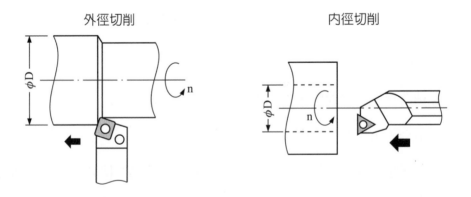

外徑切削　　　　　　　　　　　　　　內徑切削

3.13 / G98/G99(每分鐘進給指定 / 每迴轉進給指定)

當電源輸入數值控制車床控制系統時，即以 G99 狀態來設定。

程式例說明：(棒材加工場合)

主軸停止狀態時，刀塔上之夾爪移向工件，改變設定 mm/min(G98) 後，夾持住工件，此時夾頭張開，夾爪將材料拔離夾頭，再設定為 mm/rev G99 狀態。

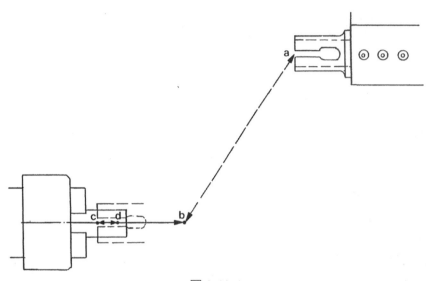

圖 3.13-1

```
N001 G00 T0101 ;                      a 選定工具

N002 X0 Z20.0 ;                       b 快速移動到程式原點前 2mm 處

N003 G98 ;                            ※ 每分鐘進給設定

N004 G01 Z-60.0 F500 ;                C 刀塔每分鐘 50mm 速度前進到 -60mm 處

N005 M11 ;                            夾頭張開

N006 G04 U2.0 ;                       暫停兩秒

N007(G01)Z-10.0(F500) ;               d 夾爪每分鐘 500mm 速度移動拉出材料

N008 M10 ;                            夾頭關閉

N009 G04 U2.0 ;

N010 G00 Z20.0 ;                      b 夾爪脫離

N011 X200.0 Z50.0 ;                   a 回到換刀位置

N012 T0100 ;

N013 G99 ;                            ※ 主軸每迴轉進給設定

N014 G00 T0202 M42 ;

N015 G96 S120 M03 ;
```

3.14　自動倒角機能 (F-10T、F-15T 特殊機能)

　　機械於成型加工時，位在端面與外徑的交接處 (肩部)，易生尖角，因為尖銳的肩部會影響裝配，又容易割傷人手，所以於切削加工時在肩部處，都做個小型倒角，可方便工件裝配組合。

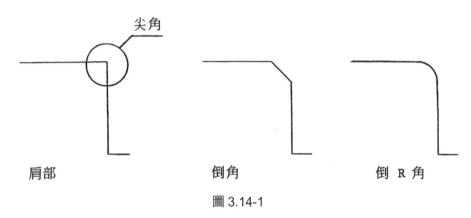

圖 3.14-1

　　※ 倒角量約 0.5mm 以下即可。

1. 45° 倒角 (以下為程式編寫方法及運動路徑 a → b → c)。

　　　$\boxed{\text{X} \rightarrow \text{Z}}$ 由 X 軸移向 Z 軸

指令編寫方法

　　(F-15T, 11T, 10T)

　　G01 X(U) ± __d__ K± __k__ ;

　　(F-0T)

　　G01 X(U) ± __d__ C± __K__ ;

※ 下圖中 d 點可使用絕對值及增量值指令。

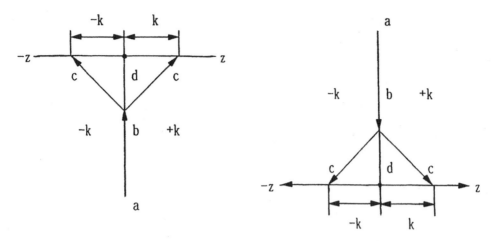

圖 3.14-2

Z → X 由 z 軸移向 x 軸

指令編寫方法

(F-15T, 11T, 10T)

G01 Z(W) ±__d__I±__i__ ;

(F-0T)

G01 Z(W) ±__d__C±__i__ ;

※ 下圖中 d 點可使用絕對值及增量值指令。

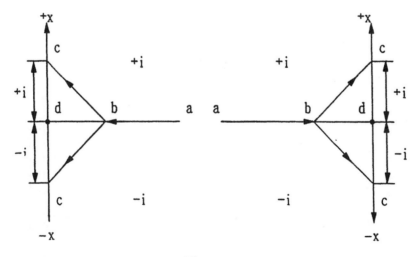

圖 3.14-3

2. 倒 R 角機能

$\boxed{X \rightarrow Z}$ 由 X 軸移向 Z 軸

指令編寫方法

(F-15T, 11T, 10T，F-0T)

G01 X(U)±__d__R±__r__；

※ 下圖中 d 點可使用絕對值及增量值指令。

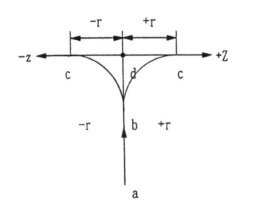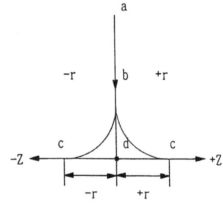

圖 3.14-4

$\boxed{Z \rightarrow X}$ 由 Z 軸移向 X 軸

指令編寫方法

(F-15T, 11T, 10T，F-0T)

G01Z Z(W)±__d__R±__r__；

※ 下圖中 d 點可使用絕對值及增量值指令。

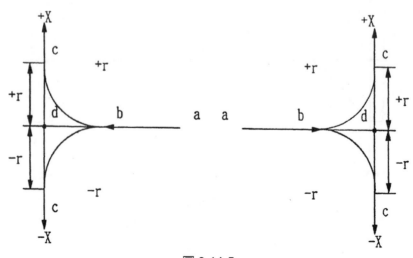

圖 3.14-5

　　自動倒角機能主要是在加工肩部時，恐怕肩部的尖角，太過銳利而割傷人，故使用此機能，可直接使用直線指令即可做 45 度倒角或圓弧倒角。

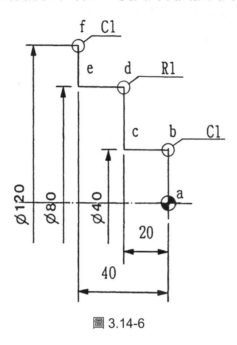

圖 3.14-6

程式例說明：

```
(F-10T、F-15T)
a.G01 X0 Z0;
b.G01 X40.0 K-1.0;          ─────────→ C1
c.G01 Z-20.0;
d.G01 X80.0 R-1.0;          ─────────→ R1
e.G01 Z-40.0;
f.G01 X120.0 K-1.0;         ─────────→ C1
(F-0T)
a.G01 X0 Z0;
b.G01 X40.0 C-1.0;          ─────────→ C1
c.G01 Z-20.0;
d.G01 X80.0 R-1.0;          ─────────→ R1
e.G01 Z-40.0;
f.G01 X120.0 C-1.0;         ─────────→ C1
```

※ 大圓弧須使用圓弧指令加工，所有毛邊一刀切削除去。

3.14.1 倒角機能使用上之注意事項

1. 倒角機能指令其值與倒角宜一樣不可太大。

2. 倒角與倒圓角都使用 G01 指令，X 軸或 Z 軸之任何一軸移動時與下一單節成直角移動之方式。

3. 指令點必須寫 d 點之位置，如下圖

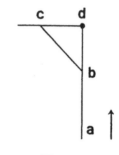

圖 3.14-7

（錯誤）G01X_____ c_____ K_____ ;

（正確）G01X_____ d_____ K_____ ;

4. 自動倒角執行切削動作時其路徑自 a 經過 b 到 c 點。如上圖

5. 同一程式中出現 C 與 R 的場合時，則後者 R 指定有效。

　　G01X_____ C_____ R_____ ;

6. F-0T 之機型在使用 C 軸的場合時，倒角用 C 指令，請勿使用 I、K 指令。

　　(29 ARRC=1)

7. (1) G01 之 X、Z 二軸共同指令，已經使用 C、R 指令者，不可有 X 軸與 Z 軸之共同指令點。

　　(2) 倒 45 度角或圓角指令因為 X 軸與 Z 軸為同時移動，故倒角量須為少量。不可使用在大倒角或大圓弧切削上。

　　(3) 自動倒 45 度或圓角指令程式，到下一個單節程式與前一個程式皆為直角，所以使用 G01 指令即可。

8.

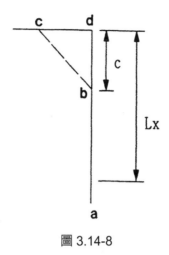

圖 3.14-8

上圖工件肩部有尖角產生可使用 45 度倒角或倒圓角來除去尖角部位，但此倒角或倒圓角皆有所限制。

3.14.2 自動倒角程式例

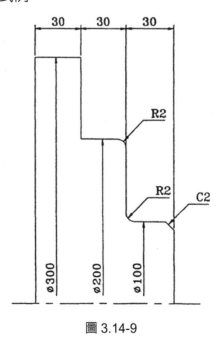

圖 3.14-9

此機能為除去工件肩角部之毛邊使用，切削時一刀完成。大倒角不得使用此機能，請改採用 G01、G02、G03 指令加工。

此機能為特殊機能，由參數控制。

程式例

```
(F-10T、F-15T)                    (F-0T)
G01 X0 Z0 F0.15；                 G01 X0 Z0 F0.15；
G01 X100.0 K-2.0；                G01 X100.0 C-2.0；
G01 Z-30.0 R2.0；                 G01 Z-30.0 R2.0；
G01 X200.0 R-2.0；                G01 X200.0 R-2.0；
G01 Z-30.0；                      G01 Z-30.0；
G01 X300.0                        G01 X300.0
```

加工條件一覽表 3.6　馬力 (剛性差的機床減量)

V：周速 (m/min)				
	粗車加工	精車加工	溝槽加工	螺紋加工	鑽孔加工
炭素鋼 S45C	120	200	100	120	25
合金鋼 SCM	120	180	100	100	20
炭素鋼	180	230	120	140	25
合金鋼	160	200	100	120	25
鑄鋼	120	150	80	90	25
不銹鋼	50 ～ 60	100	50	60	15
鑄鐵 FC25	80	140	80	100	25
鋁合金	200	300	150	150	60

3.15 ╱ 選擇性單節刪除 (BLOCK DELETE)

　　當程式單節開頭有斜線 " ╱ " 符號時，而操作面板上單節刪除開關若為 "ON" 之
狀態時，程式於執行當中遇到有斜線符號的單節，則不予以執行。

面板狀態

BDT

此鍵在 "ON" 的狀態時
或 OPTIONAL SKIP 鍵。

執行狀況如下：

G01X50. Z70. ;   執行

／ G00X200. Z100. M08 ;   ※ 不予執行

G01X0Z5. ;   執行

※ " ／ " 符號需寫在單節開頭，若放在單節中任何位置，則從斜線 " ／ " 開始至下一個 EOB 間的任何指令無效。

※ 在尋找順序編號的操作中，此機能有效。

※ 選擇性單節刪除鍵開或關，亦被儲存入記憶中。

※ 將程式打成紙帶，選擇性單節刪除鍵於開或關之狀態，不會影響程式輸出。

自我評量

一、單選題

1. ( ) 以圓弧規度量凸圓弧，若圓弧規面二端與工件接觸，則此現象是工件圓弧　①半徑太大　②半徑太小　③度量時應有之結果　④中心偏移。

2. ( ) 車削螺紋時，度量螺紋之節距宜選用　①螺紋節距規　②螺紋分厘卡　③螺紋樣規　④光學比測儀。

3. ( ) 設錐度 T = 1/5±0.00008，若錐度軸線長為 25mm，二端直徑差為 5mm，則其二端直徑公差應為正負　① 0.0004　② 0.0008　③ 0.002　④ 0.004 mm。

4. ( ) 輔助機能鎖定鈕 (AFL) 被押下，程式執行時　① G01　② G02　③ G03　④ M08　機能將無效。

5. ( ) "G00" 指令係表示　①快速定位　②直線車削　③圓弧車削　④確實定位　機能。

6. ( ) M03 G96 S100；G00 X100. Z100.；以上程式下列何者敘述正確？　①刀具快速移動　②主軸為 100 轉 / 分鐘　③刀具不動因無 F 值指定　④主軸轉速固定為 100 轉 / 分鐘。

7. ( ) 錐度車削，在程式中使用下列何種準備機能？　① G00　② G01　③ G02　④ G03。

8. ( ) G01 U60. W-50. F0.15；此單節用於車削　①平行外徑　②錐度　③曲面　④端面。

9. ( ) "G01" 指令碼，在遇到下列何一指令碼出現後，仍為有效？　① G00　② G02　③ G04　④ G33。

10. ( ) "G00" 指令定位過程中，刀具所經過的路徑是　①直線　②曲線　③圓弧　④連續多段直線。

11. ( ) 如下圖所示，要從 "P₁" → "P₂"，如採絕對值座標系統，其指令為 ① G00 X50.0 W38.0；② G00 U26.0 W38.0；③ G 00 U26.0 Z42.0；④ G00 X50.0 Z42.0；。

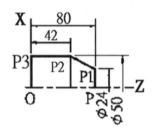

12. ( ) "G02" 指令係表示 ①螺紋 ②圓弧 ③錐度 ④溝槽循環 車削機能。

13. ( ) "G02" 指令碼中 "I" 值表示 ① X 軸增量 ② Z 軸增量 ③起點至圓心 X 軸向量 ④起點至圓心 Z 軸向量。

14. ( ) G02 X_ Z_ R_ F_；其中 "R" 是 ①半徑 ②直徑 ③去角 ④斜度。

15. ( ) "G03" 指令碼是指示 ①主軸順時針方向啟動 ②刀具逆時針作圓弧移動 ③刀具快速移至圓中心 ④刀具進給暫停。

16. ( ) G02 X50.0 Z30.0 R25.0 F0.3；單節中 "R25.0" 係表示圓弧 ①半徑 ②直徑 ③角度 ④弧長 為 25.0mm。

17. ( ) G04 X1.0；指令係表示 ①確實定位 ②切削劑停止 ③暫停 ④主軸停止 1 秒。

18. ( ) 暫停指令為 ① G04 ② G05 ③ G06 ④ G07。

19. ( ) 暫停 5 秒，下列單節何者正確？ ① G04 P5000；② G04 P500；③ G04 P50；④ G04 P5；。

20. ( ) 選擇 "ZX" 平面指令是 ① G17 ② G18 ③ G19 ④ G20。

21. ( ) 選擇公制單位指令是 ① G18 ② G19 ③ G20 ④ G21。

22. ( ) 在程式設計時，順序編號是選用 ① N ② S ③ F ④ T 指令。

23. ( ) 程式指令中，代表準備機能者為　①G　②F　③M　④T　機能。

24. ( ) 下列語碼，何者不可使用小數點？　①X　②J　③Z　④N。

25. ( ) 數字可使用小數點的語碼是　①M　②N　③O　④R。

26. ( ) 車削任何螺紋應用下列何指令設定主軸迴轉數？　①G50　②G96　③G97　④G32。

27. ( ) "G98" 指令碼，係表示下列何種機能？　①每轉進刀量　②周速一定機能消除　③每分鐘進刀量　④周速一定機能。

28. ( ) 車削前欲保持一定車削速度，使用何一指令碼？　①G50　②G96　③G97　④G01。

29. ( ) 切削不同外徑時，為了保恃一定切削速度，可用　①G50　②G04　③G96　④G97　指令。

30. ( ) 下列何者為原點復歸程式？　① G00 X50.0 Z50.0；　② G50 X50.0 Z50.0；　③ G01 X50.0 Z50.0；　④ G28 X50.0 Z50.0；。

31. ( ) G28 X0 Z0；是指刀具　①移動至工作原點再復歸至機械原點　②直接復歸至機械原點　③在原位置不動　④座標系統設定。

32. ( ) G28 U0 W0；此單節為　①刀具移至程式原點位置　②刀具以 G00 之速度移至換刀位置　③刀具不做位移動作　④刀具復歸至機械原點。

33. ( ) 下列那一指令碼，不用於螺紋車削程式中？　① G76　② G75　③ G34　④ G33。

34. ( ) 使用 "G33" 指令碼車削螺紋時，"F" 值係表示螺紋之　①導程　②節距　③螺旋角　④牙角。

35. ( ) 下列何者為平直線螺紋車削程式？　① G02 Z-50.0 F0.5；　② G03 Z-50.0 F0.5；　③ G32 Z-50.0 F0.5；　④ G73 Z-50.0 X 50.0 F0.5；。

36. ( ) G01 U2.0 W − 1.0 F20；若使用在去角時，則其去角之大小爲　① 0.5×45 度　② 1×45 度　③ 2×45 度　④ 3×45 度。

37. ( ) 在右手座標系統中下列程式，N005 G00 X30.0 Z0; N010 G01 Z − 20.0 C5.0 F0.25；N015 X80.0；其中 "C5.0" 係表示　①倒肩角　②倒內圓角　③倒外圓角　④內孔去角。

38. ( ) 從 "A" 點座標爲 "X54.6 Z − 15.9" 移動至 "B" 點座標爲 "X85.8 Z-49.6"，以絕對值座標計算，則下列何者正確？　① G0 0 X54.6 Z − 15.9；　② G00 X31.2 Z − 33.7；　③ G00 X15.6 Z − 33.7；　④ G00 X85.8 Z − 49.6；。

39. ( ) 下列程式中何者有誤？　① G04 P3.5；　② G32 X30.0 Z − 40.0 F2.0；　③ G00 X3.2；　④ G50 X200.0 Z150.0；。

40. ( ) G04 P1；其中 P 值之單位爲　① 1 分　② 1 秒　③ 0.1 秒　④ 0.001 秒。

41. ( ) 使用 G92 車削螺紋時，若欲分 6 次進刀完成，則至少需要　① 2　② 4　③ 6　④ 8　個單節指令。

42. ( ) 選用 25mm 柄徑內孔刀，車削 32mm 孔徑，深 95mm，車削終了，回機械原點準備換刀，下列程式何者爲宜？　① G00 X32. Z5.；G01 Z − 95. F0.1；G28 X0 Z0；　② G00 X32. Z5.；G01 Z-95. F0.1；G28 U0 W0；　③ G00 X32. Z5.；G01 Z − 95. F0.1；G28 X31. Z-15.；　④ G00 X32. Z5.；G01 Z-95. F0.1；G28 X31. Z15.；

43. ( ) 下列何者 NC 程式指令表示錯誤？　① G04X1.5　② G04U1.5　③ G04P1.5　④ G04P150。

44. ( ) 下列何者 NC 程式指令，可用來改變作爲英制單位？　① G18　② G19　③ G20　④ G21。

45. ( ) G92 螺紋車削單循環指令，車削螺紋之方法爲　①直進法　②斜進刀單邊車削　③斜進刀雙邊車削　④直、斜進刀均可。

46. ( ) G03 X60. Z5. R5.，其圓弧角為　①大於 180 度　②小於 180 度　③圓心等於 180 度　④圓等於 0 度。

47. ( ) 車削螺距為 10mm 之螺紋時，其主軸每分鐘轉數需低於　① 400　② 800　③ 1,200　④ 1,600　轉以下。

48. ( ) 欲車削 2N-M20×1.5 螺紋，第一刀切削程式，下列程式何者為宜？　① G92X19.Z-20.F1.5；　② G92X19.Z-20.F2.；　③ G92X19.Z-20.F2.5；　④ G92X19.Z-20.F3.；。

49. ( ) 下列何者不是車削多頭螺紋之注意事項？　①不可中途改變主軸轉數　②使用特殊螺紋刀具　③退刀槽寬宜以導程為計算依據　④多頭螺紋不宜再有可變導程螺紋的車削。

50. ( ) "G92" 機能係表示　①螺紋車削　②螺紋自動循環車削　③雙頭螺紋車削　④螺紋複循環車削。

51. ( ) G01 X20.0 Z-10.0 F0.2；指令係表示　①快速定位　②直線車削　③圓弧車削　④螺紋車削。

52. ( ) G99 G04 U__；其中 "U" 之單位為　①分　②秒　③轉　④度。

53. ( ) G97 S1200 M03；為切槽時主軸設定，G04 宜為　① X0.03　② X0.06　③ X0.08　④ X0.1。

54. ( ) G04 P1000；指令係表示　①呼叫副程式 1000　②呼叫序號 1000　③暫停 1000 秒　④暫停 1 秒。

55. ( ) "G04" 暫停指令之設定值，下列何者為錯誤？　① X1.5　② U1.5　③ P1.5　④ P1500。

56. ( ) 若主軸每分鐘迴轉 600 轉，欲使切槽刀切削至槽底，主軸旋轉五轉後，再行退刀，則應暫停　① 0.5　② 1　③ 2　④ 5 秒。

57. ( ) 當執行停留指令時，下列那一位址是不用來代表停留時間？　① Z　② X　③ U　④ P。

58. ( ) 車削圓弧時，使用半徑 "R" 指令，較 "I"、"K" 指令方便而迅速，但限於
① 360 ② 270 ③ 180 ④ 90 度範圍內的圓弧。

59. ( ) 若粗車削之工件夾持力及主軸馬力足夠，不宜選用 ①較高的切削速度
②較大的進給量 ③較大的切削深度 ④較堅固的切削刀具。

60. ( ) 雙頭螺紋的螺旋線相隔 ① 90 ② 120 ③ 150 ④ 180 度。

61. ( ) 要車削 "M20×2.5" 的內螺紋，宜先車削的孔徑是 ① 12.5 ② 14.5
③ 17.5 ④ 20.0 mm。

62. ( ) 欲車削 "3/8-16UNC" 的內螺紋，應先鑽削之孔徑為 ①9.5 ②8.8 ③8.5
④ 8.0 mm。

63. ( ) 車削直徑 55mm、長 120mm 之圓桿，若進給量為每轉 0.3mm，切削速度
為 100m/min，則車外徑一趟約需多少秒？ ① 20 ② 30 ③ 40 ④ 60
秒。

64. ( ) 通常左旋螺紋必須於標準符號前端加註 ① A ② B ③ LH ④ RH。

65. ( ) "3/4"-16UNF-3A" 之螺紋符號，其中 "3A" 意為 ① 3 號陽螺紋 ② 3 號
陰螺紋 ③陰螺紋 3 級配合 ④陽螺紋 3 級配合。

66. ( ) "3/4"-16UNF"，其中 "NF" 代表美國標準螺紋的 ①特細 ②細 ③粗
④特殊 牙。

67. ( ) "W1 1/2"-6" 是表示 ①愛克姆 ②方牙 ③韋氏 ④三角 螺紋之標準
符號。

68. ( ) 下列何種螺紋之牙角不是 60 度？ ① M6×1 ② 3/8"-16UNC ③ 3/8"
-24NF ④ W1/2"-12。

69. ( ) 螺紋的牙深約為 ①外徑＋底徑 ②外徑－底徑 ③節徑－底徑 ④節
徑＋底徑 的半數。

70. ( ) "3/4-10UNC" 螺紋之底徑為 ① 13.7 ② 14.7 ③ 15.7 ④ 16.7 mm。

71. ( ) 當車削內、外圓弧交接面時，若發生段差宜 ①加大補償值 ②減少補償值 ③改以手動車削 ④修改程式。

二、複選題

72. ( ) 電腦數值控制車床的 G 機能指令中，下列何者是單次有效 G 碼 ① G01 ② G28 ③ G04 ④ G41。

73. ( ) 程式 G00X20.0Z2.0；G01Z-20.0F0.2；G01X40.0A120.0R5.0；Z-40.0；下列敘述何者正確？ ① G01X40.0A120.0R5.0；是用圖形尺寸直接撰寫的程式 ② A120.0 是指角度線與水平線的夾角 120° ③角度 A 是正值，是指水平線順時針方向迴轉之角度 ④此程式為斜線連接水平線，相切一個 R5.0 之圓弧。

74. ( ) 程式 G03X26.0Z-13.0I-5.0K-12.0F0.2；圓弧的圓心座標為 X0 Z-13.0，則下列何者正確？ ①此圓弧之圓心角大於 180° ②圓弧的半徑 13mm ③逆時針方向切削 ④圓弧起點到圓心，Z 軸向距離 5mm。

75. ( ) 車削程式中刀具暫停 0.5 秒的程式為何？ ① G04X0.5 ② G04P0.5 ③ G04U0.5 ④ G04P500。

76. ( ) 電腦數值控制車床的 G 機能指令中，下列何者是延續有效 G 碼 ① G01 ② G32 ③ G04 ④ G90。

77. ( ) 程式中 G28X60.0Z30.0；下列何者正確？ ①刀具不經任何點，直接回機械原點 ②刀具經 X60.0Z30.0 之中間點，再回機械原點 ③刀具作 X 軸與 Z 軸第二原點復歸 ④刀具是用絕對座標模式，回機械原點。

78. ( ) G50 機能之敘述，下列何者正確？ ①可呼叫巨集指令 ②可執行座標系統設定 ③可限定主軸之最大轉速 ④可設定切削速度。

79. ( ) 程式中 G 28U0W0M09T0500；下列何者正確？ ①執行自動原點復歸 ②切削液開啟 ③ 5 號刀具補償消除 ④主軸停止。

80. ( ) 電腦數值控制車床的圓弧切削機能，下列何者正確？ ① G02 是順時針方向圓弧切削 ②圓弧半徑一般用 R 表示 ③圓弧半徑也可用 I 和 J 表示 ④圓弧半徑 R 若為正值，則圓弧起點到圓弧終點的夾角小於 180°。

81. ( ) 有一錐度長度 26mm，程式原點在右端面中心，程式 G00X50.0Z2.0；G90X40.0Z-26.0R-3.5；下列敘述何者正確？ ①該錐度右側直徑較小 ②該錐度右側直徑較大 ③錐度值為 1/4 ④錐度值為 1/5。

82. ( ) 下列之 G 機能中，何者可以切削 V 型溝槽？ ① G01 ② G02 ③ G90 ④ G94。

83. ( ) 下列切削工作，何者需使用轉速固定機能 G97？ ①螺紋切削 ②端面車削 ③不同直徑切削 ④鑽孔。

84. ( ) 電腦數值控制車床執行暫停指令時，下列位址可指定暫停時間 ① X ② Z ③ P ④ U。

85. ( ) 車削 M30×1.5 之內螺紋，下列敘述何者合理？ ①內螺紋之內徑為 29.8mm ②內螺紋之內徑，一般約為螺紋大徑 - 節距 ③內螺紋切削之終點座標值為 X30.0 ④內螺紋切削之終點座標值為 X28.04。

86. ( ) 車削 2N-M30×2 之螺紋，下列敘述何者正確？ ①單線螺紋，導程 2mm ②雙線螺紋，導程 4mm ③螺紋底徑 28.04mm ④螺紋底徑 27.40mm。

答案

1.(1)	2.(1)	3.(3)	4.(4)	5.(1)	6.(1)	7.(2)	8.(2)	9.(3)	10.(4)
11.(4)	12.(2)	13.(3)	14.(1)	15.(2)	16.(1)	17.(3)	18.(1)	19.(1)	20.(2)
21.(4)	22.(1)	23.(1)	24.(4)	25.(4)	26.(3)	27.(3)	28.(2)	29.(3)	30.(4)
31.(1)	32.(4)	33.(2)	34.(1)	35.(3)	36.(2)	37.(1)	38.(4)	39.(1)	40.(4)
41.(3)	42.(4)	43.(3)	44.(3)	45.(2)	46.(2)	47.(1)	48.(4)	49.(2)	50.(2)
51.(2)	52.(3)	53.(2)	54.(4)	55.(3)	56.(1)	57.(1)	58.(3)	59.(1)	60.(4)
61.(3)	62.(4)	63.(3)	64.(3)	65.(4)	66.(2)	67.(3)	68.(4)	69.(2)	70.(3)
71.(4)	72.(23)	73.(124)	74.(23)	75.(134)	76.(124)	77.(24)	78.(23)	79.(13)	80.(124)
81.(13)	82.(14)	83.(14)	84.(134)	85.(23)	86.(24)				

4
Chapter

輔助機能 (M 指令)

G指令於NC中可決定位置及移動方式，主軸迴轉速度及方向則受輔助機能的控制。

輔助機能 M 會因應機器製造商之各廠用途而做修改或新編，會不盡相同，編程操作時要依照您所用之機械商提供之手冊為主。(請參照採購機械製造商編程手冊使用)

輔助機能一覽表 4.1 (參照森精機)

指令	機能	動作狀態、他牌功能
M00	程式停止	主軸停止轉動、切削液停止、刀塔停止進給、程式若中途停止、可押啟動鍵繼續自動執行。
M01	選擇性程式暫停	狀態及操作同上，但操作者可在面板上做開或關之選擇。
M02	程式終了	整個程式結束之指令。控制系統重置，機械動作停止。
M03	主軸正轉	主軸逆時鐘方向迴轉。
M04	主軸反轉	主軸順時鐘方向迴轉。
M05	主軸停止	
M08	切削液開	切削液噴出。
M09	切削液關	切削液禁止。
M10	夾頭緊固	具自動送料功能時使用。
M11	夾頭鬆開	
M17	刀塔正轉	改變內部參數之設定以方便就近換刀。
M18	刀塔反轉	
M19	主軸定位	
M20		
M21	尾座前進	
M22	尾座後退	
M23	螺紋加工斜退刀設定	螺紋切削指令 G32、G92、G76 有效。 中精機 M23 直退刀 M24 斜退刀
M24	螺紋加工直退刀設定	
M25	尾座頂心伸出	中精機自動門左門關
M26	尾座頂心縮回	中精機自動門左門開
M27		中精機自動門右門關
M28		中精機自動門右門開
M29		中精機剛性攻牙
M30	程式終了，狀態重置游標，並回程式開頭	狀態與 M02 相同，但游標於執行完畢後自動跳回程式開端。
M40	空檔	
M41	一速檔	
M42	二速檔	
M43	三速檔	

指令	機能	動作狀態
M44	四速檔	
M47	第一 (第二) 主軸 45° 絕對式定位	
M48	第一 (第二) 主軸 90° 絕對式定位	
M49	第一 (第二) 主軸 180° 絕對式定位	
M50	第一 (第二) 主軸 45° 增量式定位	
M73	捕捉器伸出	具備工件捕捉器附件之機型使用。
M74	捕捉器退回	
M98	呼叫副程式	
M99	副程式程式終了	

4.1 M00(程式停止)

程式執行中需要機械暫時停止的場合時，可使用 M00 指令。

注意事項：

1. M00 指令為單獨程式指令。

2. M00 指令執行後，同一程式內之 G00 指令，必須再使用主軸迴轉指令及轉向指定。

程式例說明：

```
G00 U2.0 Z2300.;
    M00;──────────────── M00 指令出現所有動作停止
G00(S100)M03;──────────── ※ 必需再使用 M 機能指令重新指定
    Z10.0 M08;
```

1. 使用場合，如下所示：

    (1) 尺寸測量：為達到精加工最後所需之尺寸，所以做短暫的暫時停止以方便度量及補償設定。

    (2) 工具檢查：切削加工中途暫停，攻牙時狀態的改變及絲攻的取出，深孔加工中鐵屑的取出皆可使用此指令。

2. 注意事項：

如欲繼續執行程式須再押下啟動鍵 "CYCLE START"，但程式內須有主軸迴轉機能指定 (M03)。

程式例說明：（內孔加工）

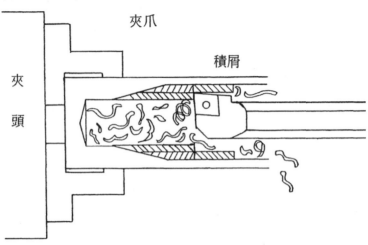

```
O1234；
G50S3500；
G00T0101(M41)；
G96S90M03；
X60.0Z20.0M08；
G01Z-50.0F0.15；
G00U-1.0Z10.0；
X64.0；
G01Z-50.0；
G00U-1.0Z10.0；
X68.0；
G01Z-50.0；
G00U-1.0Z200.0；
X150.0；
M00；
G0X60.0Z20.0M03；
Z-48.0M08；
G01Z-95.0F0.15；
G00U2.0Z10.0；
    ⁞
    ⁞
G00X200.0Z200.0；
T0100；
M00；
```

> 檢查刀片、清除刀具纏削及孔內積屑，但不可移動刀具位置。

> 機械動作暫時停止，方便執行刀具檢查及刀片更換。

> 按下起動鍵，主軸起動回轉，切削液噴出。

4.2 　 M01(選擇性程式停止)

　　執行 M01 指令與 M00 指令的機械動作狀態相同，但是 M01 指令的功能是否有效，操作人員可以在面板上做選擇操作。

　　使用注意事項：

1. 押下起動鍵再繼續執行程式 (中途停止不可用手動方式移動刀塔)。

2. M01 指令為單獨程式指令。

3. M01 指令執行後之程式，須於 G00 指令同一單節內再加入主軸迴轉指令 (M03/M04)。

程式例說明：

```
G00X150.Z100.;
X60.
M01;──────────────── 主軸停止、切削液關
G00X55.0 Z10.0 M03;──────── 再次使用 M 機能指令
Z-42.0 M08；
```

1. 使用場合如下所示

　　(1) 尺寸測量：為達到精加工最後所需之尺寸，所以做短暫的暫時停止以方便工件度量及補償設定。

　　(2) 工具檢查：切削加工中途暫停，攻牙時狀態的改變及絲攻的取出，深孔加工時，孔中鐵屑的取出皆可使用此指令。

　　※ 執行 M01 指令，機械主軸會停止運轉、切削液關，但是可以依照操作者的意思，利用面板上的 "OSP"(OPTIONAL STOP) 鍵做選擇性停止切換操作。

　　面板按鍵如下圖：

程式執行狀態分別如下：

```
O2468；(OFF)
G40G0T101；
G50S3000；
G96S130M03；
      ⌇
      ⌇
M01；
G50S3000；
G96S130M03；
M08；
      ⌇
M30；
```

```
O2468；(ON)
G40G0T101；
G50S3000；
G96S130M03；
      ⌇
      ⌇
M01；
G50S3000；
G96S130M03；
M08；
      ⌇
M30；
```

機械動作不停，控制系統無視，繼續執行。

機械動作停止，切削液關，按起動鍵即可繼續往下執行程式。

4.3 M02(程式終了)

M02 指令為單獨程式指令。程式完全終了刀架動作停止移動，主軸停止迴轉、冷卻水關。

程式例說明：

```
O2345；
N01G50S2500；
G00T0101(M41)；          ┐
   ⋮                     │   外徑粗加工程式
   ⋮                     │
G00X150.Z100.；          │
T0100；                  ┘
M01；————————————————————————————— 選擇性程式暫停
N02G50S3500；            ┐
G00T0303(M42)；          │   外徑精加工程式
   ⋮                     │
   ⋮                     │
G00X150.Z100.；          │
T0300；                  ┘
M01；————————————————————————————— 選擇性程式暫停
N03G97S1500；            ┐
G00T0505(M42)；          │
G92X36.Z-25.F1.5；       │   螺紋加工程式
   ⋮                     │
   ⋮                     │   為方便拿取工件，程式終了前做下列必要工作
   ⋮                     │
G00X150.Z100.M09；——————— 冷卻水關
T0500M05；——————————————— 主軸停止運轉
M02；——————————————————— 程式終了
```

※ 執行記憶運轉的場合於加工終了後必需要回到程式開頭，而 M02 指令無法自動回到程式開頭，需按 RESET 重置鍵，將系統內記憶資料刪除重置，同時游標立即回歸至程式編號開始位置。

開始位置程式執行狀態如下：

```
O6645；
    ⎨
    ⎨
N029 G50 S2000；
N030 G00 T0303 M42；
    ⎨
N041 G00 X180.0 Z47.0 M09；
N042    T0300 M05；
N043    T0100；
N044    M02；……………………… 程式終了
RESET
```

※ 使用 M02 須再按重置鍵 "RESET" 才能使游標跳回到程式編號開頭。

4.4 M30(程式終了)

實際上 M02 與 M99 二個機能等於一個 M30 指令之機能，所以一般都使用 M30 指令做程式終了指令。

程式例說明：

```
N029 G50 S2000；
N030 G00 T0303 M42；
    ⎨
    ⎨
N041 G00 X180.0 Z47.0 M09；
N042    T0300 M05；
N043    T0100；
N044    M02；——————————— 程式終了
N045    M99；——————————— 回到程式開頭
```

使用注意事項：

1. M30 程式終了指令為單獨程式指令。

2. 程式終了時進給停止，主軸停止，冷卻液關，NC 控制系統重置。

3. 游標自動回到執行程式之編號開頭。

程式執行狀態如下所示：

```
O1234 ;
N1 ;
G50 S1000 ;
G00 T0202 M41 ;
G96 S100 M03 ;
    X54.0 Z10.0 M08 ;
    Z0 ;
G01 X26.0 F0.25 ;
G00 X45.0 Z1.0 ;
G01 X50.0 Z-1.5 F0.2 ;
    Z-25.0 F0.25 ;
G00 U10.0 Z10.0 ;
    X100.0 Z100.0 ;
    M01 ;                         選擇性程式暫停指令
N2 ;
G00 T0303 M42 ;
G97 S1200 M03 ;
    X29.5 Z10.0 ;
    Z1.0 ;
G01 X25.0 Z-1.25 F0.15 ;
    Z-41.0 F0.2 ;
G00 U-1.0 Z10.0 M09 ;
    X100.0 Z50.0 M05 ;
    T0200 ;                       游標自動跳回程式編號開頭
    M30 ;
```

程式執行路徑

※ 執行到 M30 指令游標自動回到程式開頭，NC 控制系統重置。

4.5 M03/M04/M05(主軸正轉 / 主軸逆轉 / 主軸停止)

指令編寫方法：

    G96 S_____ M03(M04)；

    G97 S_____ M03(M04)；

    M05 為主軸停止指令。

加工中當主軸為正轉時，而下一個工程需要逆轉 M04 時，在主軸轉向中加入一個主軸停止指令 M05 後，再執行 M04 主軸逆轉之動作。

指令	主軸回轉方向	功能及說明
M03		主軸正轉 視線經夾頭往主軸頭方向看，為反時鐘方向回轉者。
M04		主軸反轉 視線經夾頭往主軸頭方向看，為順時鐘方向回轉者。

M05	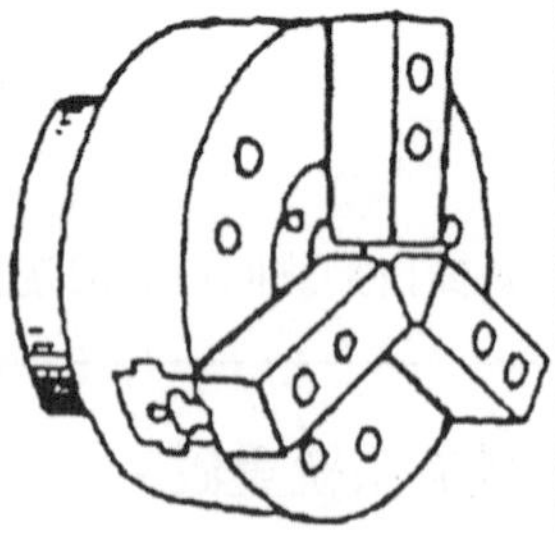	主軸停止
		主軸頭回轉方向須中途做改變時，必須主軸停止後再執行更改。
		如 M03
		   M05
		   M04

※ 主軸轉速之變換必須先讓 " 主軸停止 " 後再實行變更轉速檔。

(M41，M42，M43，M44)

程式例說明：

```
O1234；
N1；                                    序號（加工道次）
G50 S1000；
G00 T0202 M41；
G96 S100 M03；                          主軸正轉
    X54.0 Z10.0 M08；
    Z0；
G01 X26.0 F0.25；
G00 X45.0 Z1.0；
G01 X50.0 Z-1.5 F0.2；
    Z-25.0 F0.25；
G00 U10.0 Z10.0；
    X100.0 Z100.0 M05；                 主軸停止
    T0200；
    M01；
N2；                                    序號（加工道次）
G00 T0303 M42；
G97 S1200 M03；                         主軸正轉
    X29.5 Z10.0；
    Z1.0；
G01 X25.0 Z-1.25 F0.15；
    Z-41.0 F0.2；
G00 U-1.0 Z10.0 M09；
    X100.0 Z50.0 M05；                  主軸停止
    T0300；
    M30；
```

4.6 M08/M09(切削液開 / 切削液關)

程式中須要切削液的位置使用 M08 指令，於關閉之位置使用 M09 切削液關之指令。

指令	機械動作	功能及說明
M08		切削液噴出 切削液使用主要為防止工具過熱而燒毀，亦有沖除切屑之功能。 ※ 因有潤滑功能可幫助降低切削速度。
M09		切削液關閉 在必須關閉切削液之狀況時使用，如鑄件加工。

※ 切削液的開或關可由面板來控制。

AFL 鍵被押下時，程式中 M08 機能無效。

面板狀態如下圖所示：

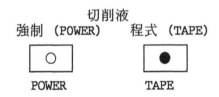

切削液
強制 (POWER) 　　　 程式 (TAPE)

POWER 　　　　　　 TAPE

程式例說明：

```
N2；
G96S130M3；
G0T202；
X65.0Z10.0M8；——————— 切削液開
    ⋮
    ⋮
G00X100.0Z100.0M9；——————— 切削液關
T200；
```

面板狀態如下圖所示：

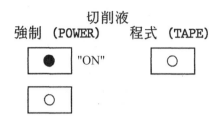

程式例說明：

```
N2；
G96S130M3；
G0T202；
X65.0Z10.0；───────────── 切削液忘了開（按強制鍵）
    ⋮
    ⋮
G00X100.0Z100.0；
T200；
```

4.7 M41、M42(主軸速度檔域選擇)

指令	檔	速度
M40	N	空檔
M41	1	低速
M42	2	
M43	3	↓
M44	4	高速

　　使用 G96 周速一定之場合時，工具起始位置之轉速必須要達到規定之轉速，但是使用 G96 周速一定之場合時，工具起始位置之轉速不會超過 G50 轉速限制之指令，因為如此可確保機械使用壽命及人員安全。

使用注意事項：

1. 以上機能並非每一機型都有，無段變速之機械則無此種機能。

2. 主軸迴轉中有負荷的情況下，不得任意改變轉速，須待主軸停止後，再施行迴轉速度之變換。

3. 為利用電磁離合器改變齒輪組，達到換檔之目的。

4. 主軸迴轉速檔的變換，各速度檔的迴轉速請以 80% 以內的速度來執行為佳。

程式例說明：

```
O0001；
N1；
G50  S1000；
G00  T0202(M41)；──────────── 主軸低速檔
G96  S100 M03；──────────── 主軸正轉
     X54.0  Z10.0  M08；──────────── 切削液開
     ⌇
G00  U10.0  Z10.0；
     X100.0  Z100.0  M05；──────────── ※ 主軸停止
     M01；
N2；
G00  T0303 (M42)；──────────── 主軸高速檔
G97  S1200  M03；──────────── 主軸正轉
     X29.5  Z10.0  M08；
     ⌇
G01  X25.0  Z-1.25  F0.15；
     Z-41.0  F0.2；
G00  U-1.0  Z10.0  M09；──────────── 切削液關
     X100.0  Z50.0  M05；──────────── 主軸停止
     T0200；
     M30；──────────── 程式終了
```

4.8 M10/M11(夾頭夾緊 / 夾頭放鬆)

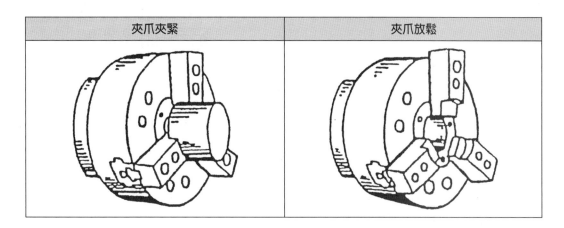

| 夾爪夾緊 | 夾爪放鬆 |

使用場合：

 此機能使用在有工件自動供給裝置之機型上，可做連續自動加工時使用。

使用注意事項：

1. 單件加工的工件請用手動方式來夾持工件。

2. 單節操作開關 "ON" 之狀態，機械讀到 M11 夾爪放鬆指令時機械停止。

3. 這機能一般通常無效。須於參數設定才有效。

4. M10、M11 為單獨程式指令，下一個單節使用 G04 暫時停留機能，可使夾爪的靜止動作時間延長，以增加其安全性。

5. 使用夾頭夾持工件，夾爪應調整至適當位置。

6. 工件長大於直徑約七倍時應使用尾座頂持。

7. 夾持大工件或重切削時應適度調大夾頭壓力，夾持壓力不足易使工件脫落。

8. 不同材質工件，應使用不同夾持壓力或不同材質的軟爪 (生爪)。

程式例說明：

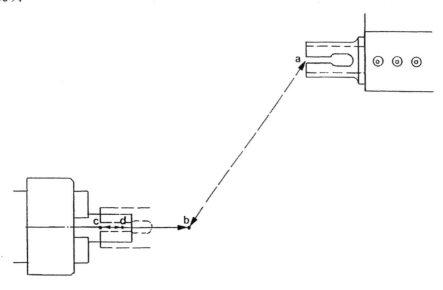

程式例：

```
O0001；
N001；··········································· a      起始位置
N002 G00 T0101；
N003      X0 Z30.；···················· b
N004 G98；                              ────→ mm/min 每分鐘進給之設定
N005 G01 Z-60. F500；················· c ─→ 以每分鐘 500mm 之進給率移動
N006      M11；                        ────→ 夾頭開
N007 G04 U2.；
N008 G01 Z-20.(F500)；··············· d ─→ 棒材拉出
N009      M10；                        ────→ 夾頭閉
N010 G04 U2.0；
N011 G00 Z30.0；···················· b ─→ 棒材脫離
N012      X150. Z50.；··············· a
N013      T0100；
N014 G99；                             ────→ mm/rev 每轉進給之設定
N015 G50 S3000；
N016 G00 T0303 M42；
N017 G96 S120 M03；
N032 G00 X200. Z100.；
N033      T0200；
N034      M02；                        ────→ 程式結束        ─┐
N035      M99；                        ────→ 加工結束回到程式開頭 ─┘ M30；
```

4.9 M17/M18(刀塔正轉 / 刀塔逆轉)

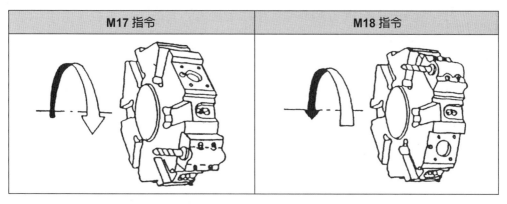

※ 此機能爲油壓旋轉式刀塔使用。

1. 電源輸入時爲 M17 狀態設定。

2. 下一個工程使用 M18 指令時，則夾頭即行逆轉換刀。

※ 現新機型則由電腦控制已可做就近快速選刀。

4.10 M25/M26(尾座心軸伸出 / 尾座心軸退回)

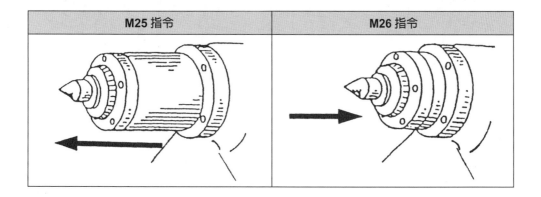

使用場合：

　　這機能用在中心鑽鑽完中心孔後，頂持長工件使用。

※ 尾座心軸之伸出及退回皆可在面板上直接由閉關來控制。

面板開關控制：

TSO(前進)

○ 心軸伸出所用壓力達到設定壓力時即自動停止，但頂心尖至頂心孔的長度，不得大於心軸伸出之最大行程。

TSI(後退)

○ 心軸退回定位時，起動鍵才有效。

　　主軸迴轉中刀具處於切削狀態，則此機能無效，只能在參數裡設定才有效用。M25、M26 為單獨程式指令，其下一單節為了使尾座心軸伸出時間能長且安全些，故使用暫時停留機能。尾座心軸之進出動作時間，可依心軸油壓壓力之大小來做調整。

4.11 M21/M22(尾座前進 / 尾座後退)

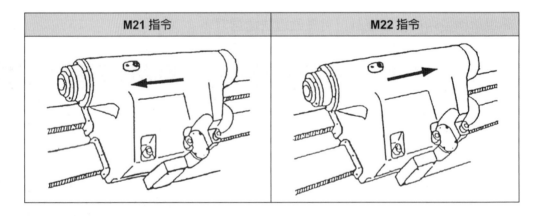

使用場合：

1. 中空工件可使用傘型頂心頂持，此機能可以防止加工操作空間不足。
2. 若頂心與中心孔之空間不足刀具運作時，可使用此機能做適當的調整以改善加工運作空間的不足。

使用注意事項：

1. 尾座上注油孔需適時加油以防卡死。
2. 經常保養尾座心軸內錐度孔，避免生銹、污穢，不用時加蓋。
3. 長形工件須用頂心支撐，欲修端面可選用半頂心頂持。
4. 使用頂心工作，心軸不宜伸出太長。

4.12 M73/M74(捕捉器伸出／捕捉器退回)

指令	
M73	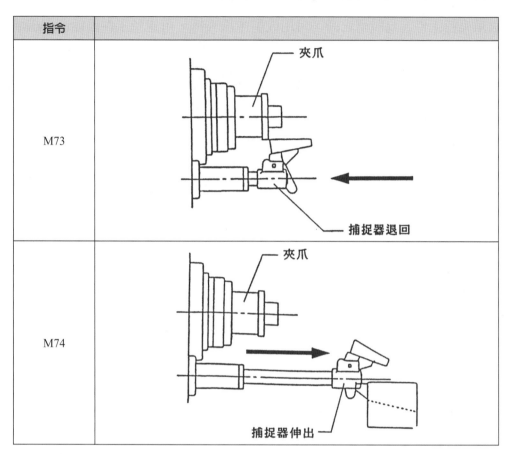
M74	

※ 於切斷工作時使用此機能。

※ 切斷加工時，此機能在有捕捉器接取裝置之場合使用時，會於工件掉下前接住，然後放置在定點上。

4.13 M19(主軸定位停止)

主軸定位停止機能，用在形狀複雜或容易脫落之場合，可使工件拿取較為方便。

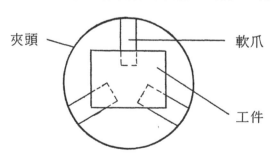

三爪夾頭夾持四角形工件時，須先將生爪成型，如此可方便夾緊工件。當主軸旋轉停止時，因使用主軸定位機能可固定主軸位置，如此可防止工件掉落。

夾爪夾持工件容易脫落之時，可用成型生爪夾持，可避免工件因掉落而損壞。

4.14 M23/M24(斜提刀／直提刀)

螺紋切削在使用 G92，G76 指令時，可選擇此指令配合執行，藉以控制螺紋切削時的退刀方式。螺紋加工要盡量避免不完整螺紋的產生。

M23 指令	M24 指令
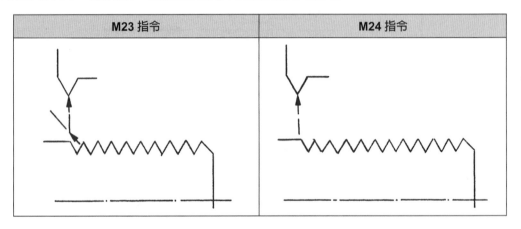	

※ 螺紋切削退刀細部詳圖如下：

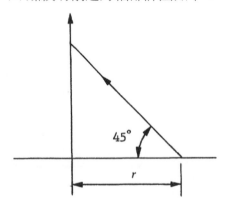

r 退刀距離於參數內設定一般以 0.1 節距作設定。

程式例說明：

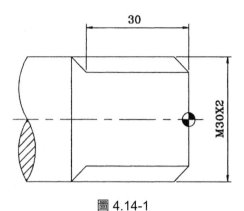

圖 4.14-1

螺紋規格：M30×2

```
O0001；
N4；
G00 T0404 (M42)；
G97 S1000 M03；
    X40. Z10. M23；‧‧‧‧‧‧‧‧‧‧‧‧‧‧‧‧‧‧‧ 螺紋切削斜退刀方式設定
G92 X30. Z-32. F2.；
    X29.；
    X28.5；
    X28.；
    X27.84；
G00 X150. Z50.；
    T0400；
```

有退刀槽的場合：

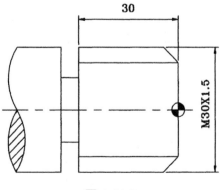

圖 4.14-2

螺紋規格：M30×1.5

```
O0001 ;
N4 ;
G00 T0404 (M42) ;
G97 S1000 M03 ;
    X40. Z10. M24 ;·················· 螺紋切削直退刀方式設定
G92 X30. Z-31.5 F1.5 ;
    X29.3 ;
    X28.8 ;
    X28.5 ;
    X28.38 ;
G00 X150. Z50. ;
T0400 ;
```

自我練習

　　使用素材中碳鋼直徑 45mm 長 110mm，另件直徑 45mm 長 35mm 通孔 25mm。

切削速度 120m/min，進刀深度 2mm，進給率 0.1 ～ 0.25mm/ rev。

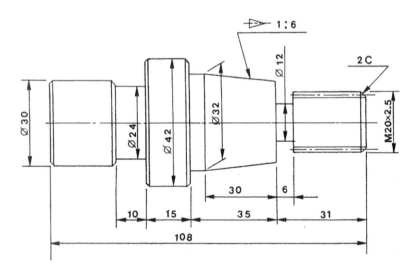

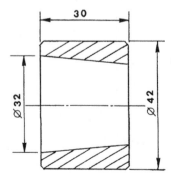

自我評量

一、單選題

1.　( )　選擇性停止機能鍵 (OPTIONAL STOP) 要與　①M00　②M01　③M02　④M30　配合使用。

2.　( )　在程式設計時，輔助機能是選用　①G　②M　③S　④T　機能。

3.　( )　主軸反時針方向迴轉，下列指令何者正確？　①M02　②M03　③M04　④M05。

4.　( )　控制切削劑的開或關，應使用　①G　②M　③T　④S　碼。

5.　( )　主軸正轉之指令為　①M03　②M04　③M05　④M08。

6.　( )　切削劑開啓之指令為　①M08　②M09　③M41　④M42。

7.　( )　切削過程中，爲冷卻刀具，可使用下列何指令？　①M05　②M06　③M08　④M09。

8.　( )　欲使用切削劑，一般常用何種輔助機能？　①M02　②M03　③M08　④M09。

9.　( )　切削完成，關閉冷卻液，可用　①M17　②M18　③M08　④M09　指令。

10.　( )　程式最後，可以何一輔助機能作結束？　①M00　②M01　③M02　④M04。

11.　( )　選擇性機器停止，係使用何一指令碼？　①M00　②M01　③M02　④M30。

12.　( )　"M05" 指令是　①程式　②切削劑　③主軸　④進給　停止。

13.　( )　欲車削 M20 × 1.5 螺紋，採斜退刀方式，下列程式何者為宜？　①M21；G92 X19.5 F1.5；　②M22；G92 X19.5 F1. 5；　③M23；G92 X19.5 F1.5；　④M24；G92 X19.5 F1.5；。

14. ( ) 車削加工中為方便作抽樣度量補償，使用何指令較適宜？　①M00　②M01　③M02　④M30。

答案

1.(2)	2.(2)	3.(3)	4.(2)	5.(1)	6.(1)	7.(3)	8.(3)	9.(4)	10.(3)
11.(2)	12.(3)	13.(3)	14.(2)						

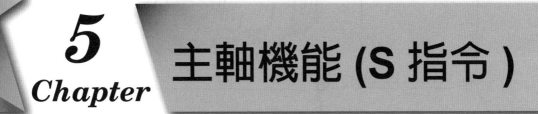

5
Chapter

主軸機能 (S 指令)

S 機能用以控制主軸迴轉速度之機能。

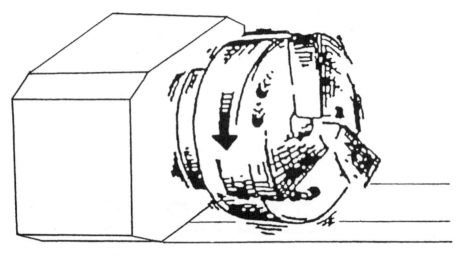

圖 5.1

5.1　指令方法

S □□□□

與 G50、G97、G96 指令配合使用，S 後 4 位數字可以作為主軸迴轉速度或切削速度指令。表示如下：

G50/G96/G97　S □□□□

1. S 機能與 G50 指令配合 S 即表示主軸最高迴轉速度限制。(rpm)
2. S 機能與 G96 指令配合 S 即表示切削速度。(m/min)
3. S 機能與 G97 指令配合 S 即表示主軸迴轉速度。(rpm)

5.2　主軸迴轉速度限制指令 G50 S____

G50 指令後之 S 機能指令編寫方法如下。

G50S □□□□
→主軸迴轉速度限制

此指令之使用在於維護機械的性能及精度，並有避免工具因劇烈磨耗而減短工具使用壽命之功能。又因夾頭設計之差異於使用時必需詳讀使用說明書，藉以瞭解夾頭之夾持能力與轉速之關係。

程式例說明：

```
O1234；
N1；
G00T0101；
G50 S3000；─────────────→ 指定主軸最高迴轉速度不得超過 3000 轉。
G96 S130 M3；
  ⋮
N2；
G97 S3500 M3；─────────────→ 主軸最高迴轉速度不得超過 3000 轉。
  ⋮                          所以指定 3500 轉無效。
M30；
```

⦿ 5.3 切削速度的指令 G96 S_____

G96 指令後之 S 機能指令編寫方法如下。

G96S △△△△
　　　└───────→切削速度 (m/min)

　　G96S100 之指令意為目前工具的切削速度為每分鐘 100 公尺，而不是主軸每分鐘迴轉 100 轉的指令。在同一切削速度之條件下，工件轉速會因為直徑的大、小而有不同的迴轉速；因加工小直徑者迴轉速度快，加工大直徑者迴轉速度慢。(圖 5.2a)

　　此指令之使用在於保持工件端面各部位光度一致，工具加工到端面時，主軸迴轉數即會隨直徑的改變而自動做適當的增減，使端面加工的光度達到一致。

程式例說明：

```
O1234；
N1 G50 S3000；
G00 T0101；
G96 S130 M03；─────────────→ 刀具切削速度每分鐘 130 公尺。
  ⋮
  ⋮
  ⋮
  ⋮
M01；
```

5.4　迴轉速度的指令 G97 S＿＿＿＿＿＿

G97 指令後之 S 機能指令編寫方法如下。

G97S□□□□

→ 主軸迴轉速度

G97S2000 此指令之意義為主軸迴轉速度固定在每分鐘 2000 轉。(如圖 5.2b)

※ 此指令之使用在螺紋加工、鑽孔、攻牙時指定主軸迴轉速。

程式例說明：

```
O1234；
N1 G50 S3000；
G00 T0101 M41；
G97 S130 M03；————————————→ 主軸迴轉速度每分鐘 130 轉。
  ⋮
M30；
```

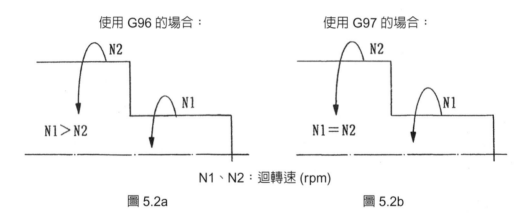

圖 5.2a   圖 5.2b

5.5　指令應用上的注意事項

1. 迴轉速度與進給率之關係

   迴轉速度與進給率之限制如下式：

   $$N \leqq \frac{RS}{F}$$

   N：主軸迴轉速度 (rpm)

   F：進給速度 (mm/rev)

   RS：快速移動速度 (mm/min)

   ※ RS：快速移動之速度因各機械之不同而有差異。

2. 主軸迴轉速度限制變更之場合

　　G50S3000 指令為主軸最高迴轉速，限制在每分鐘 3000 轉以下。首次之最高迴轉速度設定後機械依照其設定限制運轉直到下一個新的 G50 指令出現才可能取代舊有之指令。使用 G97 指令亦無法超過轉速限制的指令 G50。

3. 移動指令與 S 碼同一單節指令之場合。

```
G00 G97X_____S_____M03；
```

※ 移動指令和 S 機能指令同時執行時，待執行下一單節程式時才會做移動動作。

5.6 程式例說明

```
O0001；
N001 G50 S600；              ——→ 主軸迴轉速限制每分鐘 600 轉。
N002 G00 T0101 M41；
N003 G96 S120 M03；          ——→ 周速一定，指定每分鐘 120 公尺。
 ⋮
N011 G00 X100. Z50.；
N012 T0100；
N013 M01；
 ⋮
N014 G00 T0202 M42；
N015 G97 S700 M03；          ——→ 主軸迴轉速度固定每分鐘 700 轉，但前面轉速限制
 ⋮                               每分鐘 600 轉，此指令雖為 700 轉但不會超過
 ⋮                               G50 S600 之設定。
N022 G00 X150. Z50.；
N023 T0200；
N024 MD1；
 ⋮
G034 G50 S1500；            ——→ 改變轉速限制指定為每分鐘 1500 轉。
N035 G00 T0303 M42；
N036 G96 S90 M03；          ——→ 周速一定，指定每分鐘 90 公尺。
 ⋮
N042 G00 X175. Z30. M05；
N043 T0300；
N044 G97 S700；             ——→ 主軸迴轉速度可達到每分鐘 700 轉。
N045 M30；
```

自我評量

一、單選題

1. ( ) 下列何者不是超硬鑽頭鑽削中，外圍隅角磨耗、損傷大的原因？ ①切削速度太高 ②刀片材質不適合 ③單邊斷續切削 ④添加切削劑。

2. ( ) G97 G01 X20.0 Z30.0 F300 S200；內含之指令係表示 ①主軸轉數 200 轉/分鐘 ②車削速度 200 公尺/分鐘 ③進給量 2.00mm ④快速進給至 X20.0 Z30.0 座標。

3. ( ) G96 S120；單節中 S 係指 ①切削速度 ②主軸每分鐘迴轉數 ③進給速率 ④時間。

4. ( ) G50 S1500；單節中，"S1500" 指令是表示 ①主軸轉數最高至 1500 轉/分鐘 ②車削速度 1500 公尺/分鐘 ③主軸轉數最低至 1500 轉/分鐘 ④車削速度 1500mm/分鐘。

5. ( ) G50 S2000；G97 S2500 M03；以上程式下列敘述何者正確？ ①主軸最慢轉速為 2000rev/min ②切削速度 2500m/min ③主軸正轉 2500rev/min ④主軸正轉 2000rev/min。

6. ( ) G50 S2000；G97 S1500 M04；以上程式下列敘述何者為是 ①主軸正轉週速指定為 1500mm/min ②主軸反轉轉數為 2000rev/min ③主軸正轉為 1500rev/min ④主軸反轉為 1500rev/min。

7. ( ) G96S120M03T0101，上述 NC 程式中，下列敘述何者錯誤？ ①切削速度隨工件直徑大小而改變 ②主軸正轉 ③主軸為 120rev/min ④選擇第一號刀做第一號補償。

8. ( ) G97 S150；中之 "S" 指令值係表示 ①主軸最高轉數 ②主軸最低轉數 ③切削線速度 ④主軸每分鐘轉數。

9. ( ) 下列單節中，何者可設定切削速度變成為 180m/min？ ① G96 S1800； ② G96 S180； ③ G97 S1800； ④ G97 S180；。

10. ( ) G50 X200.0 Z100.0；指令係表示　①原點復歸　②原點查核　③確實定位　④座標系設定。

11. ( ) 主軸轉速限制之指令為　① G96　② G97　③ G98　④ G50。

12. ( ) 選擇適當的車削速度，可增加車刀之　①壽命　②強度　③韌性　④硬度。

13. ( ) 鋼質工件直徑為 300mm，切削速度設定為 150mm/min，其主軸迴轉數每分鐘應選　① 100　② 160　③ 1,000　④ 1,600 轉。

14. ( ) 鋼質工件之孔徑為 240mm，切削速度每分鐘設定為 120 公尺，則其主軸每分鐘之迴轉數，應選　① 80　② 160　③ 800　④ 1,600　轉。

15. ( ) 欲車削外徑 400mm 之鍛造鋼料，若車削速度為每分鐘 80 公尺，則主軸每分鐘轉數，應選　① 63　② 80　③ 120　④ 400　轉。

16. ( ) 在直徑 400mm 的工件上車削溝槽，若車削速度設定為每分鐘 100 公尺，則主軸轉數，應選　① 80　② 100　③ 200　④ 400　轉。

17. ( ) 在直徑 100mm 之工件上，使用直徑 20mm 的鑽頭鑽孔，設切削速度為每分鐘 20 公尺，則 G97 S__；，S 值應選　① 20　② 100　③ 318　④ 1,590。

18. ( ) 以直徑 20mm 之高速鋼鑽頭鑽削碳鋼材料，切削速度為 20m/min，則主軸轉數應為　① 258　② 278　③ 318　④ 468　rev/min。

19. ( ) 採用切削速度一定機能 "G96"，最理想的切削工作是　①鑽孔　②端面車削　③圓弧車削　④螺紋車削。

20. ( ) 在 "G96" 機能下，車削工作物直徑越小，主軸轉速亦隨之　①減少　②增加　③不變　④與轉速無關。

21. ( ) 造成刀尖積屑 (刀瘤) 的主要因素是　①切削速度　②切削深度　③刀具前間隙角　④刀具邊間隙角。

22. ( ) 車削直徑 30mm 工件，切削速度為 30m/min，則車床最適當之轉數為
　　① 320　② 350　③ 400　④ 450　rev/min。

23. ( ) 影響車削阻力最小的因素為　①進給速度　②切削深度　③圓鼻刀口半
　　徑　④車床轉數。

24. ( ) 車削直徑 60mm 圓桿，已知其主軸轉數為 637rev/min，則圓桿之車削速
　　度應為　①80　②100　③120　④150m/min。

25. ( ) 粗車削外徑 50mm 之低碳鋼圓桿，設其切削速度為 85m/min，則其主軸
　　轉數應為　①540　②575　③625　④655　rev/min。

二、複選題

26. ( ) 程式 G50 S2000；G96 S250 M04；中，下列何者正確？　①主軸轉速固
　　定為 2000rpm　②切削速度設定為 250m/min　③主軸停止　④主軸反
　　轉。

答案

1.(4)	2.(1)	3.(1)	4.(1)	5.(4)	6.(4)	7.(3)	8.(4)	9.(2)	10.(4)
11.(4)	12.(1)	13.(2)	14.(2)	15.(1)	16.(1)	17.(3)	18.(3)	19.(2)	20.(2)
21.(1)	22.(1)	23.(4)	24.(3)	25.(1)	26.(24)				

6 Chapter

工具機能 (T 指令)

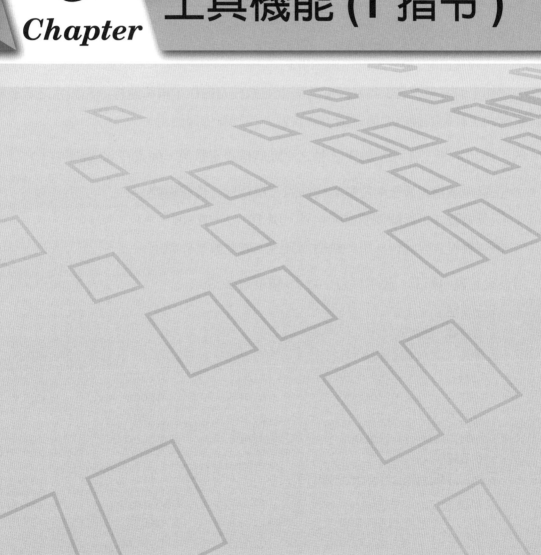

T 機能用以控制工具的選擇及刀鼻補償資料的存取。

指令編寫方法

工具機能後有四位代表數字；代表意義分別為工具選擇編號、工具刀鼻補償資料存取位置編號之指定。工具補償含工具形狀補償及工具磨耗補償。

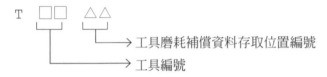

T □□ △△

→ 工具磨耗補償資料存取位置編號
→ 工具編號

6.1 工具編號及指令方法

T □□△△

T 後面兩位數字為工具編號的指定。

加工前將需要之工具安裝於刀塔上並做校刀操作，再將座標原點設定之數值輸入正確的工具編號欄內準備在加工時當做刀長計算依據使用。

例：T0202(將二號刀 X 軸與 Z 軸之原點座標設定數值，輸入在 02 號欄中。)

工具編號指定最後兩位數字為補償資料存取之位置編號。

工具編號亦可與補償欄編號相異。例 T0102、T0809

但一般程式設計皆採用一致編寫方式，如此較易於識別。

刀長設定畫面如下，設粗車刀 T0101 精車刀 T0303

(OT 系統)
工具補償／形狀

番號	X	Z	R	T
G_01	−165.590	−171.820	0.000	3
G_02	0.000	0.000	0.000	0
G_03	−177.750	−172.350	0.000	3
G_04	0.000	0.000	0.000	0

(10 系統)
TOOL OFFSET (GEOMETRY 形狀)

NO	YAXIS	ZAXIS	RADLIUS	TIP
01	−165.590	−71.820	0.800	3
02	0.000	0.000	0.000	0
03	−177.750	−172.350	0.400	3
04	0.000	0.000	0.000	0

6.2 工具磨耗補償

T □□△△

工具補償編號最後兩碼數字為工具磨耗補償資料存取位置編號之指定。工具發生磨耗時將磨耗補償數值輸入補償畫面內與程式設計補償編號相同之欄內。

補償畫面 (OFFSET) 分為形狀校刀畫面 (GEOMETRY) 與磨耗畫面 (WEAR)。

☆例：T0202 (將 02 號工具之磨耗補償數值輸入補償畫內之 02 號欄內。)

例：T0932 (將 09 號工具之磨耗補償數值輸入補償畫內之 32 號欄內。)

控制系統畫面如下所示：

TOOL OFFSET(WEAR 磨耗)

NO.	X AXIS	Z AXIS	RADIUS	TIP	
01	0.000	0.000	0.000	0	
☆ 02	-0.150	-0.100	0.000	0	——→ 第二號刀磨耗補償資料放置欄位編號
03	0.000	0.000	0.000	0	
04	0.000	0.000	0.000	0	
05	0.000	0.000	0.000	0	
		⋮			
31	0.000	0.000	0.000	0	
#32	-0.100	0.050	0.000	0	——→ 第九號刀磨耗補償資料放置欄位編號

校刀畫面工具補償 (WEAR 磨耗)(OT 系統)

番號	X	Z	R	T	
G01	0.000	0.000	0.000	0	
☆ G02	-0.150	-0.100	0.000	0	——→ 第二號刀磨耗補償資料放置欄位編號
G03	0.000	0.000	0.000	0	
G04	0.000	0.000	0.000	0	
G05	0.000	0.000	0.000	0	
		⋮			
G31	0.000	0.000	0.000	0	
#G32	-0.100	0.050	0.000	0	——→ 第九號刀磨耗補償資料放置欄位編號

6.3 工具磨耗補償應用

　　工具磨耗補償之作用，可使工件在精修加工後，其外型輪廓尺寸維持在公差內。
故其 X 軸與 Z 軸方向補償量的改變，都將會影響輪廓外型的尺寸。

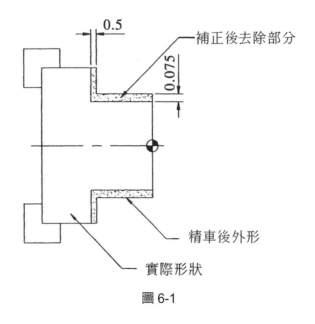

圖 6-1

執行程式例

```
O2345；
N1 G50 2000；(粗加工)        N2 G00 *T0202 M42；(精加工)
   G00 T0101 M42；               ⁀
      ⁀                       G00 X200. Z100.；
   G00 X200. Z100.；          T0200；
   T0100                      M30；
   M01；
```

　　加工完畢後，檢驗工件發現工件之直徑尺寸大 0.3mm，長度增長 0.5mm，故須做最後精加工刀具的磨耗補償。修改補償輸入畫面如下：

TOOL OFFSET(WEAR) 磨耗補償畫面

NO.	X AXIS	Z AXIS	RADIUS	TIP	
01	0.000	0.000	0.000	0	
※02	−0.300	−0.500	0.000	0	⟶ 輸入 X、Z 軸方向補償值
03	0.000	0.000	0.000	0	
04	0.000	0.000	0.000	0	
		⁝			
		⁝			
31	0.000	0.000	0.000	0	
32	0.000	0.000	0.000	0	

```
    +X
    ↑
    │
    │
    └──────────→ +Z
```

　※ 為了防止操作錯誤，所以程式的工具編號與工具補償編號為相同編號指令較適當。

　※ 刀具的安裝排序應先分析工作圖之加工流程與道次排序，但不得有干涉情況發生。

自我評量

一、單選題

1. ( ) 在右手座標系統中如欲車削 40mm 直徑，當試車削外徑時，車削後測得直徑為 40.2mm，則該刀具需輸入補償值為多少 mm？　①W = 0.2　②W = － 0.2　③U = 0.1　④U = － 0.2。

2. ( ) 在右手座標系統中如欲車削 42mm 直徑時，當試車削後，測得孔徑為 41.8mm，則該刀具需輸入補償值為多少 mm？　①U = － 0.1　②U = 0.2　③W = － 0.2　④W = 0.2。

3. ( ) 試車削工件後度量尺度，發現誤差時可　①調整刀具　②磨礪刀具　③換裝新刀把　④使用刀具補償。

4. ( ) 螢幕畫面上機械座標用於顯示刀架離　①工件零點　②機械原點　③尾座中心　④夾頭中心　之距離。

5. ( ) 在右手座標系統中，配置刀具時刀尖位置誤差：X 軸為 + 0.3mm，Z 軸為 － 0.2mm，則該刀具輸入之補償值是　①X = － 0.6，Z = 0.2　②X = 0.6，Z = 0.2　③X = 0.6，Z = － 0.2　④X = － 0.6，Z = － 0.2。

6. ( ) 若 "T" 指令中，刀具補償號碼為 "0" 時，表示　①選擇空刀架　②補償值啟動　③選擇補償號碼與刀具號碼一致　④補償值取消。

7. ( ) "T0100" 係代表　①刀具取消　②使用 1 號補償值　③使用 0 號刀具　④取消 1 號刀具補償值。

8. ( ) 刀具補償值啟用後，下列何一指令碼，將不宜同時使用？　①G00　②G01　③G02　④G50。

9. ( ) "T1006" 指令中，"10"，是指　①刀具補償號碼 10 號　②刀具補償號碼 1 號　③刀具號碼 1 號　④刀具號碼 10 號。

10. ( ) "T0714" 指令中，"14" 表示　①刀具號碼 1 號　②刀具號碼 14 號　③刀具補償號碼 14 號　④刀具補償號碼 4 號。

11. ( ) 更換不同刀鼻半徑之刀片，宜作 ①修改刀鼻半徑補償值 ②更改程式 ③使用 "G41" 替代 G42" ④不需作任何變更。

12. ( ) 下列何組指令碼，用於取消 10 號刀具之補償值？ ① T10 ② T00 ③ G41 ④ G42。

13. ( ) 選擇 3 號刀具及 2 號補償之指令為 ① T0203 ② T2030 ③ T0302 ④ T3020。

答案

1.(4)	2.(2)	3.(4)	4.(2)	5.(1)	6.(4)	7.(4)	8.(4)	9.(4)	10.(3)
11.(1)	12.(2)	13.(3)							

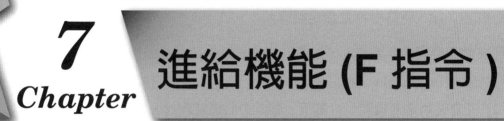

7
Chapter

進給機能 (F 指令)

7.1 G99 (每轉進給之設定 mm/rev)

G99 與進給率 (F) 指令之關係：

1. F 機能與 G01，G02，G03 等 G 指令配合應用時為切削進給率。

```
G01 X(U) _____ Z(W) _____ F _____ ;
G02 X(U) _____ Z(W) _____ R _____ F _____ ;
G03 X(U) _____ Z(W) _____ R _____ F _____ ;
```

※ 電源輸入時為 G99 之設定狀態。

※ 欲改變設定狀態時，可以使用 G98。指令取代 G99 指令，則 F 機能由 mm/rev 轉變為 mm/min 之設定。

2. 正在使用之 F 機能，可被下一個新的 F 機能取代，而被繼續執行著。

3. 欲確實執行程式中進給率指令，則操作面板上的進給旋鈕，應轉至刻劃 100% 進給率的倍率檔上即可。

4. 操作面板上進給率之調整，範圍由 0% 至 150%，每刻劃以 10% 之倍率遞增。

5. 進給率的快或慢直接受主軸迴轉速度之影響。

程式例

```
O8885 ;
G96 S130 M03 ;
G00 T0101 ;
    X25.0 Z5.0 M08 ;
       ⟩
       ⟩
G01 Z-35.0 F0.2 ;────────── 主軸每迴轉刀塔移動 0.2mm
    X35.0 F0.15 ;────────── 主軸每迴轉刀塔移動 0.15mm
       ⟩
       ⟩
    M01 ;
```

7.2 進給率公制及英制之編寫方法

進給率公制及英制之編寫方法如下表：

公制 (mm/rev)		英制 (in/rev)	
指令意義	指令寫法	指令意義	指令寫法
0.30	F.30 F0.30	0.016	F.016 F0.016
12.6	F12.60 F12.6	0.202	F0.202 F.202

進給率操作面板圖如下：

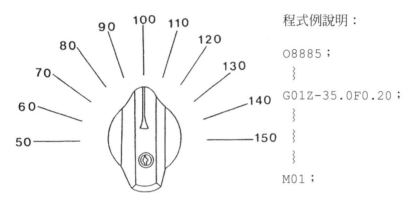

程式例說明：

O8885；
⋮
G01Z-35.0F0.20；
⋮
⋮
M01；

面板狀態如左則刀塔移動速率為 0.2mm/rev，若旋鈕轉至 "50" 檔域則刀塔移動速率為 0.1mm/rev

圖 7-1

切削進給率

〜〜〜 %

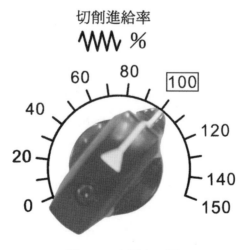

圖 7-2　木柵高工攝

程式例說明（設刀鼻半徑為 0mm）

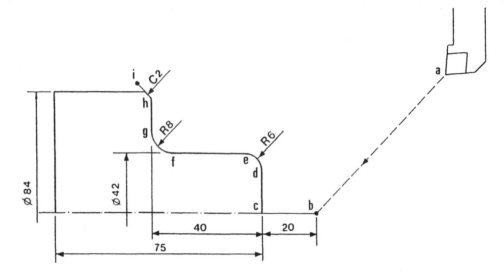

N02G50S2000；

G0T0303(M42)；······························ a．刀具要換或設定檔域

G96S130M03；

X0Z20.0；··································· b．快速定位

G1Z0F0.25M8；······························ c．直線移動 (0.25mm/rev)

X30.0F0.1；································· d．直線移動 (0.10mm/rev)

G03X42.0Z-6.0R6.0F0.08；··············· e．圓弧移動 (0.08mm/rev)

G01Z-32.0F0.15；·························· f．直線移動 (0.15mm/rev)

G02X58.0Z-40.0R8.0F0.08；·············· g．圓弧移動 (0.08mm/rev)

G01X80.0F0.1；····························· h．直線移動 (0.10mm/rev)

X86.0Z-43.0F0.08；························ i．直線移動 (0.08mm/rev)

G0X100.0Z150.0M9；························ a．快速定位

T0300M5；

M30；

7.3 G98(每分鐘進給之設定)

指令注意事項 :

1. G98 指令後的 F 機能數值意義即工具進給率以每分鐘移動距離當量做表示。

2. 螺紋切削鑽孔加工不得使用此指令。

3. 此指令不受主軸迴轉速度之影響。

　　進給率限制範圍如下表 :

公制 (mm/min)	英制 (in/min)
1 ～機械快速移動最大值 RS	0.0001 ～機械快速移動最大值 RS

　　※ RS 的數值請參考森精機 (7.6 表之設定) 各廠牌機型不同。

　　進給率公制及英制之編寫方法如下表 :

公制 (mm/min)		英制 (in/min)	
指令意義	指令寫法	指令意義	指令寫法
250	F250.	12	F12.

程式例說明 :

棒材加工工件抓取器之使用例。

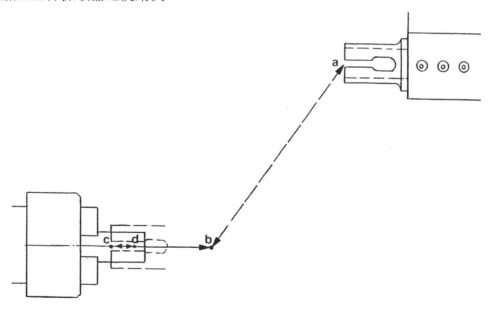

程式例說明：

```
O001；
N001 ；………………………………………… a.起始點
N002 G00 T0101 M05；
N003      X0 Z20.；………………………… b.材料前端安全位置
N004 G98；………………………………………  指定以時間單位做移動之指令
N005 G01 Z-60. F500.；……………………… c.以每分鐘 500mm 速度移向工件
N006 M11；………………………………………  夾頭開啟
N007 G04 U2.；
N008 G01 Z-10. F500.；.d…………………  工件拉出
N009 M10；……………………………………  夾頭閉合
N010 G04 U2.；
N011 G00 Z20.；……………………………… b.工件脫離夾爪
N012      X200. Z50.；………………………  a.起始點
N013      T0100；
N014 G99；……………………………………… 主軸回復到每轉移動量之指令指定
```

使用 F 機能注意事項：

1. F 指令為主軸進給機能。與 G32、G92 螺紋切削指令配合使用時，G32 G76 後的 F 指令指定為導程。所以螺紋加工時的進給速度是依照 F 指令之數值做移動。

2. 向量方式的進給率機能指定值其精度在 ±6% 以內。

$$F = \sqrt{(Fx^2 + Fz^2)}$$

　　　　F：指令指定之進給率
　　　　Fx：進給率之 X 軸方向
　　　　Fz：進給率

3. 刀鼻尺寸與進給率可影響到工作切削時間和表面粗糙度與切屑情況及刀具壽命。

7.4 進給率與表面粗度的關係

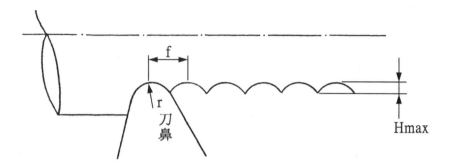

$$H \max = \frac{f^2}{8 \times r} \times 1000$$

Hmax：精修表面粗度之最大值

f：進給率 (mm/rev)

r：刀鼻半徑 (mm)

Hmax：理論粗度值 (μm)

進給率與表面粗糙度之關係

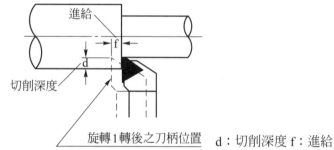

d：切削深度 f：進給

進給率 F 越大其粗糙度亦越粗糙。

下圖 $f_2 > f_1$

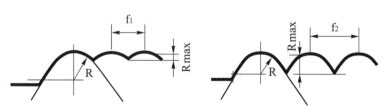

進給率 F 越大，切屑厚度亦較厚，切削阻力亦大。

下圖 $t_2 > t_1$

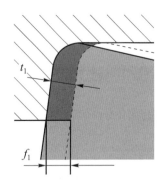 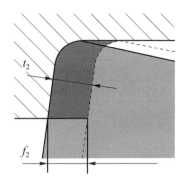

※ 一般常見工作圖上表面粗糙度之標註如下：

Ra (中心線平均粗糙度)、Rmax (最大粗糙度高度)

Rz (十點平均粗糙度)

※ 工件表面有優良的粗糙度，對零組件的配合度與耐磨性皆有很大的影響。

表面粗度與進給率之關係一覽表：

	表示	Hmax(mm)	r：0.4	r：0.5	r：0.8	r：1.0
▽▽	25-S	0.025 以下	0.2828	0.3162	0.4000	0.4472
	18-S	0.018	0.2400	0.2683	0.3394	0.3794
	12-S	0.012	0.1959	0.2190	0.2771	0.3098
▽▽▽	6-S	0.006	0.1385	0.1549	0.1959	0.2190
	3-S	0.003	0.0979	0.1095	0.1385	0.1549
	1.5-S	0.0015	0.0692	0.0774	0.0979	0.1095
▽▽▽▽	0.8-S	0.0008	0.0506	0.0565	0.0715	0.0800
	0.4-S	0.0004	0.0357	0.0400	0.0505	0.0565

※ 上表是以理論值方式計算出來之數值，但在實際加工中必須顧慮到機械的性能與工具之特性，才可能達到上表之表面粗度要求。實際加工時須考慮周詳，再做進給率之指定。

7.5 切削進給率範圍

因數值控制車床機型之差異，故有其不同的切削進給率設定範圍。

表 7.5a 切削進給率範圍一覽表

	公制 (mm/rev)	英制 (in/rev)
F-10 F-11T F-15T	0.00001 ～ 500.000000	0.000001 ～ 50.000000
F-0T	0.0001 ～ 500.0000	0.000001 ～ 9.999999

表 7.5b 切削進給率的界限

公制	英制
$F \leqq \dfrac{Rs}{N}$	$F \leqq \dfrac{Rs}{25.4 \times N}$

F：進給率 (mm/rev,in/rev)

N：主軸迴轉速度 (rpm)

RS：快速移動速度 (mm/min)

例、切削時主軸迴轉速度為 1800RPM 其最大進給率如下：

$$F = \frac{Rs}{N} = \frac{4000}{1800} = 2.22(mm / rev)$$

※ 切削進給率於使用時必須符合以上 7.5a 及 7.5b 兩項規定。

※ 快速移動速度不得違背各機種控制器內部 X 軸的設定。其數值表示如下表：

$$F = \frac{12000mm / min}{20rpm} = 600mm / rev$$

上式所計算出來的數值已違反 7.5a 項所規定之切削進給率的範圍。因切削進給率如最大設定值定為 500mm/rev，故 600mm/rev 指定無效。

※ 一般車削加工被削材硬度低，採深進刀、大進給，反之被削材硬度高則減少進刀深度，小進給。所以刀具使用壽命與切削速度的高低及切削時間的長短有著密切的關係。

自我評量

一、單選題

1. ( ) 不同粗糙度的表示法中，CNS 規定最大高度 (Rmax) 與中心線平均粗糙度 (Ra) 之比值為多少？　① 0.25　② 0.5　③ 2　④ 4。

2. ( ) 增大刀鼻半徑對加工之影響，下列何者為非？　①改善工件表面粗糙度　②切屑厚度變薄　③刀口強度增加　④粗糙度值變大。

3. ( ) 下列何種機能指令，可以使用小數點表示其值？　①輔助機能　②進給機能　③刀具機能　④轉速機能。

4. ( ) 若圓鼻車刀之刀鼻半徑為 2mm，進給率為 0.2mm/rev，其切削深度大於 0.5mm，所得之 Rmax(最大高度值) 約為　① 0.5　② 2.5　③ 5　④ 10 μm。

5. ( ) 車削加工中，若進給率 0.1mm/ 轉，刀鼻半徑 0.5mm，表面粗糙度最大高度值為　① 0.2　② 0.8　③ 2.5　④ 5　μm。

6. ( ) 下列何者與車削時間無關？　①車削速度　②進給量　③進刀深度　④車刀角度。

7. ( ) 下列何項是精車削提高表面粗糙度的主要條件？　①提高轉數　②增大進給量　③降低轉數　④減少進給量。

8. ( ) 車削工件得不到良好的表面粗糙度，其主要原因是　①切削速度太快　②進給量太慢　③刀鼻半徑太大　④刀具已鈍化。

9. ( ) 電腦數值控制車床粗車削過程中，若切屑無法斷屑宜　①提高主軸轉數　②提高進給量　③加大切屑深度　④添加切削劑。

10. ( ) 精車削時，下列何項是改善表面粗糙度的主要條件？　①提高轉數　②增大刀鼻半徑　③降低轉數　④增大進給量。

11. ( ) 車削碳鋼時，控制斷屑的主要因素為　①切削速度　②進給量　③切削深度　④切削劑。

二、複選題

12. ( ) 表面粗糙度對零件使用性能的影響包括　①對配合性質的影響　②對摩擦、磨損的影響　③對零件抗腐蝕性的影響　④對零件塑性的影響。

13. ( ) 有關表面粗糙度的敘述，下列何者爲正確？　① Rmax 爲最大粗糙度值　② Ra 爲中心線平均粗糙度值　③ Ra ≒ Rmax ≒ 4Rz　④ Rz 爲十點平均粗糙度值。

14. ( ) 主要影響工作表面粗糙度的車削條件是　①切削速度　②刀具材質　③進給率　④刀鼻半徑。

15. ( ) 延長車刀壽命的方法，下列何者爲正確　①材料硬度低，採大切削深度及大進給率　②材料硬度高，採小切削深度及小進給率　③材料硬度低，採小切削深度及小進給率　④材料硬度高，採大切削深度及大進給率。

16. ( ) 車削程式組合中，F 機能的敘述，下列何者正確？　① G98 指工件每轉一周，刀具沿著軸線的移動量　② G99 其單位爲 mm/rev　③ G98 其單位爲 mm/min　④ G99 其單位爲 mm/min。

17. ( ) 電腦數值控制車床的機能指令中，下列何者正確？　① G 機能又稱爲轉速機能　② M 機能又稱爲輔助機能　③ T 機能又稱爲刀具機能　④ F 機能又稱爲進給機能。

答案

1.(4)	2.(4)	3.(2)	4.(4)	5.(3)	6.(4)	7.(4)	8.(4)	9.(2)	10.(2)
11.(2)	12.(12)	13.(124)	14.(34)	15.(12)	16.(23)	17.(234)			

8
Chapter

捨棄式車刀之選用

刀柄規格　MTFNR2525P22

刀柄編號各代字之意義如下

M	T	F	N	R	25	25	P	22
夾持方式	刀片形狀	刀柄切入角	刀片間隙角	切削方向	刀柄高度	刀柄寬度	刀柄長度	切削緣長度

刀片規格　TNMG160408ER

刀片編號各代字之意義如下

T	N	M	G	16	04	08	E	R
刀片形狀	刀片間隙角	刀片精度	刀片型式	切削緣長度	刀片厚度	刀鼻尺寸	切削邊特徵	切削方向

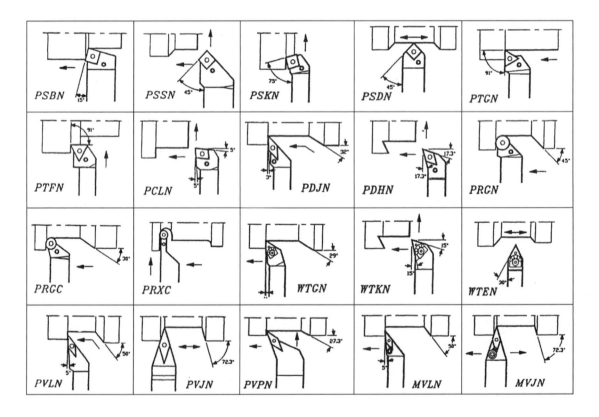

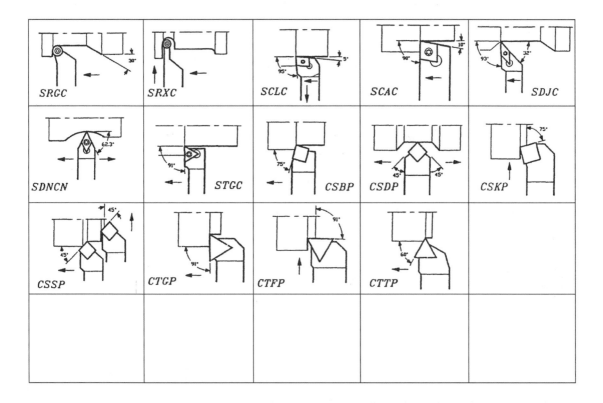

8.1 捨棄式車刀之介紹

切削加工是現代使用最廣泛的金屬成型之一，近年來政府大力倡導工業自動化政策，而工業自動化的核心即是數值控制機械，因這種機械精度高，所生產之產品品質穩定，不受操作員心理影響但價格昂貴，因此祇有從切削刀具方面多作改良以降低成本，以致於才有捨棄式刀具之問世。

金屬加工業以往使用焊接刀具，費工、費時，所以現在大部分業界皆採用捨棄式刀具，不但省時省工又易於管理，並且降低一大筆切削成本。捨棄式刀片製程嚴格，精度要求高，故大都仰賴國外進口。目前國內有刀具製造工廠，亦具備製造能力且精度不差，適合一般加工使用，因受材質影響，於特殊加工使用時選用進口刀具較符合經濟效益。

8.1.1 切削工具之分類

零件成形多依賴切削成形，於是在切削加工中設計了多種切削工具，供製造者選擇使用。切削工具依加工方式及工具材質可分為兩大類。

一、依加工方式

可分為車削刀具、銑削刀具、鑽削刀具等等。車削刀具適用於車削加工，銑削刀具適用於銑削加工，鑽削刀具適用於孔成形加工。

二、依材質

可分為鐵系及非鐵系刀具。鐵系刀具一般市面上以高碳工具鋼、高速鋼等系列之產品為主，因耐磨性差，一般不為廣泛使用。非鐵系刀具中，目前以鑽石刀具與陶瓷及瓷金刀具代表性，因耐磨性佳，故目前被廣泛使用。本單元以車削工具為介紹對像。

8.1.2 刀具材料

刀具型式數百種但材料不外乎以下七種。

一、高速鋼

為含有 W、Cr、V 元素之特殊合金工具鋼，其切削性與使用壽命比碳素工具鋼高數倍，切削中高溫達 550° ～ 600°C 亦不退火軟化。

二、超硬合金 (碳化物)

系將硬度很高的碳化物粉末與金屬粉末經高壓高溫下使其燒結成超硬合金，其切削性比高速鋼佳，耐磨性大，但脆性亦高。Wc-C 系的燒結合金多用來切削鑄件，非鐵金屬及非金屬。WC-TiC-Co 系合金亦用來切削鋼材。國際標準組織 (ISO) 將碳化物刀具依材質之不同分為 P、M、K、N、S、H 六大類。P 類為藍色，適用於切削鋼材、鑄鋼等。M 類為黃色，適用於不銹剛或其他難削之合金鋼。K 類為紅色，適用於非鐵金屬、鑄鐵等。N 類適合切削非鐵金屬、銅合金等。S 類適合切削耐熱合金、硬質鑄鐵等。H 類適合切削高硬度材料。

三、被覆工具

被覆刀具主要用於鐵基合金如碳化物表面被覆，如此可以提高其切削速度達 180m/min 以上。適用於車削及搪孔加工，但被覆層不超過 10μm，如此可減低切削阻力，增加耐磨性，加工時不易黏屑，刀具壽命可增長。刀具常用物理氣相沉積法 (PVD) 改善刀片的切削性。例如被覆氮化鈦、氮鋁鈦、鑽石等。

四、瓷金

因鈦是純碳化物中最硬的材質，如用鎳來當結合劑，即可製成可用之刀片，一般俗稱瓷金 (Cermet) 特別適合高速切削，耐磨性佳，重量輕，切削速度可達 400 ～ 600m/min。此種刀具另一個優點即是刀口可保持銳角，不會因為被覆而須另外倒一個小圓角。於使用一段時間後即產生鈍化。

五、陶瓷

大部份陶瓷或膠結氮化物切削工具主要以氧化鋁為主要成份，陶瓷可分為白色陶瓷與黑色陶瓷兩類，因其硬度且紅熱硬度高，適合高速切削，又可對硬度達 Rc66 度之工件加工，刀具壽命為碳化物工具之三至十倍，其材料軟化點為 1100°C，故溫度達於 1093°C 高溫下加工還能保持其強度與硬度，但韌性較差，適合少量的精切削。

六、CBN

係以膠結碳化鎢為基座，而結合上一層聚合結晶之立方氮化硼。CBN 的硬度僅次於鑽石，在使用 CBN 工具切削時可承受 1000°C 之溫度而不致破壞，適於鑽石不易切削的鐵系材料，可使用來切削熱處理過之工件，又因其加工失圓度低，所以加工後可不必再經研磨加工。

七、鑽石

鑽石切削工具因具有高硬度非常脆硬，故針對只有摩擦磨耗之應用場合，較能發輝其優異的磨耗性，因對於切削加工所產生的熱約 600°C 以上即氧化，不適用於鋼材切削，適用於鋁合金及銅合金，於 1400°C 以上即變態為石墨，適用於表面粗度與公差極小之非鐵金屬及非合金屬加工。因鑽石工具可在極高之切削速度下進行加工，而且表面粗度可達 0.12μm 以下，耐磨性佳但材質較脆，不適合做重切削及中切削加工，適用於在高精度與高光度要求之工件上加工。

8.1.3 捨棄式車刀各部位名稱

刀具為工件與機械間之橋樑，刀片固定於刀柄上而機械之移動帶著刀柄做切削工作，所以刀具在切削加工中扮演著極重要的角色。目前刀柄多採用中碳鋼於鍛造後使用，亦有使用合金工具鋼、高速鋼及鎢合金鋼者。

刀柄可分為刀柄、墊片、刀片、夾緊裝置四大部位。刀柄因要配合工作需求所以須要不同的設計及不同形狀與切入角度之刀柄。墊片的材質都選用超硬合金製造而成，用以承受於切削加工時所產生之抵抗力。刀片為配合切削需求，有不同的材質和不同的形狀及角度，為切削加工之主角。夾緊裝置專用來夾緊刀片，穩固切削加工用。各種夾緊方式詳述於後。刀具規格之標示；刀具因製造廠商之不同而有所差異，但一般製造皆遵照 ISO 之規格，故以下之說明皆依照 ISO 規格。刀具規格標示皆標註於刀柄側方，亦有標識於刀端者。一般採購以 ISO 規格為主，如此才有較大的共通性。

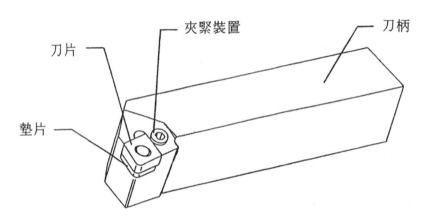

8.2 刀柄編號

刀柄是機械動作之沿伸，機械的一切動作藉著刀柄上的刀片做切削加工，所以刀柄可說是刀片與機械之橋樑，必須慎選使用，刀柄編號主要用於辨識刀具之夾持方式、長度及切削方向，通常規格編號皆標註於刀柄側面上。刀柄規格內各代字意義如下分別說明之。

M	T	F	N	R	25	25	P	22
夾持方式	刀片形狀	刀柄切入角	刀片間隙角	切削方向	刀柄高度	刀柄寬度	刀柄長度	切削緣長度

一、刀片夾持方式

MTFNR2525P22

因結構不同可分為 E、P、C、S、T、W、M 七類，以下分別敘述之。

a. E 型車刀把

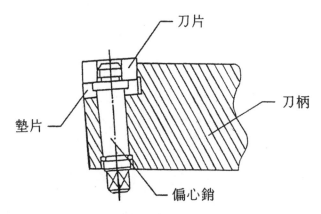

　　此種車刀係利用偏心鎖定銷，將有孔的刀片，壓靠於刀把之刀槽一側壁上。因製作容易，所以在捨棄式刀把中爲價格最低廉者，但此種固定裝置，於切削加工時易受刀刃形狀之影響，刀片於鎖固時定位精度差，固定強度亦差，所以此刀具不適合重切削用，僅供中、輕切削加工使用。目前使用於中車刀及使用 T 型刀片之刀把上。

b. P 型車刀把

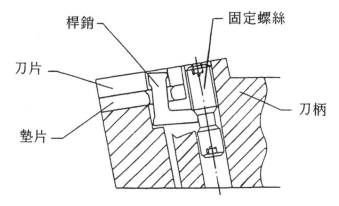

　　因此種刀把採用銷桿來固定刀片，此種固定方式能具有負角及正角夾緊功能，其固定面爲雙面，於按裝時銷桿將刀片後拉固定，因此定位精度準確但限於結構關係，刀片上方無法鎖固，故不過合斷續切削。又因其結構複雜，所以不宜製作成小型刀具。

c. C 型車刀把

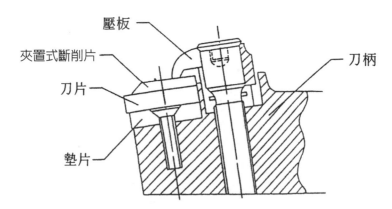

此種車刀係採用壓鐵自頂部壓緊刀片達到固緊之方式，而此壓板形狀如釣狀，此壓鐵又另具有斷屑之功能，可以將無孔或有孔之刀片固定在刀槽內。此種鎖固方式定位精確，為一般外徑車刀設計所採用。

※ 車刀斷屑裝置依結構一般分磨成式、夾置式、模壓式三種。

d. S 型車刀把

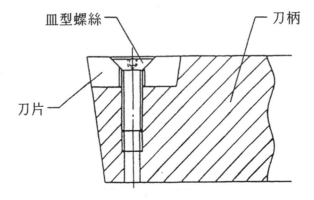

此種車刀係直接利用固定螺絲鎖緊有孔之刀片，此種裝置法多使用於正角刀把上，因其構造簡單可使用在任何部位，尤其小型內徑刀把皆採用此種固定方式。由於螺絲中心與刀面有一角度，故於鎖緊時能將刀片靠緊固定面，所以定位精度極佳。適合於中、輕切削加工。

e. T 型車刀

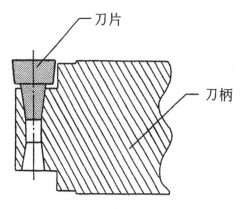

此種刀把固定刀片之方式係利用切削時之切削正壓力將刀片固定，其刀槽形狀製成錐孔，刀片底部亦製成錐度柄藉與刀槽配合，此配合方式使得其定位精度提高，故此型車刀多設計於圓鼻刀把上。

f. W 型車刀

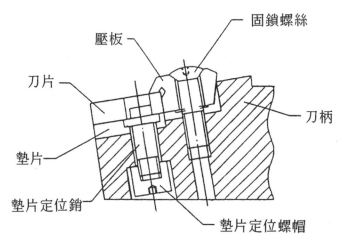

此種固定方式乃是利用栓銷將刀片固定後，再利用一模型壓板將刀片由上往下夾緊，此設計方式使用於負角刀把上。目前多採用在使用三角型刀片之刀把上，因其固定強度佳，適合用在仿削切削加工上，但因其夾緊功能主要在栓銷上，所以刀片精度之誤差對定位精度有極大影響，須慎選使用。

g. M 型車刀

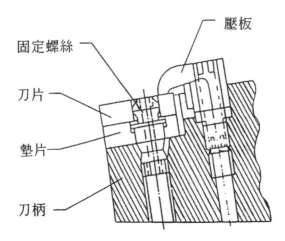

此種夾緊方式係由兩種以上之夾緊方式所組合成，可說是集 P 型與 C 型於一身，此裝置多使用在負角刀把上，刀把上的偏心銷可經由旋轉將刀片夾緊，再利用壓板將刀片由上往下夾緊，如此採大進刀切削時刀片不會因反作用力增大而使刀片隆起，而導致刀刃產生裂痕，所以此種夾緊方式適合應用在粗切削加工之刀把上。

二、刀片形狀

M**T**FNR2525P22

表 8.1

代號	R	S	T	P	H
形狀	○	□	△	⬠	⬡
代號	O	C	D	E	M
形狀	⬡	80°	55°	75°	86°
代號	V	L	A	K	W
形狀	35°	▭	85°	55°	⬠

　　因加工部位之不同及角度的限制，又礙於規格限制，所以在現有條件上設計一個即經濟又符合機械力學原理之刀槽以供按裝刀片使用。上列編號如 "H" 者為使用六角形刀片………等。

三、刀柄形狀 (刀柄切入角)

MT**F**NR2525P22

表 8.2

代號	A	D	G	P	V	Y
形狀	90°	45°	90°	62.5°	72.5°	80°
代號	B	E	J	L	Q	U	Z
形狀	75°	60°	93°	95°	45°	93°	93°
代號	C	F	K	N	S	X	
形狀	90°	90°	75°	63°	45°	100°	

　　由於加工形狀千變萬化，為適合各種切削角度，所以製造不同切削角度之刀把供不同部位加工使用。

四、刀片間隙角 (刀片逃角)

MTF**N**R2525P22

表 8.3

代號	A	B	C	D	E
間隙角	$\theta = 3°$	$\theta = 5°$	$\theta = 7°$	$\theta = 15°$	$\theta = 20°$
代號	F	G	N	P	
間隙角	$\theta = 25°$	$\theta = 30°$	$\theta = 0°$	$\theta = 11°$	$\theta =$

　　因配合粗加工或精加工之實際需要，故設計正角刀把與負角刀把兩大類供粗、精加工使用，一般粗加工選用負角刀把而精加工選用正角刀把。間隙角越大越銳利，適用於精車削，但不適用於粗加工大進刀。

五、切削方向

MTFN**R**2525P22

表 8.4

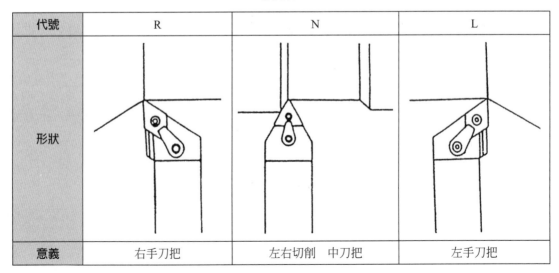

代號	R	N	L
形狀			
意義	右手刀把	左右切削　中刀把	左手刀把

被加工工件因有不同方向之部位須要加工，故須要選擇不同切削方向的刀把來配合加工。通常刀具由右邊往左加工者稱 " 右手車刀 "，可兩邊切削加工者俗稱 " 中車刀 " 由左邊往右加工者稱 " 左手車刀 " 亦即依切削方向的指向來區分之，一般常使用的刀具爲右手車刀。

六、刀柄高度

因爲數值控制車床刀塔製造時採用 ISO 規格，所以刀具於設計製造時亦採用 ISO 規格，如此才能正確的配合使用。刀柄的高度對切削加工有很大的影響，尤其在大進刀深切削時會產生很大的抵抗力，爲抵消此抗力需增加刀柄之高度。如下 (表 8.5)

MTFNR2525P22

七、刀柄寬度

通常刀把斷面爲正方形，目前一般 #2 車床使用 20×20 mm 柄之車刀，#3 車床使用 25×25mm 柄之車刀把，亦有例外者。馬力越大選用刀柄越粗。如下 (表 8.6)

MTFNR2525P22

表 8.5

刀柄寬 (b)				
16	20	25	32	40

表 8.6

刀柄高 (h)				
16	20	25	32	40

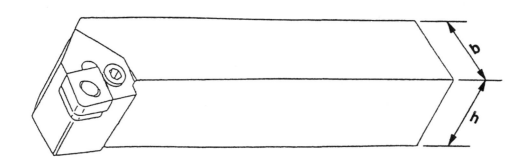

八、刀柄長度

刀具於設計製造時採用 ISO 規格，刀柄伸出長度須與柄徑或斷面成一定之比例，若違背此原理，刀具於切削加工時會因為撓度關係，而使得加工面不盡理想。

ＭＴＦＮＲ２５２５■２２

表 8.7

(mm)

代號	A	B	C	D	E	F	G	H
長度	32	40	50	60	70	80	90	100
代號	J	K	L	M	N	P	Q	R
長度	110	125	140	150	160	170	180	200
代號	S	T	U	V	W	Y		
長度	250	300	350	400	450	500		

※ 長度標示尺寸係由刀尖至刀柄末端之長度表示。

九、切削緣長度

ＭＴＦＮＲ２５２５Ｐ■■

表 8.8

代號	H	O	P	R	S
標註位置					
代號	T	L	A、B、K	CDEMV	W
標註位置					

此處乃指刀片上切刀長度，一般一片刀片因切削馬力及機械性能與刀柄剛性之關係很少使用刀刃全長作切削。

十、刀把之正負角度

表 8.9

	正角刀把形狀	負角刀把形狀
應用例		
刀片形狀		
記號	P	N
區分	單面使用	雙面使用

　　正角刀片因刀片側設有逃角以致於只能單面使用。又因刀片強度弱故適合切削鋁合金及軟鋼等材料，所以適於輕切削和精加工。負角刀片因為刀片側面沒有間隙角所以可以雙面使用，又因刀片強度高故適合一般粗加工重切削工作。每片使用次數增加亦即提高刀片之使用經濟效益，降低生產成本。

8.3　刀片編號

　　刀片是決定刀具切削效率的重要元件，為能承受高溫及切削力，因此需要有足夠韌度及硬度來抵抗破損及磨耗。

　　刀片編號用以辨識刀片之形狀、尺寸、精度及切削方向以配合刀柄使用。使刀具管理更為容易與便利。

　　刀片規格 TNMG160408ER 規格內各代字意義說明如下。

T	N	M	G	16	04	08	E	R
刀片形狀	刀片間隙角	刀片精度	刀片型式	切削緣長度	刀片厚度	刀鼻尺寸	切削邊特徵	切削方向

一、刀片形狀

刀片為配合刀把型式因而設計各種形狀以作配合，如六角形刀片以英文字母 "H" 來表示……等。其中 H、O、P、L、S 型刀片多用在銑刀上。T 型常使用在精加工刀具上。C、D、E、F、M、W 者常使用在內、外徑加工上。V 型刀片使用於仿削車刀上。A、B、K 常使用在粗車刀上。R 則設計成圓鼻車刀片。刀片形狀標示與 (表 8.1) 同。

TNMG160408ER

二、刀片間隙角 (刀片逃角)

刀片為配合切削各種不同被削材之材質，因而設計各種不同的間隙角以便利切削工作如刀片逃角為三度者以英文字母 "A" 來表示……等。切削難加工材料時宜選用較小間隙角者。刀片間隙角標示與 (表 8.3) 同。

T**N**MG160408ER

三、刀片精度

TN**M**G160408ER

表 8.10

代號	m 部位	s 部位	d 部位	代號	m 部位	s 部位	d 部位
A	±0.005	±0.025	±0.025	J	±0.005	±0.025	由 ±0.05 至 ±0.13
C	±0.013	±0.025	±0.025	K	±0.013	±0.025	由 ±0.05 至 ±0.13
E	±0.025	±0.025	±0.025	L	±0.025	±0.025	由 ±0.05 至 ±0.13
F	±0.005	±0.025	±0.013	M	由 ±0.08 至 ±0.18	±0.13	由 ±0.05 至 ±0.13
G,	±0.025	±0.13	±0.025	U	由 ±0.13 至 ±0.38	±0.13	由 ±0.08 至 ±0.25
H	±0.013	±0.025	±0.013				

數值控制車床製作高精度工件必須要高精度刀具來配合使用，才能達到品質穩定的需求。捨棄式車刀片使用鈍化後即丟棄，若無公差予以規範會導致裝置後不穩固或不對中心，如此影響加工品質及效率。

四、刀片型式

TNM**G**160408ER

表 8.11

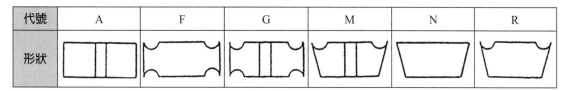

代號	A	F	G	M	N	R
形狀						

刀片為配合刀把型式而設計各種形狀以作配合，如圖刀片中央設有銷孔者以英文字母 "A" 來表示……等。其中 A、F、G 者為兩面使用。

五、切削緣長度

刀片因形狀之不同而有不同的切邊長度，例如刀片切邊長度為 9.525mm 者以縮寫 "09" 來表示……等。總之與刀柄編號相同的刀片才可以選用。刀片切削緣長度標示與 (表 8.8) 同。

TNMG**16**0408ER

六、刀片厚度

TNMG16**04**08ER

表 8.12

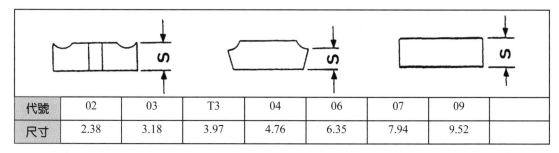

代號	02	03	T3	04	06	07	09	
尺寸	2.38	3.18	3.97	4.76	6.35	7.94	9.52	

刀片因刀把之不同而有不同的厚度，其標註範圍由刀尖至對邊底為止，如刀片厚度為 2.38mm 者以縮寫 "02" 來表示……等。

七、刀鼻尺寸

TNMG1604**08**ER

表 8.13

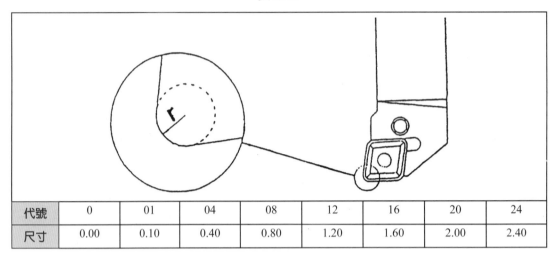

代號	0	01	04	08	12	16	20	24
尺寸	0.00	0.10	0.40	0.80	1.20	1.60	2.00	2.40

　　刀片因切削狀態之不同而有不同的選擇，如刀片刀鼻半徑為 0.8mm 者以縮寫 "08" 來表示……等。但是在刀具不同材質時因切削速度、加工種類、粗糙度之不同，所以須選用適當之刀鼻做切削加工。

表 8.14　刀鼻選用參考表

切削材質	切削速度	加工種類	參考選用刀鼻
超硬合金	V=60 ～ 120m/min	粗加工；精加工	0.8 ～ 1.2；0.4 ～ 0.8
被覆膜	V=100 ～ 180m/mim	粗加工；精加工	0.8 ～ 1.2；0.4 ～ 0.8
陶瓷	V=150 ～ 500m/min V=500 ～ 100m/min	粗加工；精加工	1.2 ～ 1.6；0.4 ～ 0.8
瓷金	V=100 ～ 200m/min V=150 ～ 300m/min	粗加工；精加工	1.2 ～ 2.0；0.4 ～ 0.8

八、切削邊特徵

TNMG160408 E R

表 8.15

代號	F	E	T	S
形狀				

因加工形態不同而有不同切刃的狀態，如屬於輕切削高光度之加工，可選用 F、E 記號之刀片，中、重切削可選用 T、S 記號之刀片。刀片切邊設計為尖角者以英文字母 "F" 來表示……等。

九、刀片切削方向

右手切削方向之刀把須要右手切削方向之刀片配合使用。左手刀把須左手刀片配合使用。至於如何識別左、右手刀片可由破屑槽位置來辨別。破屑槽位於左邊者為右手刀片，破屑槽位於右邊者為左手刀片。刀片全緣都為破屑槽者可左右切削都使用在負角刀把上。

TNMG160408E R

左手刀片	右手刀片	全緣為破屑槽

8.4 刀具選擇要領

『工欲善其事，必先利其器』一般傳統車床於加工前都必須磨利工具以便切削並希望達到所需之光度。但數值控制車床所使用之刀具皆為捨棄式工具，雖然不須研磨但是必須慎選工具，因為在加工時操作者無法一直監視著工具，所以必須在加工前先妥善規劃加工計劃並同時選擇適當的切削工具。但選用刀具前必須先瞭解刀具之規格及其代號之意義，才不會因選用不當而影響加工。至於應如何選擇適當之刀片經過以上說明，應了解刀柄編號之二項(刀片形狀)、四項(刀片間隙角)、五項(切削方向)、九項(切削長度)記號即告訴我們應選用何種刀片來配合。以下提供一個刀具選擇表供學者參考……。

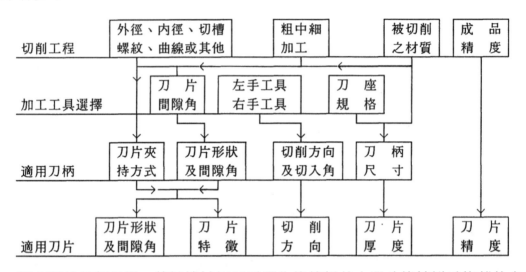

現在科技日新月異，傳統機械加以電腦化後使得其由單功能轉變為複雜的多功能，在切削理念中亦須稍作調整以符合電腦數值控制機械之實際應用。於切削技術上，目前數控機械電腦內已經可以儲存很多切削刀具之各種相關資料，供操作者依不同的加工需求及加工情況選擇所需之刀具，電腦還可依照操作人員所輸入之工作圖形與所選用之刀具作加工模擬，並將結果顯示，告知操作人員，使得在未加工前就可清楚明白加工後工作物之型狀及工具路徑，目前市面上所謂的 " 對答式數值控制機械 " 即是具備此種功能者；如發那科公司之 OTF、10TF、15TF 車床。捨棄式刀具的選用理念中最重要的是要能正確的選擇刀具並能診斷刀具的切削能力，並選用正確的刀片將切削力及化學性質的不利影響降至最低，為刀具管理上最重要的觀念。機械加工的好與壞，完全取決於刀具選擇的是否適當；而其中包含著刀具性質及刀片設計等種種因素，因前者決定切削速度而後者影響進給率，這兩種因素直接影響我們的工件光度及精度與加工成本。所以要降低成本或提高效率時切削速度、進刀深度及進給率，在刀具選用上必須作全盤的考慮和周全的計劃。如何根據加工之需求，選擇最適當的工具再配合恰當的切削條件，是每一位技術人員所要努力去做的，如此必能發揮工具使用效率又可提高生產力。

自我評量

一、單選題

1. ( ) 車削軟爪內徑時，宜使用下列何種刀具？ ①外徑刀 ②內徑刀 ③牙刀 ④槽刀。

2. ( ) 鑽石車刀用於精車削下列何種材料較適合？ ①鑄鐵 ②鋼料 ③鋁材 ④合金鋼。

3. ( ) 鑽石之耐熱溫度達攝氏 1,000 度以上，其切削速度需達每分鐘 ① 80 ② 100 ③ 120 ④ 200 公尺以上。

4. ( ) 一般億花鑽頭鑽削鋼料，其切削速度宜爲每分鐘 ① 5 ② 10 ③ 20 ④ 40 公尺。

5. ( ) 下列何者不是連續切屑的刀尖積屑之產生原因？ ①刀具斜角太小 ②摩擦係數太大 ③切屑深度太大 ④刀具硬度太高。

6. ( ) 下列何者不是不連續切屑產生條件？ ①低速車削延展性大材料，且車削深度及進刀大 ②車削速度慢 ③車刀斜角小 ④車削延展性大之材料。

7. ( ) "ISO" 規格中，捨棄式外徑車刀把編號 "CSBNR2525M12B"，其中 "R" 係代表 ①刀片夾緊方式 ②刀把車削角度 ③車削進給方式 ④刀把高度。

8. ( ) "ISO" 規格中，捨棄式內徑車刀把編號 "532S-CTFPR16"，其中 "16" 係表示 ①刀片形狀 ②刀片車削邊長度 ③刀把直徑 ④刀把長度。

9. ( ) 刀片編號爲 "TNMG160408L"，其字母 "M" 是表示 ①刀片隙角 ②刀片形狀 ③刀片許可差 ④夾持方式。

10. ( ) 刀片編號爲 "TNMG160408L"，其數字 "04" 是表示 ①刀片厚度 ②刀鼻半徑 ③斷屑槽寬度 ④刀片許可差。

11. ( ) 刀片編號為 "TNMG160408L"，其數字 "08" 是表示　①刀片厚度　②刀鼻半徑　③斷屑槽寬度　④刀片許可差。

12. ( ) 內孔刀桿之編號為 "S25R-MSKNL12"，其字母 "M" 係表示　①刀桿長度　②刀具切入角度　③刀片夾持方式　④刀片許可差。

13. ( ) 內孔刀桿之編號為 "C25R-MSKNL12"，其字母 "S" 係表示　①刀片夾持方式　②刀桿長度　③刀桿材質　④刀片形狀。

14. ( ) 內孔刀桿之編號為 "S25R-MSKNL12"，其字母 "K" 係表示　①刀桿長度　②刀具切入角度　③刀片間隙角　④刀片夾持方式。

15. ( ) 內孔刀桿之編號為 "S25R-MSKNL12"，其字母 "N" 係表示　①刀桿長度　②刀片夾持方式　③刀片間隙角　④刀具切削方向。

16. ( ) 陶瓷刀具燒結溫度一般為攝氏　① 1,200 ～ 1,400　② 1,400 ～ 1,600　③ 1,600 ～ 2,000　④ 2,200 ～ 2,400　度。

17. ( ) 軸承鋼 SUJ2 於熱處理後硬度為 HRc60，以單鋒刀具切削，選用下列那種刀具材料最適當？　①高速鋼　②碳化物　③鑽石　④氮化硼 (CBN) 刀具。

18. ( ) 精車削軟鋼料，選用下列何種刀具較佳？　①鑽石　②氧化鋁陶瓷　③氮化矽陶瓷　④瓷金刀具。

19. ( ) 下列陶瓷刀具中，何者之韌性最低？　①氮化矽系陶瓷　②碳化矽纖維強化陶瓷　③純氧化鋁陶瓷　④添加碳化鈦氧化鋁陶瓷　刀具。

20. ( ) 下列陶瓷刀具中，何者之韌性最高？　①氮化矽系陶瓷　②碳化矽纖維強化陶瓷　③純氧化鋁陶瓷　④添加碳化鈦氧化鋁陶瓷　刀具。

21. ( ) 瓷金刀片採用粉末冶金法製造，使用　①釩　②鎘　③鎳　④鉍　為結合劑。

22. ( ) 下列最合適精車削鈦合金的刀具為　① P10 超硬　②碳化鈦被覆　③碳化鈦瓷金　④鑽石　刀具。

23. ( ) 無孔型捨棄式刀片，其固定於刀柄上的方法是　①槓桿固定　②螺紋固定　③壓板固定　④槓桿及壓板同時固定。

24. ( ) 重車削時，刀具之刀尖角度最好選擇　① 15　② 35　③ 55　④ 80　度。

25. ( ) 刀具採用負斜角之主要目的為　①所需切削力較小　②為使切屑變厚　③刀具強度較高　④獲得工件表面粗糙度較佳。

26. ( ) 下列四種刀具材料中，何者硬度最高？　①燒結高速鋼　②碳化物　③史斗鉻鈷合金　④多晶鑽石 (PCD)　刀具。

27. ( ) 碳化物超硬刀具中，K 類其基本材料組成為　① WC-Co　② WC-TaC-Co　③ WC-TiC-TaC-Co　④ WC-VC-Co。

28. ( ) 下列四種刀具材料中，何者硬度最高？　①燒結高速鋼　②氧化鋁－碳化鈦系陶瓷　③氮化硼 (CBN)　④ P01 超硬刀具。

29. ( ) 重車削時，刀具之車削角度最好選擇　① 85　② 55　③ 35　④ 15　度。

30. ( ) 鑄鐵一般使用 "K" 類的刀片來車削，則編號　① K01　② K10　③ K15　④ K30　之硬度為最高。

31. ( ) 鑄鐵一般使用 "K" 類的刀片作車削，則編號　① K01　② K10　③ K15　④ K30　之韌性較佳。

32. ( ) 超硬刀片 M 類，是在碳化鎢 - 碳化鈦 - 鈷中添加　①碳化矽　②碳化釩　③碳化鉭　④碳化鐵。

33. ( ) 超硬刀片 P 類，是在碳化鎢 - 鈷中添加　①碳化矽　②碳化釩　③碳化鐵　④碳化鈦。

34. ( ) 超硬刀片中之碳化鉭含量較多時，會降低　①高溫硬度　②常溫硬度　③常溫韌性　④高溫韌性。

35. ( ) 超硬刀片中之碳化鈦含量較多時，會降低　①高溫硬度　②常溫硬度　③常溫韌性　④高溫韌性。

36. ( ) 若將原採用高 25mm 的刀把，改以 16mm 的刀把代替，其餘 9mm 使用墊片加高，則其車削能力 ①相同 ②較弱 ③較強 ④無關。

37. ( ) 鋼鐵材料一般使用 "P" 類的刀片來車削，則編號 ① P01 ② P10 ③ P20 ④ P35 之韌性較佳。

38. ( ) 鑽石車刀用於車削，下列何種材料較適合？ ①鑄鐵 ②碳鋼 ③鋁合金 ④合金鋼。

39. ( ) 鏡面加工鋁合金最理想的刀具為 ①碳化鎢超硬 ②氮化鈦被覆 ③立方晶氮化硼 ④單晶鑽石刀具。

40. ( ) 刀片形狀中 "K" 為 55°、"S" 為 90°、"T" 為 60°，選擇最佳切削強度之順序是 ①K、S、T ②S、T、K ③T、K、S ④T、S、K。

41. ( ) "P" 類碳化物刀具較適用於車削 ①鑄鐵 ②鋁合金 ③鑄鋼 ④碳鋼。

42. ( ) 捨棄式外徑車刀柄規格代號中之第一位代號，係表示 ①固定方式 ②刀片形狀 ③柄長 ④柄厚。

43. ( ) 外徑刀柄之編號為 "MSBNR2525K12"，第一字母係表示 ①刀片形狀 ②刀片鎖定於刀柄上的方式 ③切邊角度 ④刀柄長度。

44. ( ) 外徑刀柄之編號為 "MVQNR2020M12"，第二字母係表示 ①刀片形狀 ②刀片鎖定於刀柄上的方式 ③切邊角度 ④刀柄長度。

45. ( ) "ISO" 規格中，捨棄式外徑車刀柄規格代號中之第二位代號係表示 ①柄長 ②柄厚 ③刀片固定方式 ④刀片形狀。

46. ( ) 刀片編號為 "TNMG160408L"，其字母 "T" 是表示 ①刀片間隙角 ②刀片形狀 ③刀片許可差 ④斷屑槽形狀。

47. ( ) 刀片之編號 "SNMM120408"，其中 "S" 表示 ①四方形 ②三角形 ③菱形 ④圓形。

48. ( ) 捨棄式外徑車刀柄，其編號中之第一位代號為 "S"，則表示固定刀片的方式是採用 ①頂壓式 ②槓桿式 ③螺紋式 ④槓桿及頂壓式。

49. ( ) 刀柄規格中，夾持刀片之編號 "P" 係表示　①中央偏心梢　②壓板　③中心螺紋　④楔型　鎖緊式。

50. ( ) 刀柄規格中，夾持刀片之編號 "W" 係表示　①偏心梢　②壓板　③複合式　④楔型　鎖緊式。

51. ( ) 刀柄規格中，夾持刀片之編號 "M" 係表示　①偏心梢　②壓板　③複合式　④楔型　鎖緊式。

52. ( ) "ISO" 規格中，捨棄式外徑車刀把編號 "CSBNR2525M12B"，其中 "C" 代表車刀片夾持鎖緊方式為　①壓板　②槓桿　③楔型　④中心螺紋　鎖緊式。

53. ( ) 下列何者較適合同時使用於粗削端面及外徑之刀片？　①菱形 55 度　②三角形　③菱形 35 度　④菱形 80 度。

54. ( ) 下列刀具，何者韌性最高？　①鑽石　②瓷金　③碳化物超硬　④高速鋼　刀具。

55. ( ) 鑽石車刀因耐磨耗性佳，但脆性極高，一般用於　①粗　②精　③斷續　④粗重　車削。

56. ( ) 氧化鋁陶瓷刀具，硬度極高，但脆性大，故一般刀把之斜角常製成　① 5 ～ 7　② 9 ～ 11　③ -5 ～ -7　④ -9 ～ -11　度。

57. ( ) 陶瓷刀具之紅硬性高，其軟化溫度約為攝氏　① 600　② 900　③ 1,100　④ 1,500　度。

58. ( ) 下列四種刀具材料中，何者軟化溫度最低？　①高速鋼　②立方晶氮化硼　③史斗鉻鈷合金　④碳化物超硬　刀具。

59. ( ) 下列四種刀具材料中，何者軟化溫度最高？　①高速鋼　②高碳鋼　③史斗鉻鈷合金　④碳化物超硬　刀具。

60. ( ) 下列刀具材料中，何者之導熱率最高？　①碳化鎢超硬　②氮化鈦瓷金　③氧化鋁陶瓷　④高速鋼　刀具。

61. ( ) 下列刀具材料中何者之導熱率最低？ ①碳化鎢超硬 ②氮化鈦瓷金 ③氧化鋁陶瓷 ④高速鋼 刀具。

62. ( ) 下列刀具材料中何者耐氧化性最高？ ①氧化鋁陶瓷 ②碳化鎢超硬 ③氮化鈦瓷金 ④碳化鈦瓷金 刀具。

63. ( ) 評估切削材料難易的程度，通常以何種材質作為標準？ ①純鋁 ②石墨鑄鐵 ③易削鋼 ④不銹鋼。

64. ( ) 切削熱之主要來源中，切屑與刀面摩擦所產生之熱，約佔總熱源之 ① 10% ② 30% ③ 60% ④ 90%。

65. ( ) TNMG160408HS 刀片，此刀片之形狀為 ①圓形 ②正四角形 ③ 35° 尖 V 形 ④正三角形。

66. ( ) 對積屑刃口 (B.U.E) 之敘述，下列何者為非？ ①是切屑熔著於刀面上 ②使工件加工面光度劣化 ③保護車刀刀口 ④不影響尺寸精度。

67. ( ) 切削時，其產生之切削熱，大部分都留在 ①切屑 ②工件 ③刀具 ④頂心。

68. ( ) 具有優異之冷卻作用，而潤滑效果亦佳的切削劑是 ①礦物油 ②乳化油 ③動物油 ④植物油。

69. ( ) 下列何種為水溶性切削劑？ ①礦物油 ②植物油 ③動物油 ④乳化油。

70. ( ) 車削鑄鋼工件時，選用最佳的切削劑為 ①豬油 ②硫化油 ③乳化油 ④媒油。

71. ( ) 選用切削劑，是以下列何者為主要考慮因素？ ①車削深度 ②工件大、小 ③工件材質 ④進給量。

72. ( ) 鑽削下列何種材質時鑽頭宜磨較小鑽唇間隙角？ ①鑄鐵 ②一般鋼料 ③合金鋼、不銹鋼 ④青、黃銅。

73. ( ) 決定鑽孔後之形狀及正確的尺度的最大因素為　①鑽頭切邊　②鑽柄　③鑽槽　④鑽頂。

74. ( ) 採用負斜角的捨棄式車刀桿，使用方形刀片，其車削刃口可使用　① 2　② 4　③ 6　④ 8　次。

75. ( ) 粗車削毛胚鑄件，下列選擇何者較不正確？　①較大進刀深度　②較高切削速度　③選用 K30 刀片　④採用被覆氧化鋁刀片。

76. ( ) 電腦數值控制車床粗車削合金鋼，宜選用下列何種材質的車刀？　①高速鋼　②碳化物　③燒結高速鋼　④鑽石刀具。

77. ( ) 碳化物超硬刀具切削以下材料，何者可選用較大之切削速度？　①軟鋼　②鑄鐵　③不銹鋼　④鋁合金。

78. ( ) 切削性較不受切削劑影響之材料為　①快削黃銅　②低碳鋼　③不銹鋼　④高碳鋼。

79. ( ) 切槽時，產生震動的原因是　①車刀沒有夾緊　②工作物夾得太緊　③車刀夾得太短　④切斷部份靠近夾頭。

80. ( ) 車削下列何種材料，刀具不需斷屑槽之材料為？　①碳鋼　②鑄鐵　③銅合金　④鋁合金。

81. ( ) 切削鑄鐵之黑胚面或碳鋼之銲切面時，除應減低切削速度之外，同時要採用　①小切削深度小進給率　②小切削深度大進給率　③大切削深度大進給率　④大切削深度小進給率。

82. ( ) 下列刀具材料何者較不適於斷續車削？　①被覆碳化鈦之碳化物　②碳化物　③陶瓷　④高速鋼。

83. ( ) 刀具之切邊角會影響切屑之　①厚度　②深度　③重量　④溫度。

84. ( ) 車削一般鑄鐵時，車刀之後斜角約為　① 2 度至 5 度　② 6 度至 10 度　③ 11 度至 15 度　④ 16 度至 20 度。

85. ( ) 捨棄式碳化物車削刀具，其耐熱溫度可達攝氏　①1,500　②1,000　③500　④300　度。

86. ( ) 鑽削中心孔，選擇中心鑽頭尺度大小是依工件之　①直徑　②材質　③長度　④形狀　決定。

87. ( ) 精車削 SKD11 模具圓鋼，最佳之刀具材質為　①高速鋼　②氮化硼　③碳化物　④陶瓷。

88. ( ) 車削圓桿選用刀具材料，切削速度最高者為　①碳化物　②陶瓷　③鑽石　④氮化硼。

89. ( ) 精車削延性材料，若切屑成長條捲狀而無法斷屑應　①提高主軸轉數　②提高進給量　③加大切削深度　④選用適當斷屑器。

90. ( ) 車削外圓弧時，產生過切削現象而形成錐面，宜　①修改刀具磨耗之補償值　②修改刀鼻半徑之補償值　③更換合適刀具　④改變刀具固定方式。

二、複選題

91. ( ) 國際標準組織的電腦數值控制車床標準刀具之刀柄規格有　①10mm　②20mm　③25mm　④35mm。

92. ( ) 配置車刀的順序應依照　①刀塔狀況　②加工程式　③工件形狀　④工件材質。

93. ( ) 碳化鎢刀具切削以下材料，下列那二者可選用較快之切削速度？　①中碳鋼　②鋁合金　③青銅　④不銹鋼。

94. ( ) 刀鼻半徑大小的選擇應依何者來決定　①機台規格大小　②刀片大小　③進給率　④工件表面粗糙度。

95. ( ) 粗車削鑄鐵工件，選用下列何二者刀具材質較適宜　①K30　②K40　③P01　④M10。

96. （ ） 積屑刃口對切削作用下列何者有影響 　①加工面更光滑 　②不影響刀具壽命 　③使工件尺寸精度不易控制 　④切削阻力增大。

97. （ ） 車刀斷屑裝置依刀具結構可分為 　①磨成式 　②夾置式 　③偏心式 　④模壓式。

98. （ ） 非鐵鑄合金之主要成分含有下列那幾種？ 　①矽 　②鉻 　③鈷 　④鎢。

99. （ ） 碳化物刀具，以切削材料性質可分為 　①Ｐ系列 　②Ｓ系列 　③Ｋ系列 　④Ｍ系列。

100. （ ） 碳化物刀具編號中，數字愈小適用於 　①高速精密切削，耐磨性愈強 　②高速精密切削，耐磨性愈弱 　③高速精密切削，切削速度愈高 　④低速精密切削，靭性愈高。

101. （ ） 鑽石刀具的切削性能，下列何者正確？ 　①適合切削碳鋼材料 　②鑽石材質非常脆硬 　③鑽石刀具適合切削鋁合金 　④鑽石惰性化學結構容易受其它化學物質侵蝕。

102. （ ） P10碳化鎢刀具的特性，下列何者正確？ 　①切削速度增高 　②刀具靭性增大 　③刀具耐磨性增加 　④適合粗加工刀具材質。

103. （ ） 泰勒氏刀具壽命方程式和下列那些項目為主要關係 　①切削速度 　②刀具形狀 　③實際切削時間 　④刀具裝置狀態。

104. （ ） 下列何者會影響電腦數值控制車床加工精度 　①將絕對程式設計改變為增量程式設計 　②正確選擇車刀類型 　③刀尖中心高度的誤差 　④減少刀鼻半徑對加工的影響。

答案

1.(2)	2.(3)	3.(4)	4.(3)	5.(4)	6.(4)	7.(3)	8.(2)	9.(3)	10.(1)
11.(2)	12.(3)	13.(4)	14.(2)	15.(3)	16.(3)	17.(4)	18.(4)	19.(3)	20.(2)
21.(3)	22.(4)	23.(3)	24.(4)	25.(3)	26.(4)	27.(1)	28.(3)	29.(1)	30.(1)
31.(4)	32.(3)	33.(4)	34.(3)	35.(3)	36.(2)	37.(4)	38.(3)	39.(4)	40.(2)
41.(4)	42.(1)	43.(2)	44.(1)	45.(4)	46.(2)	47.(1)	48.(3)	49.(1)	50.(4)
51.(3)	52.(1)	53.(4)	54.(4)	55.(2)	56.(3)	57.(3)	58.(1)	59.(4)	60.(4)
61.(3)	62.(1)	63.(3)	64.(2)	65.(4)	66.(4)	67.(1)	68.(2)	69.(4)	70.(3)
71.(3)	72.(4)	73.(1)	74.(4)	75.(2)	76.(2)	77.(4)	78.(1)	79.(1)	80.(2)
81.(4)	82.(3)	83.(1)	84.(1)	85.(2)	86.(1)	87.(2)	88.(3)	89.(4)	90.(3)
91.(23)	92.(123)	93.(23)	94.(34)	95.(12)	96.(34)	97.(124)	98.(234)	99.(134)	100.(13)
101.(23)	102.(13)	103.(13)	104.(23)						

9 Chapter

刀尖補償

刀具在切削加工時，其切削工作全賴刀尖來完成，所以刀尖於加工中扮演著極重要的角色。為使工件表面光度佳，又能使工具壽命增長，故刀尖皆製造成圓弧狀。

除自動刀尖補償機能可使用以外，刀鼻計算及餘料切削的程式，亦可在編輯程式時直接先在工具路徑程式中加以補償修正後再製成 NC 程式。

程式中指令點與工具實際切削刀尖點是不相同的。因程式指令點為程式編輯時之路徑座標值，而切削點為工具實際與工件發生接觸之點。如 (圖 9-1a) 所示

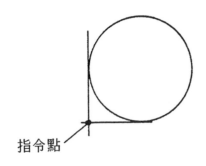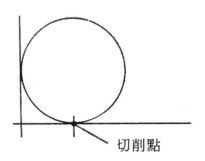

指令點　　　　　　　　　　　　　　　　　　切削點

圖 9-1a

圓鼻刀尖於錐度及圓弧切削時會產生切削不足或過切之現象，為防止此現象發生即必須作刀尖補償，依照補償計算之數值來編寫程式，才能正確的做出製品來。各部位之實際切削狀態如下所示。

9.1 端面切削的補償

端面切削，若以 X0Z0 為程式指令點時則產生切削不良之狀況，於端面中心處會產生尖突狀 (圖 9.1b)，必須經過刀尖補償後才能得到完善的加工面。如 (圖 9.1c)

未作補償程式例　　　　　　　　　　已作補償程式例

設刀鼻半徑為 0.4mm

G01X0F0.1；　　　　　　　　　　　G01X-0.8F0.1；

刀具狀態；

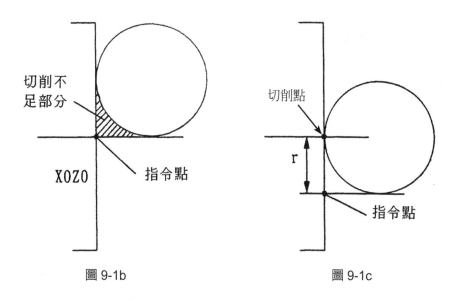

圖 9-1b   圖 9-1c

9.2　外徑及肩部加工之補償

　　肩部加工若依工作圖上實際尺寸編寫程式則不會產生切削不足之現象。如圖 9.2 所示。

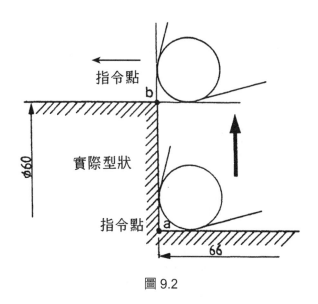

圖 9.2

程式說明例：

　　Z-66.0；·································a
　　X60.0；·································b

9.3 　錐度加工之補償

1. 錐度加工若依工作圖上實際尺寸編寫程式則會產生切削不足之部分。如下圖：

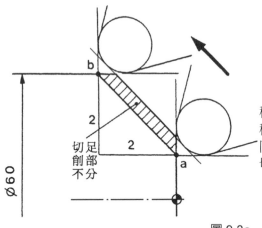

程式中的指令點由 a. 移動到 b。
程式指令點與實際刀尖切削點不同，所以左圖切削後之形狀，產生切削不足的情形。

圖 9.3a

程式說明例：（無補償）

 X56.0Z0 ;······························a

 X60.0Z-2.0 ;·························b

2. 錐度殘餘量的去除

 各軸需做適當的補償才能將多餘的殘餘量除去。計算式如下。

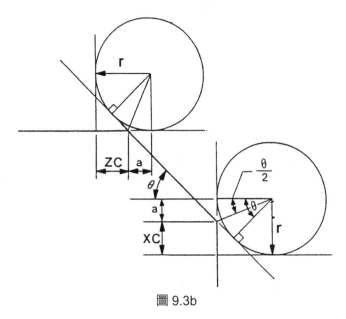

圖 9.3b

x 軸補償量   z 軸補償量

$Xc = Zc \times \tan\theta = r \times [1-(\tan\theta/2)] \times \tan\theta$ $Zc = r-a = r-r(\tan\theta/2) = r(1-\tan\theta/2)$

　　切削後產生切削量不足，是因爲其加工程式的設計，完全依照工作圖上公稱尺寸來編寫，而加工程式內各座標值，並末考慮到刀尖補償的問題，所以加工之後的工件尺寸與實際要求的型狀尺寸會有所出入。

　　經補償後之程式路徑如下：

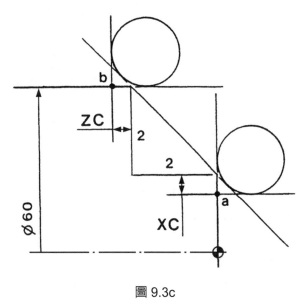

圖 9.3c

　　補償後座標值例：

a　　點座標值的實際數值如下：

　　X=60-(2 ＋ XC) ×2

　　Z=0

b　　點座標值的實際數值如下：

　　X=60

　　Z=-2-ZC

　　倒角程式例：

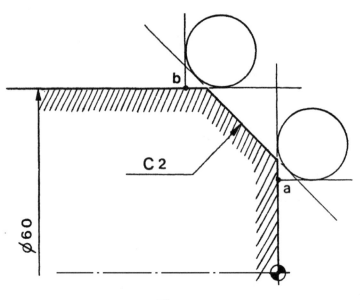

圖 9.3d

上圖指令點的移動需考慮 Xc、Zc 之補償量。

刀鼻半徑 0.4mm 之補償量 Xc = Zc = 0.234

刀鼻半徑 0.8mm 之補償量 Xc = Zc = 0.4680(請參閱補償一覽表 9.4)

實際倒角量

程式指令點之倒角量＝圖面上倒角量＋刀鼻補償量

刀鼻半徑 r = 0.4mm　　　倒角 c = 2mm

a 點 X = 60 − (2 + Xc)×2 = 55.532　　　　　b 點 X = 60

　　Z = 0　　　　　　　　　　　　　　　　　Z = − 2 − Zc = − 2.234

經補償後程式編寫例：

G01　X55.532Z0 ;······················ a

　　　X60.0Z−2.234 ;···················· b

9.4 錐度切削的補償方向

　　一般外徑加工在切削外徑及肩部時皆不須做刀尖補償，但於斜度切削時須做單一軸向之補償。至於補償方向的辨識與決定，可將工件外型輪廓沿伸與假想刀鼻圓相切，再作與刀鼻假想圓相切之座標軸線，兩軸線的交點即為程式補償之指令點。

補償方向一覽表 (補償方向→)

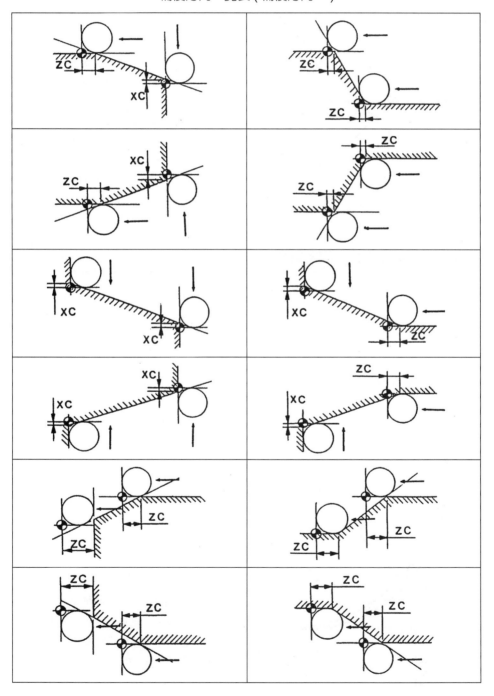

內徑加工補償狀況：

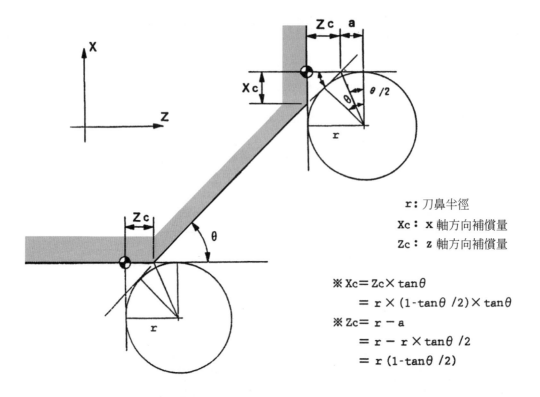

r：刀鼻半徑
Xc：x 軸方向補償量
Zc：z 軸方向補償量

$$※ Xc = Zc \times \tan\theta$$
$$= r \times (1-\tan\theta/2) \times \tan\theta$$
$$※ Zc = r - a$$
$$= r - r \times \tan\theta/2$$
$$= r (1-\tan\theta/2)$$

9.5　圓弧加工之補償

圓弧加工若依工作圖上實際尺寸編寫程式，亦會產生切削不足之現象。為符合要求，所以於編輯程式時，需要先將各交點做補償計算後，在行編寫加工程式。如下圖未經補償之程式 (以圖面尺寸直接指令，一般程式原點設於工件右端面上)

內徑加工補償狀況：

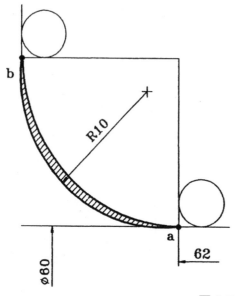

程式中的指令點由 a. 移到 b.。
程式指令點與實際刀尖切削點不同，左圖 (9.5a) 為切削後之型狀，產生切削不足的情形 (斜線部分)。

圖 9.5a

程式例（無補償）

```
G01 X60.0 Z-62.0；……………………a
G02 X80.0 Z-72.0 R10.0；………b
```

指令點的求法

以刀鼻中心至圖面中心之距離為圓弧的指令值。(刀鼻半徑 r = 0.8mm) R = 90mm

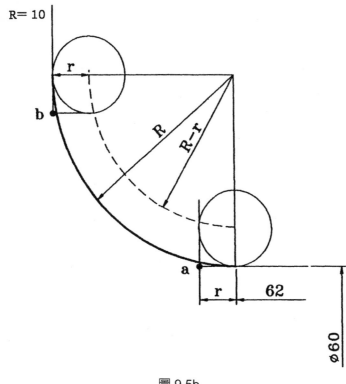

圖 9.5b

程式例說明

a. 座標值的實際數值如下

```
X=60.0
Z=-62-r=-62.0-0.8=-62.8
```

b. 座標值的實際數值如下

```
X=60+2R-(2×r)=60+(2×10)-(2×0.8)=78.4
Z=-62.0-R=-62.0-10=-72.0
R=10-0.8=9.2
```

經補償後程式編寫例：

```
G01 X60.0 Z-62.8；─────────→ a
G02 X78.4 Z-72.0 R9.2；─────→ b
```

9.6 三角形關係的各邊比

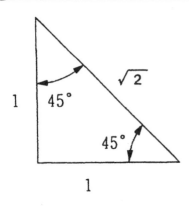 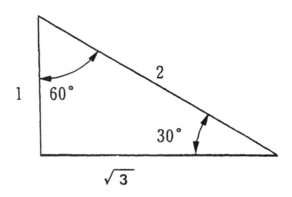

三角函數的定義

直角三角形各邊之關係：

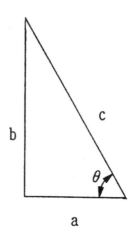

$\sin \theta = b/c$

$\cos \theta = a/c$

$\tan \theta = b/a = \sin \theta / \cos \theta$

$\cot \theta = a/b = \cos \theta / \sin \theta$

$\csc \theta = c/b = 1/\sin \theta$

$\sec \theta = c/a = 1/\cos \theta$

畢氏定理

直角三角形各邊之關係：

$$C^2 = a^2 + b^2$$

三角形的性質

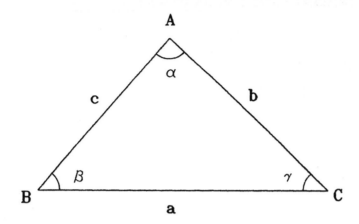

正弦定理

$$\frac{a}{\sin \alpha} = \frac{b}{\sin \beta} = \frac{c}{\sin \gamma} = 2R$$

餘弦定理

$$a^2 = b^2 + c^2 - 2bc \times \cos A$$

R 為 ΔABC 外接圓的半徑。

9.7 交點計算例 (程式實例)

程式設計須以工具指令為編輯依據，以下為刀鼻指令點計算例。(刀鼻半徑 0.4mm) 所有圖例程式原點設於右前端。

計算例一、(外徑 → 圓弧 → 端面 → 圓弧)

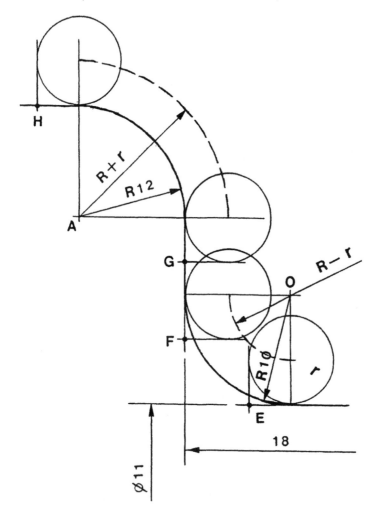

Ex=11

Ez=18-10+r

    =18-10+0.4

    =8.4

Fx=11+2(R-r)

    =11+2(10-0.4)

    =30.2

Fz=18

Gx=62-2(R+r)

    =62-2(12+0.4)

    =62-24.8=37.2

Gz=18

Hx=62

Hz=18+R+r

    =18+12+0.4

    =30.4

計算例二、(外徑 → 圓弧 → 錐度)

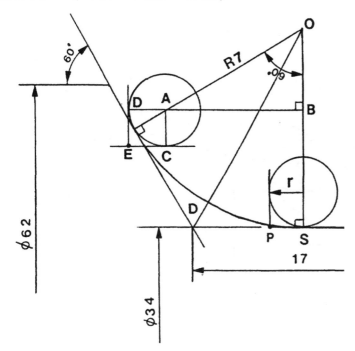

$\overline{OS}=R$

$\overline{DS}=\overline{OS}\tan30°=4.041$

$Px=34$

$Pz=-17+\overline{DS}-r=13.359$

$\overline{OB}=\overline{OA}\times\sin30°=3.3$

$\overline{AB}=\overline{OA}\times\cos30°=5.715$

$Ex=34+2R-2\overline{OB}-2r=40.6$

$Ez=17-\overline{DS}+\overline{AB}+r=19.0746$

計算例三、(外徑 → 錐度)

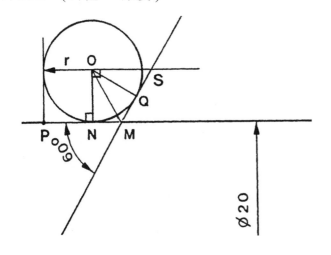

$\overline{MN}=\tan30°\times0.4=0.23$

$Px=20$

$Pz=-20-0.23-0.4=-20.63$

計算例四、(外徑 → 圓弧凹槽)

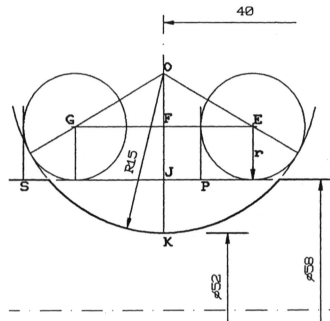

$\overline{JK}=(58-52)12=3$

$\overline{OF}=R-(JK+r)-8.6$

$\overline{OG}=R-r=11.6$

$(\overline{GF})^2=(\overline{OG})^2-(\overline{OF})^2=7.784=\overline{EF}$

$Pz=40-\overline{EF}+r=32.616$

$PX=58.$

$Sz=40+\overline{GF}+r=-48.184$

$Sx=58.$

計算例五、(端面 → 錐度)

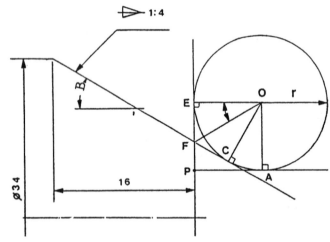

$T=1：4$

$\tan\theta=T$

$\beta=7.125°(\theta/2)$

$Fx=34-4=30$

$\overline{EF}=\tan7.125°×r=0.353$

$\overline{FP}=r-\overline{EF}=0.4-0.353=0.047$

$Px=30-2(\overline{FP})=29.906$

$Pz=0$

計算例六、(圓弧 → 圓弧)

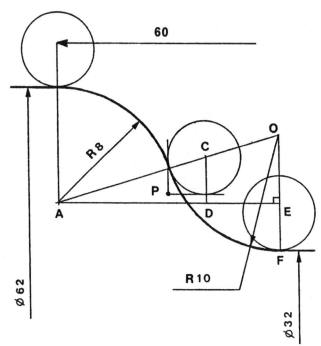

$\overline{EF}-[(62-32)/2-R]=7$

$\overline{OE}=10-7=3$

$\overline{AC}=8+r=8.4$

$\overline{AO}=8+10=18$

$\overline{CD}=(3×8.4)/18=1.4$

$\sin^{-1}\theta=3/18$

$\theta=9.594°$

$\overline{AE}=18×\cos9.594=17.748$

$\overline{AD}=8.4×\cos9.594=8.2825$

$\overline{DE}=\overline{AE}-\overline{AD}=9.465$

$Px=32+7+1=40$

$Pz=60-17.748+9.465+r=52.117$

計算例七、(錐度 → 圓弧 → 外徑)

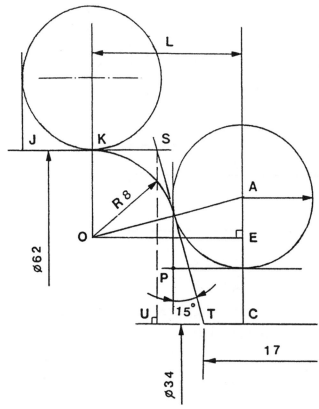

$\overline{SU}=(62-34)/2=14$

$\overline{UT}=\tan15°×14=3.751$

$Sz=17+\overline{UT}=20.751$

$\overline{KS}=\tan37.5°×R=6.138$

$Jx=62$

$Jz=17+\overline{UT}+\overline{KS}+r=27.289$

$\overline{OA}=R+r=8.4$

$\overline{AE}=\sin15°×8.4=2.174$

$\overline{OE}=\cos15°×8.4=8.11$

$Px=62-(2R)+2\ \overline{AE}-2r=49.548$

$Pz=17+\overline{UT}+\overline{KS}-\overline{OE}+r=19.179$

計算例八、(球體 ← 外徑)

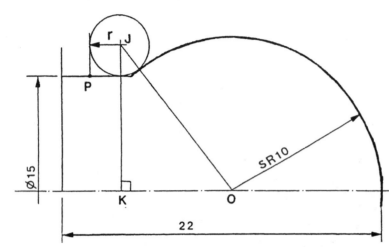

$$\overline{JK}=[(15/2)+0.4]=7.9$$

$$\overline{OJ}=10+0.4=10.4$$

$$\overline{OK}^2=10.4^2-7.9^2$$

$$\overline{OK}=6.763$$

$$Px=15$$

$$Pz=SR+OK+r=17.1638$$

練習 1(材料、其他條件向前，刀鼻半徑 r = 0.4mm)

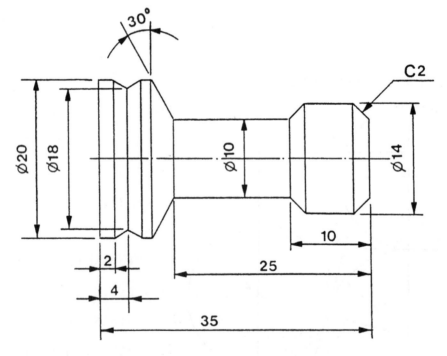

O9001 ; —————————————— 程式編號

N1 G50 S3000 ; ————————— 粗車程式

G96 S200 M03 ; ———————— 切削速度每分鐘 200 公尺、正轉

G00 T0404 ; ————————————— 仿削車刀

G00 X25.0 Z5.0 ;

M08 ;————————————————————— 切削液開

G00 X21.0 Z5.0 ;

G01 Z-35.4 F0.2 ;——————————————— 進給率每轉 0.2mm

G00 X22.0 Z5.0 ;

X18.0 ;

G01 Z-27.2187 ;

G00 X19.0 Z5.0 ;

X15.0 ;

G01 Z-26.3527 ;

G00 X16.0 Z5.0 ;

X12.0 ;

G01 Z-0.8722 ;

G00 X13.0 Z5.0 ;

X9.0 ;

G01 Z0.15 ;

G00 X10.0 Z5.0 ;

X6.0 ;

G01 Z0.15 ;

G00 X7.0 Z5.0 ;

X3.0 ;

G01 Z0.15 ;

G00 X4.0 Z5.0 ;

X0 ;

G01 Z0.15 ;

G00 X16.0 Z0.95 ;

X15.7658 Z-8.2106 ;

G01 X12.0 Z-10.0935 ;

Z-25.4866 ;

G00 X24.0 Z-24.6866 ;

Z5.0 ;

X0.3 Z1.15 ;

Z0.15 ;

G01 X9.9556 ;

X14.6 Z-2.1722 ;

Z-8.6278 ;

X10.6 Z-10.6278 ;

```
Z-25.0825 ;

X20.6 Z-27.9692 ;

Z-29.5298 ;

X18.7298 Z-31.4 ;

X20.6 Z-33.2702 ;

Z-35.4 ;

M09 ;—————————————————————— 切削液關

G00 X100.0 Z100.0 ;—————————————————— 退刀

/M01 ;————————————————————— 暫停、量測補償

N2 G96 S200 M03 ;——————————————— 精車程式

G00 X-0.8 Z5.0 ;

G01 Z0 F0.1 ;

M08 ;

G01 X9.5314 ;

X14.0 Z-2.234 ;

Z-8.5657 ;

X10.0 Z-10.5657 ;

Z-25.1691 ;

X20.0 Z-28.0558 ;

Z-29.4944 ;

X18.0944 Z-31.4 ;

X20.0 Z-33.3056 ;

Z-35.4 ;

U2.0 W1.0 M09 ;————————————————— 切削被關

G00 X100.0 Z100.0 ;

T0400 ;——————————————————————— 工具補償消除

/M01 ;

N03 G00 T0606 ;———————————————— 換切斷刀

G97 S1200 M03 ;——————————————— 轉速固定每分鐘 1200 轉

X26.0 Z-38.0 M08 ;

G01 X0 F0.07 ;

M09 ;

T0600 ;

G00 G28 U0 W0 ;——————————————— 自動原點復歸

M30 ;——————————————————————— 程式終了
```

練習 2

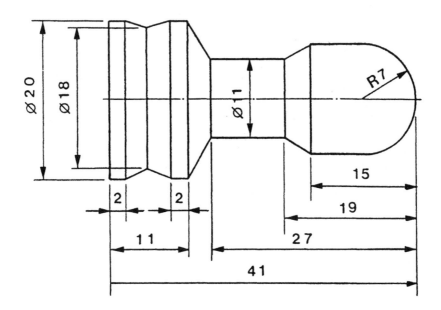

```
O9002；
N01 G50 S3000；
G96 S200 M03；
G00 T0404；
G00X25.0 Z5.0；
M08；
G00 X21.0 Z5.0；
G01 Z-42.4 F0.2；
G00 X22.0 Z5.0；
X18.0；
G01 Z-29.239；
G00 X19.0 Z5.0；
X15.0；
G01 Z-28.239；
G00 X16.0 Z5.0；
X12.0；
G01 Z-3.1645；
G00 X13.0 Z5.0；
X9.0；
G01 Z-1.5315；
```

```
G00 X100.0 Z5.0；
X6.0；
G01 Z-0.5853；
G00 X7.0 Z5.0；
X3.0；
G01 Z-0.0556；
G00 X4.0 Z5.0；
X0；
G01 Z0.1459；
G00 X16.0 Z0.9459；
X15.9492 Z-13.7734；
G01X12.0 Z-19.0388；
Z-27.239；
G00 X24.0 Z-26.439；
Z5.0；
X0.3 Z0.55；
G03 X14.6 Z-7.4 I-0.4 K-7.55；
G01 Z-15.4997；
X11.6 Z-19.4997；
Z-27.1056；
X20.6 Z-30.1056；
Z-32.477；
X18.644 Z-35.9；
X20.6 Z-39.323；
Z-42.4；
U2.0 W1.0；
M09；
G00 X100.0 Z100.0；
/M01；
N02 G96 S200 M03；
G00 X-0.8 Z5.0；M08
G01 Z0 F0.1；
G03 X14.0 Z-7.4 K-7.4；
G01 Z-15.4725；
```

```
X11.0 Z-19.4725；
Z-27.1859；
X20.0Z-30.1859；
Z-32.456；
X18.032 Z-35.9；
X20.0 Z-39.344；
Z-42.4；
U2.0 W1.0；
M09；
G00 X100.0 Z100.0；
T0400；
/M01；
G00 T0606；
G96 S90 M03；
X26.0 Z-44.0 M08；
G01 X0 F0.07；
M09；
T0600；
G00 G28 U0 W0；
M30；
```

練習 3

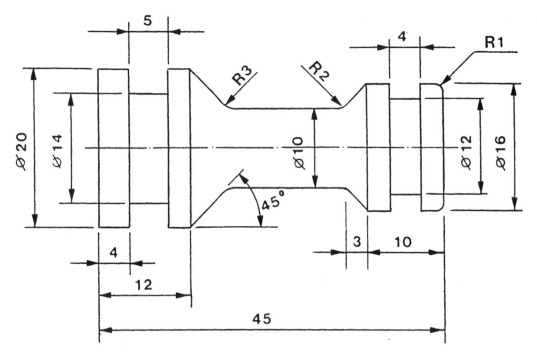

```
O9003；
N1 G50 S3000；
G96 S200 M03；
G00 T0404；
G00 X25.0 Z5.0；
M08；
G00 X21.0 Z5.0；
G01 Z-45.4 F0.2；
G00 X22.0 Z5.0；
X18.0；
G01 Z-31.8722；
G00 X19.0 Z5.0；
X15.0；
G01 Z-0.0436；
G00 X16.0 Z5.0；
X12.0；
G01 Z0.15；
G00 X13.0 Z5.0；
```

```
X9.0；
G01 Z0.15；
G00 X10.0Z5.0；
X6.0；
G01 Z0.15；
G00 X7.0 Z5.0；
X3.0；
G01 Z0.15；
G00 X4.0 Z5.0；
X0；
G01 Z0.15；
G00 X19.0 Z0.95；
X18.7658 Z-9.7106；
G01 X15.0 Z-11.5935；
Z-30.3722；
G00 X15.7658 Z-11.2106；
G01 X12.0 Z-13.0935；
Z-28.8721；
G00 X24.0 Z-28.0721；
Z5.0；
X0.3 Z1.15；
Z0.15；
G01 X13.5；
G03 X16.6 Z-1.4 K-1.55；
G01 Z-10.6278；
X11.4494 Z-13.2031；
G02 X10.6 Z-14.2284 I1.0253 K-1.0253；
G01 Z-27.1574；
G02 X12.0352 Z-28.8898 I2.45；
G01 X20.6 Z-33.1722；
Z-45.4；
U2.0 W1.0；
M09；
G00 X100.0 Z100.0；
```

```
/M01 ;
N2 G96 S200 M03 ;
G00 X0 Z5.0 ;
G01 Z0 F0.1 ;
M08 ;
X-0.8 ;
Z0 ;
G01 X13.2 ;
G03 X16.0 Z-1.4 K-1.4 ;
G01 Z-10.5657 ;
X10.9373 Z-13.0971 ;
G02 X10.0 Z-14.2284 I1.1314 K-1.1314 ;
G01 Z-27.1574 ;
G02 X11.523 Z-28.9958 I2.6 ;
G01 X20.0 Z-33.2343 ;
Z-45.4 ;
U2.0 W1.0 ;
M09 ;
T0400 ;
G00 G28 U0 W0 ;
M01 ;
N3 G50 S1000 ;
G97 S1100 M03 ;
G00 T0606 ;
X20.0 Z-7. ;
M08 ;
G01 X12.0 F0.08 ;
G04 X0.2 ;
G01 X23.0 ;
Z-6.0 ;
X12.0 ;
G04 X0.2 ;
G01 X23.0 ;
Z-41.0 ;
```

```
X14.0;
G04 X0.2;
G01 X23.0;
Z-39.0;
X14.0;
G04 X0.2;
G01 X23.0;
M09;
G00 X100.0 Z100.0;
T0600;
/M01;
N4 G00 T0606;
G97 S1200 M03;
X26.0 Z-48.0 M08;
G01 X0 F0.08;
X23.0 M09;
T0600;
G28 U0 W0;
M30;
%;
```

9.8 刀鼻半徑補償量一覽表

θ	刀鼻R	0.4	0.5	0.8	1.0	1.2	刀鼻R	θ
1°	X	.006921	.008651	.013842	.017303	.020763	Z	89°
	Z	.396509	.495636	.793019	.001273	1.189528	X	
1°30'	X	.010337	.012922	.020675	.025843	.031012	Z	88°30'
	Z	.394764	.493455	.789527	.986909	1.184291	X	
2°	X	.006921	.008651	.013842	.017303	.020763	Z	88°
	Z	.396509	.495636	.793019	.001273	1.189528	X	
2°30'	X	.017083	.021354	.034167	.042708	.051250	Z	87°30'
	Z	.391272	.489090	.782544	.978180	1.173816	X	
3°	X	.020414	.025518	.040828	.051035	.061243	Z	87°
	Z	.389526	.486907	.779051	.973814	1.168577	X	
3°30'	X	.023718	.029647	.047435	.059294	.071153	Z	86°30'
	Z	.387779	.484724	.775558	.969447	1.163337	X	
4°	X	.026994	.033742	.053988	.067485	.080982	Z	86°
	Z	.386032	.482504	.772063	.965079	1.158095	X	
4°30'	X	.030244	.037805	.060488	.075610	.090731	Z	85°30'
	Z	.384284	.480355	.768568	.960710	1.152852	X	
5°	X	.033468	.041834	.066935	.083669	.100403	Z	85°
	Z	.382536	.478170	.765071	.956339	1.147607	X	
5°30'	X	.036666	.045832	.073331	.091664	.109997	Z	84°30'
	Z	.380787	.475983	.761573	.951967	1.142360	X	
6°	X	.039838	.049798	.079677	.099596	.119515	Z	84°
	Z	.379037	.473796	.758074	.947592	1.137111	X	
6°30'	X	.042986	.053733	.085973	.107466	.128959	Z	83°30'
	Z	.377286	.471608	.754573	.943216	1.131859	X	
7°	X	.046110	.057637	.092220	.115275	.138330	Z	83°
	Z	.375535	.469419	.751070	.938837	1.126605	X	
7°30'	X	.049209	.061512	.098419	.123024	.147628	Z	82°30'
	Z	.373783	.467228	.747565	.934457	1.121348	X	
8°	X	.052285	.065357	.104571	.130713	.156856	Z	82°
	Z	.372029	.465037	.744059	.930073	1.116088	X	
8°30'	X	.055338	.069172	.110676	.138345	.166014	Z	81°30'
	Z	.370275	.472844	.740550	.925687	1.110825	X	
9°	X	.058368	.072960	.116735	.145919	.175103	Z	81°
	Z	.368519	.460649	.737039	.921298	1.105558	X	
9°30'	X	.061375	.076719	.122750	.153438	.184125	Z	80°30'
	Z	.366763	.458453	.733525	.916906	1.100288	X	

θ	刀鼻 R	0.4	0.5	0.8	1.0	1.2	刀鼻 R	θ
10°	X	.064306	.080450	.128720	.160900	.193080	Z	80°
	Z	.365005	.456256	.730009	.912511	1.095014	X	
10°30'	X	.067324	.084154	.134647	.168309	.201971	Z	79°30'
	Z	.363245	.454056	.726450	.908113	1.089735	X	
11°	X	.070265	.087832	.140531	.175664	.210796	Z	79°
	Z	.361484	.451855	.722969	.903711	1.084453	X	
11°30'	X	.073186	.091483	.146373	.182966	.219559	Z	78°30'
	Z	.359722	.449653	.719444	.899305	1.079166	X	
12°	X	.076086	.095108	.152173	.190216	.228259	Z	78°
	Z	.357958	.447448	.715917	.894896	1.073875	X	
12°30'	X	.078966	.098708	.157932	.197415	.236898	Z	77°30'
	Z	.356193	.445241	.712386	.890482	1.068579	X	
13°	X	.081826	.102282	.163651	.204564	.245477	Z	77°
	Z	.354426	.443032	.708852	.886064	1.063277	X	
13°30'	X	.084665	.105832	.169331	.211664	.253996	Z	76°30'
	Z	.352657	.440821	.705314	.881642	1.057971	X	
14°	X	.087486	.109357	.174972	.218714	.262457	Z	76°
	Z	.350886	.438608	.701772	.877215	1.052659	X	
14°30'	X	.090287	.112859	.180574	.225717	.270861	Z	75°30'
	Z	.349114	.436392	.698227	.872784	1.047341	X	
15°	X	.093069	.116337	.186138	.232673	.279208	Z	75°
	Z	.347339	.434174	.694678	.868348	1.042017	X	
15°30'	X	.095833	.119791	.191666	.239582	.287499	Z	74°30'
	Z	.345562	.431953	.691125	.863906	1.036687	X	
16°	X	.098578	.123223	.197157	.246446	.295735	Z	74°
	Z	.343784	.429730	.687567	.859459	1.031351	X	
16°30'	X	.101306	.126632	.202612	.253265	.303917	Z	73°30'
	Z	.342003	.427503	.684006	.855007	1.026008	X	
17°	X	.104016	.130019	.208031	.260039	.312047	Z	73°
	Z	.340220	.425274	.680439	.850549	1.020659	X	
17°30'	X	.106708	.133385	.213416	.266770	.320124	Z	72°30'
	Z	.338434	.423043	.676868	.846085	1.015302	X	
18°	X	.109383	.136729	.218766	.273457	.328149	Z	72°
	Z	.336646	.420808	.673292	.841616	1.009939	X	
18°30'	X	.112041	.140052	.224082	.280103	.336124	Z	71°30'
	Z	.334856	.418570	.669712	.837140	1.004568	X	
19°	X	.114683	.143353	.229366	.286707	.344048	Z	71°
	Z	.333063	.416329	.666126	.832657	.999189	X	

θ	刀鼻R	0.4	0.5	0.8	1.0	1.2	刀鼻R	θ
19°30'	X	.117308	.146635	.234616	.293270	.351924	Z	70°30'
	Z	.331267	.414084	.662535	.828169	.993802	X	
20°	X	.119917	.149896	.239834	.299792	.359751	Z	70°
	Z	.329469	.411837	.658938	.823673	.988408	X	
20°30'	X	.122510	.153138	.245020	.306275	.367530	Z	69°30'
	Z	.327668	.409585	.655336	.819171	.983005	X	
21°	X	.125088	.156360	.250175	.312719	.375263	Z	69°
	Z	.325864	.407330	.651729	.814661	.977593	X	
21°30'	X	.127650	.159562	.255299	.319124	.382949	Z	68°30'
	Z	.324058	.405072	.648115	.810144	.972173	X	
22°	X	.130197	.162746	.260393	.325491	.390590	Z	68°
	Z	.322248	.402810	.644496	.805620	.966744	X	
22°30'	X	.132729	.165911	.265457	.331821	.398186	Z	67°30'
	Z	.320435	.400544	.640870	.801088	.961305	X	
23°	X	.135246	.169057	.270492	.338114	.405737	Z	67°
	Z	.318619	.398274	.637238	.796548	.955857	X	
23°30'	X	.137794	.172186	.275497	.344371	.413246	Z	66°30'
	Z	.316800	.396000	.633600	.792000	.950400	X	
24°	X	.140237	.175296	.280474	.350592	.420711	Z	66°
	Z	.314977	.393722	.629955	.787443	.944932	X	
24°30'	X	.142711	.178389	.285423	.356778	.428134	Z	65°30'
	Z	.313151	.391439	.626303	.782879	.939454	X	
25°	X	.145172	.181465	.290344	.362930	.435516	Z	65°
	Z	.311322	.389153	.622644	.778305	.933966	X	
25°30'	X	.147619	.184523	.295238	.369047	.442856	Z	64°30'
	Z	.309489	.386862	.618978	.773723	.928468	X	
26°	X	.150052	.187565	.300105	.375131	.450157	Z	64°
	Z	.307653	.384566	.615305	.769132	.922958	X	
26°30'	X	.152472	.190591	.304945	.381181	.457417	Z	63°30'
	Z	.305813	.382266	.611625	.764531	.917438	X	
27°	X	.154880	.193600	.309759	.387199	.464639	Z	63°
	Z	.303968	.379961	.607937	.759921	.911905	X	
27°30'	X	.157274	.196593	.314548	.393185	.471822	Z	62°30'
	Z	.302121	.377651	.604241	.755302	.906362	X	
28°	X	.159656	.199570	.319312	.399139	.478967	Z	62°
	Z	.300269	.375336	.600538	.750672	.900806	X	
28°30'	X	.162025	.202531	.324050	.405063	.486075	Z	61°30'
	Z	.298413	.373016	.596826	.746032	.895239	X	

θ	刀鼻 R	0.4	0.5	0.8	1.0	1.2	刀鼻 R	θ
29°	X	.164382	.205477	.328764	.410955	.493146	Z	61°
	Z	.296553	.370691	.593106	.741382	.889659	X	
29°30'	X	.166727	.208409	.333454	.416817	.500181	Z	60°30'
	Z	.294689	.368361	.589378	.736722	.884066	X	
30°	X	.169060	.211325	.338120	.422650	.507180	Z	60°
	Z	.292820	.366025	.585641	.732051	.878461	X	
30°30'	X	.171381	.214226	.342762	.428453	.514143	Z	59°30'
	Z	.290947	.363684	.581895	.727369	.872842	X	
31°	X	.173691	.217114	.347382	.434227	.521073	Z	59°
	Z	.289070	.361338	.578140	.722675	.867211	X	
31°30'	X	.175989	.219987	.351978	.439973	.527968	Z	58°30'
	Z	.287188	.358985	.574377	.717971	.861565	X	
32°	X	.178276	.222845	.356553	.445691	.534829	Z	58°
	Z	.285302	.356627	.570604	.713255	.855906	X	
32°30'	X	.180552	.225691	.361105	.451381	.541657	Z	57°30'
	Z	.283411	.354263	.566821	.708527	.850232	X	
33°	X	.182818	.228522	.365635	.457044	.548453	Z	57°
	Z	.281511	.351893	.563029	.703787	.844544	X	
33°30'	X	.185072	.231340	.370144	.462681	.555217	Z	56°30'
	Z	.279614	.349517	.559227	.699034	.838841	X	
34°	X	.187316	.234145	.374632	.468291	.561949	Z	56°
	Z	.277708	.347135	.555415	.694269	.833123	X	
34°30'	X	.189550	.236937	.379100	.473875	.568649	Z	55°30'
	Z	.275797	.344746	.551593	.689492	.827390	X	
35°	X	.191773	.239716	.383546	.479433	.575320	Z	55°
	Z	.273880	.342351	.547761	.684701	.821641	X	
35°30'	X	.193986	.242483	.387973	.484966	.581959	Z	54°30'
	Z	.271959	.339949	.543918	.679897	.815877	X	
36°	X	.196190	.245237	.392380	.490475	.588569	Z	54°
	Z	.270032	.337540	.540064	.675080	.810096	X	
36°30'	X	.198383	.247979	.396767	.495959	.595150	Z	53°30'
	Z	.268100	.335125	.536200	.670249	.804299	X	
37°	X	.200567	.250709	.401135	.501418	.601702	Z	53°
	Z	.266162	.332702	.532324	.665405	.798486	X	
37°30'	X	.202742	.253427	.405484	.506855	.608225	Z	52°30'
	Z	.264218	.330273	.528437	.660546	.792655	X	
38°	X	.204907	.256134	.409814	.512267	.614721	Z	52°
	Z	.262269	.327836	.524538	.655672	.786807	X	

θ	刀鼻 R	0.4	0.5	0.8	1.0	1.2	刀鼻 R	θ
38°30'	X	.207063	.258829	.414126	.517657	.621189	Z	51°30'
	Z	.260314	.325392	.520627	.650784	.780941	X	
39°	X	.209210	.261512	.418420	.523024	.627629	Z	51°
	Z	.258353	.322941	.516705	.645881	.775058	X	
39°30'	X	.211348	.264185	.422696	.528369	.634043	Z	50°30'
	Z	.256385	.320482	.512771	.640963	.769156	X	
40°	X	.213477	.266846	.426954	.533692	.640431	Z	50°
	Z	.254412	.318015	.508824	.636030	.763236	X	
40°30'	X	.215597	.269497	.431195	.538994	.646792	Z	49°30'
	Z	.252432	.315540	.504864	. 631081	.757297	X	
41°	X	.217709	.272137	.435419	.544274	.653128	Z	49°
	Z	.250446	.313058	.500892	.626115	.751338	X	
41°30'	X	.219813	.274766	.439626	.549533	.659439	Z	48°30'
	Z	.248454	.310567	.496907	.621134	.745361	X	
42°	X	.221909	.277386	.443817	.554771	.665726	Z	48°
	Z	.246454	.308068	.492909	.616136	.739363	X	
42°30'	X	.223996	.279995	.447992	.559989	.671987	Z	47°30'
	Z	.244449	.305561	.488897	.611121	.733346	X	
43°	X	.226075	.282594	.452150	.565188	.678225	Z	47°
	Z	.242436	.303045	.484872	.606090	.727307	X	
43°30'	X	.228146	.285183	.456293	.570366	.684439	Z	46°30'
	Z	.240416	.300520	.480832	.601040	.721249	X	
44°	X	.230210	.287763	.460420	.575525	.690630	Z	46°
	Z	.238390	.297987	.476779	.595974	.715169	X	
44°30'	X	.232266	.290233	.464532	.580665	.696798	Z	45°30'
	Z	.236356	.295445	.472711	.590889	.709067	X	
45°	X	.234315	.292893	.468629	.585786	.702944	Z	45°
	Z	.234315	.292893	.468629	.585786	.702944	X	

自我評量

一、單選題

1. ( ) 刀鼻半徑 R 為 0.4，通常車削端面至圓心時，後刀座座標系統其補償值 "X" 應為 ① −0.4 ② 0.4 ③ −0.8 ④ 0.8。

2. ( ) 如下圖所示，$X_1 = 25.0$，$Z_1 = −10.0$，錐度為 $1:10$，與 $X_2 = 28.0$，$Z_2 = 50.0$，錐度為 $1:20$，其相交接處為 ① $X_3 = 28.33$，$Z_3 = 43.33$ ② $X_3 = 27.33$，$Z_3 = 43.33$ ③ $X_3 = 28.33$，$Z_3 = 44.33$ ④ $X_3 = 27.33$，$Z_3 = 44.33$。

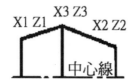

3. ( ) 如下圖所示，$X_1 = 30.0$，$Z_1 = 15.0$，錐度為 $1:10$，與另一錐度面小徑端點為 $X_2 = 28.0$，$Z_2 = 70.0$，錐度為 $1:20$，其相交接處為 ① $X_3 = 30.5$，$Z_3 = 20.0$ ② $X_3 = 31.5$，$Z_3 = 20.0$ ③ $X_3 = 30.5$，$Z_3 = 21.0$ ④ $X_3 = 31.5$，$Z_3 = 21.0$。

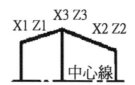

4. ( ) 如下圖所示，$X_1 = 10.0$，$Z_1 = 10.0$，錐度為 $1:10$，與 $X_2 = 10.0$，$Z_2 = 40.0$，錐度為 $1:20$，其交接處為 ① $X_3 = 10.0$，$Z_3 = 20.0$ ② $X_3 = 11.0$，$Z_3 = 19.0$ ③ $X_3 = 11.0$，$Z_3 = 20.0$ ④ $X_3 = 10.0$，$Z_3 = 19.0$。

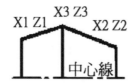

5. (　) 如下圖所示，$X_1 = 25.0$，$Z_1 = -10.0$，錐度為 1：10，與另一圓弧面，中心點 $X_2 = 10.0$，$Z_2 = -20.0$，其相切處為　① $X_3 = 26.96$，$Z_3 = 19.55$　② $X_3 = 27.96$，$Z_3 = -20.55$　③ $X_3 = 25.96$，$Z_3 = -19.60$　④ $X_3 = 28.96$，$Z_3 = -20.55$。

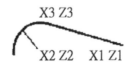

6. (　) 如下圖所示，一錐面面小徑端點為 $X_1 = 25.0$，$Z_1 = 10.0$，錐度為 1：10，與另一圓弧面，中心點 $X_2 = 15.0$，$Z_2 = 0.0$，其相切處為　① $X_3 = 26.98$，$Z_3 = 0.27$　② $X_3 = 25.98$，$Z_3 = 0.27$　③ $X_3 = 25.98$，$Z_3 = 1.27$　④ $X_3 = 26.98$，$Z_3 = 1.27$。

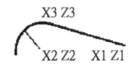

7. (　) 如下圖所示，$X_1 = 0$，$Z_1 = 10.0$，錐度為 1：10，中心點 $X_2 = 0$，$Z_2 = -10$，其相交處為　① $X_3 = 25.94$，$Z_3 = -9.33$　② $X_3 = 1.996$，$Z_3 = -9.95$　③ $X_3 = 26.94$，$Z_3 = 10.33$　④ $X_3 = 25.94$，$Z_3 = 10.33$。

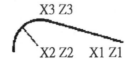

8. (　) G00 X30.Z5.；G92 X29.5 Z-30. F2.；以程式退刀下刀點為　① X30. Z5.　② X29.5 Z-30.　③ X30. Z-30.　④ X29.5 Z5.。

9. (　) 如下圖所示，$X_1 = 0$，$Z_1 = 0$，$R_1 = 10.0$，與 $X_2 = 22.0$，$Z_2 = 19.05$，$R_2 = 12.0$，其相切處為　① $X_3 = 9.0$，$Z_3 = 7.66$　② $X_3 = 10.0$，$Z_3 = 7.66$　③ $X_3 = 9.0$，$Z_3 = 8.66$　④ $X_3 = 10.0$，$Z_3 = 8.66$。

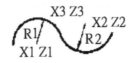

10. ( ) 如下圖所示，一圓弧面中心點 $X_1 = 10.0$，$Z_1 = 10.0$，$R_1 = 5.0$，與另一圓弧中心點 $X_2 = 21.12$，$Z_2 = 27.12$，$R_2 = 13.0$，其相切處 ① $X_3 = 12.1$，$Z_3 = 14.76$ ② $X_3 = 13.1$，$Z_3 = 15.76$ ③ $X_3 = 12.1$，$Z_3 = 15.76$ ④ $X_3 = 13.1$，$Z_3 = 14.76$。

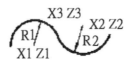

11. ( ) 如下圖所示，一圓弧面中心點 $X_1 = 20.0$，$Z_1 = -5.0$，$R_1 = 7$，與另一圓弧面中心點 $X_2 = 48.32$，$Z_2 = 13.12$，$R_2 = 16$，其相切處為 ① $X_3 = 28.62$，$Z_3 = 0.52$ ② $X_3 = 29.62$，$Z_3 = 0.52$ ③ $X_3 = 28.62$，$Z_3 = 1.52$ ④ $X_3 = 29.62$，$Z_3 = 1.52$。

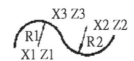

12. ( ) Z 軸的刀尖補償值 "$Z = r(1 + \tan \theta /2)$"，其中 "$\theta$" 表示 ①工件錐度的錐角 ②工件錐度的半錐角 ③車刀的前置角 ④車刀的刀尖角。

二、複選題

13. ( ) 刀具破損檢測可運用於下列何種功能 ①可進行刀具長度量測 ②可自動進行刀具補償 ③可進行刀具直徑量測 ④於程式執行中可進行刀具破損檢測。

答案

1.(3)	2.(1)	3.(1)	4.(3)	5.(3)	6.(2)	7.(2)	8.(1)	9.(4)	10.(4)
11.(1)	12.(2)	13.(24)							

10
Chapter

面板操作

10.1 面板說明

此面板為 F-10TF、F-15TF 對話式之操作面板，其它機型若有相同功能者，可能按鍵開關位置不同，但標註相似，功能相同，請自行對照參考閱讀。

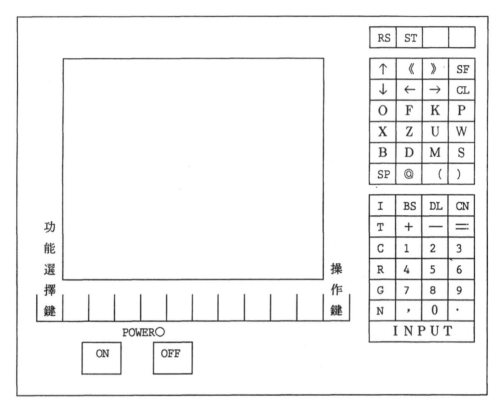

此面板主要按鍵分數字鍵、字母鍵、功能鍵、軟體鍵、符號鍵五大類。軟體鍵顯示在畫面下方，操作鍵則在螢幕右方，其他機型軟體鍵亦有另設在面板按鍵群組內。符號鍵則專供對答式操作使用。

10.2 按鍵說明

POWER ○

| ON | | OFF | 操作面板電源供應鍵。

| RESET | 重置鍵，用以重新設定 NC 控制狀態或超過行程，處理後消除所有錯誤響訊。

| START | 啟動鍵，用以執行手動資料輸入程式，或為自動操作啟動開關。

NC/PC	用以切換為 NC 或 PC 系統。
FAPT	用以操作對答式自動程式製作功能使用。
SHIFT	轉換鍵，用以轉換按鍵上不同的代表意義使用。
CALC	計算鍵，用以執行記憶暫存器裏數據計算。
SP	空格鍵，用以執行空格使用。
BS	後退消除鍵，用以執行後退消除最後輸入之文字或符號。
DEL	刪除鍵，用以執行刪除不要之數據。或程式 (DELETE 鍵)
CAN	消除鍵，用以執行消除暫存區內輸入鍵輸入之錯誤資料。
INPUT	輸入鍵，用以輸入資料及數字。或程式 (READ 鍵亦同功能)
功能鍵	用以顯示七大項功能軟體鍵使用。
操作鍵	用以在功能項內顯示各個不同軟體鍵。
操作提示鍵	用以顯示各個軟體鍵。
←	游標移動鍵，用於將畫面上游標上移一個位置。
→	游標移動鍵，用於將畫面上游標下移一個位置。
←←	游標跳行鍵，用於將畫面上游標上移一行位置。
→→	游標跳行鍵，用於將畫面上游標下移一行位置。
↑	翻頁鍵，畫面向上跳一頁。
↓	翻頁鍵，畫面向下跳一頁。

10.3　符號鍵 (對答式操作使用) 10TF

用於增量值輸入或字母 "I"。

用於螺紋切削指令或字母 "T"。

C	用於倒角切削指令或字母 "C"。
R	用於圓角切削指令或字母 "R"。
G	用於截溝切削指令或字母 "G"。
N	用於頸溝 (逃角) 切削指令或字母 "N"。
@	用以 "AT 之記號。

10.4 功能軟體按鍵說明

POSITION	位置座標鍵 (機械、相對、絕對、總合座標)：功能鍵機械座標 MACHINE、相對座標 RELATIVE、絕對座標 ABSOLUTE 用以顯示刀具目前位置。
PROGRAM	程式鍵：用以顯示出工件程式及程式目錄。
OFFSET	刀具補償鍵：用以顯示與輸入刀具補償 (平移、形狀、磨耗) 或工作原點補償。切削後度量發現誤差時在磨耗畫面內做補償。如：加工後直徑過大需要縮小，輸入 U 為負值。內孔過小要加大，輸入 U 為正值。
PROGRAM CHECK	程式查核鍵：用以顯示程式各機能，位置供操作者核對程式。
SETTIN	設定鍵：用以設定資料、傳送介、機械狀態。
SERVICE	伺服鍵：用以顯示參數及自我診斷項目。
MESSAGE	警訊提示鍵：用以顯示警示訊號及狀況。
CHAPTER	項目提示鍵：用以選擇次要項目及顯示位置。

10.5 開關旋鈕說明

樣型	狀態	功能
程式保自護鎖 PROGRAM PROTECT		用以控制工具機運轉或電腦內程式之狀態的保護鎖。
	ON	程式不得修改或更換等操作,但機械於此狀態時可做加工切削。
	OFF	程式可作修改或更換、刪除等操作,機械於此狀態不可做加工切削。
MODE SWITCH(模式選擇鈕)		AUTO 部分皆為自動操作,MANUAL 部分則全為手動操作。
	EDT	編輯 (EDIT) 用於螢幕上輸入新程式,編輯或修改在記憶體內的程式亦可刪除程式亦能執行儲存副程式。
	MEM	記憶 (MEMORY) 或自動執行 AUTO。 執行記憶中的程式。
	TAPE	紙帶 以紙帶直接聯接 NC 來執行程式。
※ HANDLE 手動進給模式仍可作主軸運轉啟動及停止操作。 ※ 變更參數操作時 "HANDLE" "JOG" "AUTO" 無效。	MDI	手動資料輸入 (MANUAL DATA INPUT) 暫時性的程式,執行程式一次即消除無法程式保存。
	HANDLE	手動脈波產生器 有 ×1,×10、×100 三種倍率選擇 ×1　：手輪旋轉 1 格為 0.001mm ×10　：手輪旋轉 1 格為 0.01mm ×100 ：手輪旋轉 1 格為 0.1mm
	JOG	寸動 可用方向控制鍵控制刀座之位移功能,其速度由進給調整鈕來控制。
	RPD	快速移動 (RAPID) 可用方向控制鍵控制刀座之位移方向,其速度由快速進給控制鈕來控制,亦即為 G00 之速度。
	ZRN	原點復歸 (ZERO RETURN) 使刀座回歸機械原點時使用,其速度可由快速進給調整鈕調整速率。新機種可不需原點復歸操作
FEED OVERRIDE%(進給速率調整鈕) (FEED OVERRIDE%)		模式選擇鈕於 JOG 時,可以用此鈕控制進給速率。 欲執行程式內之進給率,應置於 "100%" 刻畫內。 例: F0.2 指令旋鈕於刻畫 "50%" 時,實際進給速度為 F0.1 之速度。 切削加工進給調整使用 (FEED PATE OVERRIDE) 對 G01、G02、G03 等 F 指令有效。

樣型	狀態	功能
RAPID OVERRIDE%(快速進給調整鈕) RAPID OVERRIDE%		模式選擇於 RPD、ZRN、MEM 自動執行時之 G00 快速移動速率，可藉此鈕控制調整速度。
手動選擇刀具旋轉鈕 TURRET SELECT INDEX (換刀啟動)		TURET SELECT：刀具選擇 INDEX：更換刀具控制鍵 模式選擇鈕於 MANUAL 範圍，轉動選擇鈕選擇刀具，按控制鍵 INDEX 則設定之刀具即轉換到切削加工的位置定點上。 模式選擇鈕旋轉於記憶 (MEM) 或自動執行位置時，程式內刀具機能於加工執行時，遇刀具機能，即自行更換程式中指定之刀具。
SPINDEL OVERRIDE%(轉速控制鈕) SPINDEL OVERRIDE%		模式選擇鈕置於記憶 (MEM) 或自動執行位置時，可用以控制主軸迴轉速度。若轉速選擇鈕置於 50% 檔時，程式中 S800. 實際執行狀況則為 S400。
SPINDLE SPEED(手動轉速控制鈕) SPINDLE SPEED	CW CCW	模式選擇鈕置於手動控制時，可調整主軸的迴轉速度。 順時針方向旋轉，主軸轉速增快。 逆時針方向旋轉，主軸轉速減慢。

樣型	狀態	功能
GEAR(檔速變換選擇鍵) GL　　GN　　GH [○]　[○]　[○] GEAR	GN GL GH	模式選擇鈕置於 MANUAL 之範圍時，各功能如下。 換檔後，其指示燈會亮。※ 自動變速之機種無此按鍵。 主軸空檔 主軸低速檔 主軸高速檔
SPINDLE(主軸轉向控制鍵) FOR　　STOP　　REV [○]　[○]　[○] SPINDLE	指示燈亮 FOR STOP REV	模式選擇鈕置於 MANUAL 之範圍時，各功能如下。 欲作轉向變更時，主軸須先停止運轉，再行轉向選。 主軸正轉 主軸停止 主軸逆轉 (CCW)
TAILSTOCK BODY(尾座進退開關) ADVANCE　　　RETRACT [　　]　　　　[　　] TAILSTOCK BODY		不受任何模式影響，只要主軸停止時，都可控制尾座之進退。 ADVANCE：尾座前進。 RETRACT：尾座後退。
TAILSTOCK QUILL(頂心進退開關) OUT　　　　　IN [　　]　　　　[　　] TAILSTOCK QUILL		不受任何模式影響，只要主軸停止時，都可控制頂心之進退。 OUT：頂心伸出。 IN：頂心內縮。
EMERGENCY STOP(緊急停止按鈕) RESET EMERGENCY STOP	紅色	於緊急狀況時，按下此按鈕，立刻切斷伺服電源，機械之運作立刻停止。欲再操作時，得先用手向右旋開按鈕，再作一次原點復歸，各項設定均重新輸入，然後才可再執行記憶程式。緊急情況停機使用 / 或開機時使用。 工作停止時，首先押下按鈕、再關電源。
方向操作鍵與原點復歸信號燈 ▲ X ◀ -Z　　Z ▶ -X ▼	手操作	用來控制方向 (JOG，PRD，ZRN)。 原點復歸指示燈，當各軸回歸到機械原點後，燈即自行亮起。

樣型	狀態	功能
DOOR INTERLOCK(門之聯鎖開關) ○	指示燈亮	不論任何狀態，只要是欲將門打開，察看作動情形時，均需按此鈕，使之呈 ON 狀態。
PROGRAM(程式控制鍵) START　　　　　HOLD ○　　　　　　○	指示燈亮	於 MEM 模式下，欲執行程式時，則按 START 鍵；若欲讓正在執行的程式暫停，則按 HOLD 鍵。
故障信號指示燈 ER1　　　ER2　　　ER3 ○　　　　○　　　　○ 因機種的不同而有不同的燈數	紅色 ER1	當有關於機械操作等發生故障時，指示燈會亮。 有關於主軸方面的錯誤。
	ER2 ER3	有關於 NC 伺服機構方面的錯誤。 有關於床面之潤滑方面的錯誤。
夾頭指示燈 CLAMP ○	燈亮	指示燈亮時，主軸才能旋轉。 使用腳踏開關控制夾頭開啓及夾緊動作。
切削液指示燈 COOLANT ○	燈亮	使用切削液時，此燈會亮起。
手動脈波產生器、軸選擇鍵 X ○ Z ○	模式選擇鈕置於手動	模式選擇於 X1，X10，X100 時，手輪即可控制刀座最小單位之移動距離。欲選擇某一軸向作移動時，可按下所需之軸向之鍵。 ※ 迴轉速不宜超過每秒 5 轉。
控制鍵 CONTROL ON ○	指示燈亮	開機後如未按此按鍵，則各伺服控制單元無法作動。打開緊急停止開關，再接下此鍵可消除 "EMG" 警訊。日本森精機機械型則按螢幕左下方之綠色 POWER"ON" 鍵亦可消除 "EMG" 警訊。
程式重新啓動 SRN　　　　SRN ○　　　　○	指示燈亮	程式於執行中，因某些事故而暫時停止加工時，可按此鍵，記憶程式之執行流程。
DRN：程式預演 (空跑)(DRY RUN) DRN　　　　DRN ○　　　　○	指示燈亮	程式輸入後，欲執行前，可利用此功能核對程式。執行速率可利用進給速率調整鈕控制。 ※ 實物切削執行時，應按熄此燈。與機械鎖固合用 M 及 S 機能有效

樣型	狀態	功能
MLK：機械固鎖鍵 (Machine lock) MLX ⬜ ○	指示燈亮	按亮此鍵後，即使程式執行中，刀座位置不作移動。可配合 DRY RUN 鍵使用檢查程式是否有誤 / 程式預演。
DLK：顯示固鎖鍵 (display lock) DLK ⬜ ○	指示燈亮	執行中的程式仍能進行切削，而螢幕顯示則維持於按下當時之畫面。
OSP：選擇性停止機能 (OPTION STOP) OSP　　選擇性停止燈 ⬜ ○　　　OSP ○	指示燈亮	執行中之程式若執行至指令 M01 時，各軸向移動及進給率停止。再接下 START 鍵，則程式繼續執行
SBK：程式單節執行 (SINGLB BLOCK) SBK　　SBK ⬜ ○	指示燈亮	進行程式之單節操作，每當一單節執行結束後，燈會亮，再接一次 START 鍵則繼續執行下一單節。可幫助了解切削路徑進給及切削狀況。
BDT：單節消除鍵 (BLOCK DELETE) BDT　　BDT ⬜ /	指示燈亮	程式每執行至單節前有 " / " 之符號，即跳過不執行。
切削劑控制選擇鍵 COOLANT ⬜ ○ ○ TAPE POWER	TAPE	可選擇是依程式指令或是手動控制切削液之開或關。依程式指令，即 M08、M09。
	POWER	以手動方式控制。 按亮 (ON)，則切削液強制開， 按熄 (OFF)，則切削液強制關。
程式結束指示燈 PROGRAM　END ⬜ ○		當程式執行結束，或執行至 M30 時指示燈即亮，用以告知操作者，加工已完成。或機器頂上指示燈亮
暫停開關 HOLE ⬜ ○		作為工作中之暫時停止用 自動執行操作時，中途暫停執行，若欲繼續執行操作時按 START 鍵即可。

樣型	狀態	功能
工作燈開關 WORK LIGHT OFF ON	OFF ON	作為工作中之照明 關燈。 開燈。
切削輸送帶 CHIP CONVERYOR STOP FOR　REV	FOR REV	加工後所切削下的廢料，由輸送帶將之送出加工機械。 往前輸送。 往後輸送。
工件計數器 WORK COUNTER 9 9 9 9 9		用以計數加工完成之工件數量。
主軸負荷 SPINDLE LOAD		指示主軸之負荷狀況。

　　本單元為 0iTF 系統車床 (台中精機為例)，與前介紹控制器相同或類似之按鍵功能者，請參照前頁閱讀，並請確認後採用。

一、按鍵功能說明

程式保護

程 式 保 護

操作

特殊鍵　　編輯

a. 插入鑰匙轉置 ” 編輯 ” 位置，可執行程式修改、輸入、允許工件程式之編輯及自我診斷等設定。

b. 轉置"操作" 位置，可保護記憶庫中之程式，避免被誤修改或刪除。

c. 轉置"特殊鍵" 位置，可使面板上的特殊鍵有作用。(例：門連鎖解除、程式預演、程式測試、機械鎖定等)

程式預演：程式輸入完成校刀後，可先程式預演。按鈕往下壓時，指示燈會亮起，而程式執行速度由進給速率調整鈕控制。

程式測試鍵：程式輸入完成校刀後，可先執行程式測試。與 [程式預演] 最大的不同處是主軸不轉、切削水不噴。執行時工件必須先行取下，機器空跑以便確認程式正確性及刀塔與夾頭是否有干涉。

按鈕下壓時，指示燈亮，而程式執行速度可由進給速率調整鈕控制速度要放慢到 15%，配合操作者反應時間。

機械鎖定：按下機械鎖定鍵後，程式執行時，CRT 上的數字會變更，但是機械不會動，但 M.S.T 機能 (主軸旋轉，刀具交換，切削液噴出等) 照樣執行。

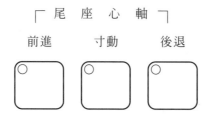

此組按鍵為頂心前進後退控制使用，不會受模式選擇鈕的選項影響於任何位置都可使用，但必須要在主軸停止狀態下才能使用。

(a) 按下前進鍵，頂心向前進。

(b) 按下後退鍵，頂心向後退。

(c) 按下寸動鍵，頂心以寸動的方式向前進。

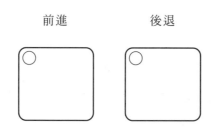

此組按鍵為尾座本體前進後退控制使用，不受模式選擇鈕的影響，任何位置都可使用，但必須在主軸停止的狀態下才能有動作。

(a) 按下前進鍵，只能做尾座本體前進使用。

(b) 按下後退鍵，只能做尾座本體後退使用。

刀具量測：為特殊機能 (內含幾何補正、磨耗補正、預設三鍵)

刀具量測（特殊機能）

幾何補正　　磨耗補正　　預設

1. 預設鍵 ：壓下 [預設] 校刀臂即放下或收回。(模式選鈕須在手動狀況狀才會有作用)。

2. 幾何補正鍵：當刀具輕碰到校刀臂測頭時壓下此鍵，則刀具此時之 X、Z 校刀值會自動輸入形狀補正頁欄位內。

3. 磨耗補正鍵：當刀具輕碰到校刀臂測頭時壓下此鍵，則刀具此時之 X、Z 磨耗值，會自動輸入補正頁欄位內。

自動門開關：為特殊機能 (須具備自動門功能)

1. 左門開：壓下此鍵，則左門開。(即 M26 指令)

2. 左門關：壓下此鍵，則左門關。(即 M25 指令)

3. 右門關：壓下此鍵，則右門關。(即 M27 指令)

4. 右門開：壓下此鍵，則右門開。(即 M28 指令)

10.6 CRT 下方按鍵使用說明

一、目前畫面之辨別

目前畫面無法識別為何功能之子畫面時，可按下功能選擇鍵，觀察顏色即可識別在何主功能畫面下，因所有功能鍵顯示皆設為藍色，而目前顯示畫面之提示顏色為綠色顯示，亦有用反白方式來提示者。

二、項目提示鍵的使用 (CHAPTER 或 " + " 為項目提示鍵)

位於 CRT 下方有不同功用之十二個按鍵，因無法同時顯示所有功能鍵，此時可按下最右邊之項目提示鍵，即可顯示其他之未顯示之功用鍵。

CRT 畫面											
功能選擇軟體鍵畫面											
POSITION	PROGRAM	OFFSET	PROGRAM CHECK	SETTING	SERVICE	MESSAGE			CHAPTER	

<	軟體操作鍵	軟體操作鍵	軟體操作鍵	軟體操作鍵	軟體操作鍵	軟體操作鍵	軟體操作鍵	軟體操作鍵	軟體操作鍵	軟體操作鍵	>

└──功能選擇鍵提示鍵　　　　　　　　　　　　　　　　　　　　　提示鍵──┘

三、功能選擇鍵

位置在畫面最左方。可將項目提示畫面顯出或將操作選擇畫面轉換成功能選擇畫面。POSITION、PROGRAM、OFFSET、PROGRAMCHECK、SETTING、SERVICE、MESSAGE 為功能鍵。

四、提示鍵

位置在畫面最右方。可分別顯示所有各主功能鍵下之所有子功能鍵。OVERALL、ABSOLUT、GEOMETRY、WEAR、READ、PNCH 等其他軟體鍵皆為操作選擇鍵。

10.7 主功能軟體鍵使用說明

一、位置表示或位置重設鍵 (POSITION)

連續押此鍵可分別顯示相對座標系、絕對座標系、機械座標系畫面。

POSITION	PROGRAM	OFFSET	PROGRAM CHECK	SETTING	SERVICE	MESSAGE			CHAPTER	
↑										

在 POSITION 狀態下押項目提示鍵，則出現下列操作選擇鍵：

OVERALL	RELATIVE	ABSOLUTE	MACHINE	MANUAL OVRLAP		PROGRAM RESTRT			

OVERALL 押此鍵畫面則顯示所有座標系。

(相對座標系、絕對座標系、機械座標系)

RELATIVE 押此鍵畫面則顯示相對座標系。

ABSOLUTE 押此鍵畫面則顯示絕對座標系。

MACHINE 押此鍵畫面則顯示機械座標系。

二、程式顯示鍵 (PROGRAM)

連續押此鍵可分別顯示程式畫面或程式編號目錄畫面。

POSITION	PROGRAM	OFFSET	PROGRAM CHECK	SETTING	SERVICE	MESSAGE		CHAPTER	

↑

在 PROGRAM 狀態下押項目提示鍵，則出現下列操作選擇鍵：

FRWRD SEARCH	BKWRD SEARCH	REWIND	DRCTRY MEMORY	BACK EDIT					

FRWRD SEARCH 押此鍵可做程式、單節、語碼向前搜尋工作。

BKWRD SEARCH 押此鍵可做程式、單節、語碼向後搜尋工作。

DRCTRY MEMORY 押此鍵則顯示程式編號目錄畫面。

BACK EDIT 押此鍵可做背後編輯工作。

三、工具位置補償鍵 (OFFSET)

連續押此鍵可分別顯示磨耗補償畫面、幾何補償畫面、工作原點畫面。

POSITION	PROGRAM	OFFSET	PROGRAM CHECK	SETTING	SERVICE	MESSAGE		CHAPTER	

↑

在 OFFSET 狀態下押項目提示鍵，則出現下列操作選擇鍵：

INPUT	+INPUT	MEASURE		INPUT NUMBER	WEAR	GEOMETRY	WORK ZERO			

INPUT　　　　　　　　資料輸入鍵 (鍵入字母、數值或符號後押下此鍵即可將所有資料輸入)

+INPUT　　　　　　　增量方式輸入鍵 (可將數值與原數值經加法運算後輸入)。

MEASURE　　　　　　工具校刀自動補償輸入。

INPUT NUMBER　　　編號輸入鍵 (參數、程式編號)。

WEAR　　　　　　　　工具磨耗補償畫面。

GEOMETRY　　　　　工具幾何補償畫面。

WORK ZERO　　　　　工作原點畫面或形狀。

四、程式查核鍵 (PRGRAM CHECK)

連續押此鍵可分別顯示程式各機能與工具執行位置畫面、供操作者檢核程式使用。

POSITION	PROGRAM	OFFSET	PROGRAM CHECK	SETTING	SERVICE	MESSAGE			CHAPTER	

↑

在 PROGRAM CHECK 狀態下押項目提示鍵，則出現下列操作選擇鍵：

ORIGIN	PRESET				CHECK	LAST	ACTIVE			

ORIGIN　　　　　座標軸位置歸零鍵。

PRESET　　　　　座標軸位置設定鍵。

CHECK　　　　　程式及工具位置核對鍵。

LAST　　　　　　顯示 "COMMAND" 畫面。

ACTIVE　　　　　顯示 "COMMAND" 畫面。

五、設定 (SETTIN)

連續押此鍵可分別顯示參數設定狀態畫面、操作開關目前狀態之畫面。

POSITION	PROGRAM	OFFSET	PROGRAM CHECK	SETTING	SERVICE	MESSAGE			CHAPTER
				↑					

在 SETTIN 狀態下押項目提示鍵,則出現下列操作選擇鍵:

INPUT	+INPUT	ON:1	OFF:0	INPUT NUMBER	GENERAL	OPERAT PANEL				

×8

INPUT	資料輸入鍵。
+INPUT	增量方式輸入鍵。
ON:1	開關開。
OFF:0	開關關。
INPUT NUMBER	輸入數字鍵。
GENERAL	顯示參數設定狀態。
OPERAT PANEL	顯示界面、開關狀態。

六、維修 (SERVICE)

連續押此鍵可分別顯示參數設定狀態畫面、操作開關目前狀態之畫面。

POSITION	PROGRAM	OFFSET	PROGRAM CHECK	SETTING	SERVICE	MESSAGE			CHAPTER
					↑				

在 SERVIC 狀態下押項目提示鍵,則出現下列操作選擇鍵:

INPUT	+INPUT	ON:1	OFF:0	INPUT NUMBER	READ	PUNCH				

INPUT	資料輸入鍵。
+INPUT	增量方式輸入鍵。
ON:1	開關開。
OFF:0	開關關。
INPUT NUMBER	輸入數字鍵。
READ	資料讀入鍵。
PUNCH	資料輸出鍵。

七、故障指示鍵 (MESSAGE)

押此鍵可顯示故障狀態畫面。

POSITION	PROGRAM	OFFSET	PROGRAM CHECK	SETTING	SERVICE	MESSAGE			CHAPTER	
						↑				

在 MESSAGE 狀態下押項目提示鍵，則出現下列操作選擇鍵：

CANCEL					ALARM	OPERAT PANEL				

CANCEL

ALARM   警訊指示鍵。

OPERAT PANEL

OFF：0   開關關。

INPUT NUMBER   輸入位置數字鍵。

READ   資料讀入鍵。

PUNCH   資料輸出鍵。

八、數值控制車床操作注意事項：

1. 送電前準備工作

 a. 整理機器四周環境，板金、外殼不得亂放置物品。

 b. 檢查各注油油孔依指定油品適量注油。

 c. 檢查看機構間是否有相互干涉。

 d. 夾爪夾持方向設定是否設定正確。

 e. 滑道油是否足夠 (Mobil No2、68#、Mobil vacter No1)。

2. 輸入電流 (開機)

 a. 供電總電源開關 "ON"。

 b. 機械總電源開關 "ON"。(供電源指示燈亮)

 c. 面板電源開，出現螢幕畫面。(POWER ON)

 d. 緊急停止鈕右旋打開。

 e. 壓下控制鍵或 "POWER ON" 鍵。(視機種而定或控制鍵)

　　f. 檢查各油壓壓力錶，壓力設定是否正確。

　　g. 夾頭需要在夾持狀態下才能作運轉或暖機的操作。

　　h. 門之聯鎖開關設定於開之狀態。

3. 自動執行前檢查

　　a. 檢查程式是否為欲執行加工的程式。

　　b. 程式中所使用刀具指令是否與安裝在刀塔上正確且刀號相同。

　　c. 程式格式是否適用於所用之機型。

　　d. 檢視指令使用是否符合此機型之功能。

　　e. 檢視機台是否具有特殊機能。

　　f. 程式需模擬後再行實際切削加工。(校刀完成)

4. 關機步驟

　　a. 先放鬆油壓夾頭夾緊狀態

　　b. 押下緊急停止鈕 "EMERGENCY STOP"。

　　c. 面板電源開關 "POWER OFF"。

　　d. 機械總電源開關 "OFF"。

　　e. 供電總電源開關 "OFF"。

10.8 操作流程例說明

一、操作流程例說明表 (本表適用 F-10T、F-15T，其他機型請參照使用)

操作項目	模式、按鍵	畫面上顯示狀態	註明
開機操作 1. 機械原點復歸 　(新機種不需 　原點復歸)	模式選擇開關轉至 "ZRN" [+X]　[+Z] 或原點復歸 [-X]　[-Z] ○　　○ X　　Z ⊕	MACHINE 機械座標 X 90.006 Z121.815 MACHINE 機械座標 X0.000 Z0.000	原點復歸 機械開機或斷電重開及校刀 前皆必須優先執行此操作。 先押 +X 鍵待刀塔移到機械 原點時，再押 +Z 鍵做復歸 操作。 ※ 若刀塔離原點於 42mm 　以下時則押 "-X"、"-Z" 　鍵。 定位正確時，畫面歸零，面 板指示燈亮。

操作項目	模式、按鍵		畫面上顯示狀態	註明
歸零設定 1. 相對座標值歸零		鑰匙 OFF		程式保護鎖置於 "OFF" 位置。以下操作皆同。
	單軸座標歸零	POSITION 鍵	RELATIVE 相對座標 X 90.006 Z 121.815	使用畫面右下角之提示鍵。 或押 POSITION 鍵兩次。
		ORIGIN　鍵 AXIS　　鍵	KEY IN DATA ORIGIN> ORIGIN>Z	押座標軸位置歸零鍵。 押軸指定鍵。 輸入英文字 Z。
		EXEC　　鍵	RELATIVE 對座標 X 90.006 Z 0.000	押執行鍵。 Z 軸歸零完成。
	所有軸歸零	POSITION 鍵	RELATIVE 相對座標 X 90.006 Z 121.815	使用畫面右下角之提示鍵。 或押 POSITION 鍵兩次。
		ORIGIN ALL AXIS EXEC	KEY IN DATA ORIGIN> RELATIVE 相對座標 X 0.000 Z 0.000	押座標軸位置歸零鍵。 押所有軸指定鍵。 押執行鍵。
2. 絕對座標值歸零	ABSOLUTE　　鍵		ABSLUTE 絕對座標 X 90.006 Z 121.815	使用畫面右下角之提示鍵。 或押 POSITION 鍵兩次。 在單獨絕對座標畫面才可執行此操作。
	操作方式同上		ABSLUTE 絕對座標 X 0.000 Z 0.000	
程式編輯 1. 手動編輯 NC 程式	模式位置 EDIT PROGRAM　　鍵		PROGAM(MEMORY)O2234 N00000 O2234 G50S3000； G96S120M03； 〵 M30；	於執行程式畫面中，使用手操作輸入一個程式。
	INSERT　　鍵 (PROG#)　　鍵 輸入 O222 EXEC　　鍵		INSERT INSERT> INSERT>O2222 PROGRAM(MEMORY)O2222 N00000 O2222%	按插入鍵。 插入一個程式。 輸入新程式編號 按執行鍵。 顯示編輯畫面。
	G50S3000； INSERT　　鍵		>G50S3000；G96S130M03； PROGRAM(MEMORY)O2222 N00000 O2222% G50S3000； G96S130M03；	輸入程式資料 使用插入鍵輸入 畫面顯示，所有資料用插入鍵做輸入。

操作項目	模式、按鍵	畫面上顯示狀態	註明
2. 程式資料的插入	PROGRAM　　鍵	PROGAM(MEMORY)O1234 N00000 O1234 G50S3000； G96S120M03；	程式編號後插入個符號（；） 押 PROGRAM 鍵兩次。 游標位於 O1234 之位置上。
	INSERT　　鍵	KEY IN DATA INSERT	押插入鍵。
	WORD　　鍵 EOB ；　　鍵 EXEC　　鍵	INSERT> INSERT> ； PROGAM(MEMORY)O1234 N00000 O1234 ； G50S3000 ； G96S120M03 ；	插入一個字。 輸入 EOB" " ； " 符號。 執行鍵。 畫面顯示。
刪除操作 1. 執行程式的刪除	ROGRAM　　鍵	PROGRAM(MEMORY)　　O112 N00000 O1011 O111 O222 O112	刪除畫面上正執行的程式。畫面右上角顯示 O112 N0000 則為正在執行程式的編號。
	DELETE　　鍵 PROGRAM　　鍵 THIS　　鍵	DELETE DELETE PROGRAM O1011 O111 O222	押刪除鍵。 押程式指定鍵。 刪除右上角顯示 O112 之程式畫面顯示。
2. 指定程式的刪除	PROGRAM　　鍵	PROGRAM(MEMORY)　　O111 N00000 O1011 O111 O222	目前正執行 O111 之程式。欲刪除 O2222 之程式。
	DELETE　　鍵 (PROG#)　　鍵 輸入 2222 EXEC　　鍵	DELETE DELETE>O DELETE>O2222 PROGRAM(MEMORY)　　O111 N00000 O1011 0111	押刪除鍵。 押程式指定鍵。 輸入數字 "2222"。 押執行鍵。 畫面右上角顯示 O111 N0000 則為正在執行程式的狀態。 畫面顯示。
3. 所有程式的刪除	PROGRAM　　鍵	PROGRAM(MEMORY)　　O111 N00000 O1011 O111	欲刪除記憶庫內所有程式。 ※ 考慮後再執行。
	DELETE　　鍵 ALL　　鍵 EXEC　　鍵	DELETE DELETE ALL PROGRAM(MEMORY)　　O000 N00000 **** **** **** ****	押刪除鍵。 押所有程式指定鍵。 押執行鍵。 畫面右上角顯示 O000 N0000 記憶庫內無程式。

操作項目	模式、按鍵	畫面上顯示狀態	註明
4. 程式字元的刪除	PROGRAM　　鍵	PROGRAM(MEMORY)　　O2468N00000 O2468； G50S3500； G96S120M03**M08**；	刪除的 G96S120M03M08； 單節內之 M08 指令。 游標於 M08 位置上。
	DELETE　　鍵 WORD　　鍵	DELETE O2468； G50S3500； G96S120M03；	押刪除鍵。 押字元鍵。 M08 指令被刪除。
5. 程式單節的刪除	PROGRAM　　鍵	PROGRAM(MEMORY)　　O2222N00000 O2222； G50S3000； **G96**S120M03； ～ M30；	欲刪除 G96S120M03 之單節。 游標於 G96 位置上。
	DELETE　　鍵 ～ EOB　　鍵	DELETE PROGRAM(MEMORY)　　O2222N00000 O2222； G50S3000； ～ M30；	押刪除鍵。 游標所在至 "EOB" 為止。 從 G96 至；之全部資料皆被刪除。
6. 程式指定部份之刪除	PROGRAM　　鍵	PROGRAM(MEMORY)　　O2222N00000 O2222； G50S3000； **G96**S120M03； G00T0101； ～ M30；	只刪除 G96S120M03 單節內的 G96S120 指令。 欲刪除 G96S120 指令。 游標於 G96 位置上。
	DELETE　　鍵 ～ (WORD)　　鍵 輸入 S120 EXEC　　鍵	DELETE KEY IN DATA DELETE> DELETE>S120 PROGRAM(MEMORY)　　O2222N00000 O2222； G50S3000； **M03**； ～ M30；	押刪除鍵。 從游標所在至輸入字元上。 按鍵輸入 S120 資料。 按執行鍵。 從 G96 至 S120 之全部資料被刪除。

操作項目	模式、按鍵	畫面上顯示狀態	註明
搜尋操作 1.NC 程式字元 　找尋	① PROGRAM　鍵	PROGRAM(MEMORY)　　O3333N00000 O3333； G50S3000； G96S120M03； 〜 M01； G96S130； G00T0202 〜 M30；	欲尋找前端的 G50 指令。 執行程式畫面。 游標位於 M01 處。
	FRWRD SEARCH鍵 WORD　　　　鍵 輸入 S50 EXEC　　　　鍵	FRWRD SEARCH KEY IN DATA FERWRD SEARCH> FERWRD SEARCH>G50 PROGRAM(MEMORY)　　O3333N00000 O3333； G50S3000； G96S120M03； 〜 M01； G96S130； G00T0202 〜 M30；	按向前搜尋鍵。 輸入欲尋找之字元。 輸入的 G50。 按執行鍵。 執行程式畫面。 游標跳移至 G50 處。
	② PROGRAM　鍵	PROGRAM(MEMORY)　　O3333N00000 O3333； G50S3000； G968120M03； 〜 M30；	欲尋找工具機能 T0202 指令 游標位於 G50 處。
	BKWRD SEARCH 　　　　　　　鍵 WORD　　　　鍵 輸入 T0202 EXEC　　　　鍵	BKWRD SEARCH KEY IN DATA BKWRD SEARCH> BKWRD SEARCH>T0202 PROGRAM(MEMORY)　　O3333N00000 O3333； G50S3000； G96S120M03； 〜 M01； G96S130； G00T0202 〜 M30；	按向後搜尋鍵。 輸入欲尋找之字元。 輸入 TO202。 按執行鍵。 執行程式畫面。 游標跳移至 T0202 處。

操作項目	模式、按鍵	畫面上顯示狀態	註明
2. 指定程式之找尋	PROGRAM　　　鍵 FRWRD SEARCH 　　　　　　　鍵 (PROG#)　　　鍵 輸入 O123 EXEC　　　　鍵	PROGRAM(MEMORY)　O2234 N00000 O2234 O111 O222 O123 O8055 FRWRD SEARCH FRWRD SEARCH> PROGRAM(MEMORY)　O123 N00000 O2234 O111 O222 O123 O8055	呼叫 O123 程式出來執行。 按向前搜尋鍵。 輸入欲搜尋之程式編號。 輸入 O123。 按執行鍵。 畫面右上角顯示可執行的程式編號。
3. 下個程式之找尋	PROGRAM　　　鍵 FRWRD SEARCH 　　　　　　　鍵 NEXT PRGRAM鍵	PROGRAM(MEMORY)　O2123 N00000 O2234 O111 O222 O123 O805 FRWRD SEARCH PROGRAM(MEMORY)　O805 N00000 O2234 O111 O222 O123 O805	呼叫 O123 程式下個程式 O805 出來執行。 按向前搜尋鍵。 按下個程式鍵。 畫面右上角顯示可執行的程式編號。
工具補償操作 1. 指定資料消除	OFFSET　　　鍵 COUNTER　　　鍵 AXIS　　　　　鍵 輸入 Z EXEC　　　　鍵	TOOL OFFSET　(GEOMET/WEAR) NO　X AXIS　Z AXIS　RADIUS　TIP 01　**2.500**　1.060　0.000　0 02　1.230　1.670　0.0000　0 03　0.860　0.200　0.0000　0 TOOL OFFSET　(GEOMET/WEAR) NO　X AXIS　Z AXIS　RADIUS　TIP 01　2.500　**0.000**　0.000　0 02　1.230　1.670　0.000　0 03　0.860　0.200　0.000　0	校刀或磨耗資料刪除。 刪除一號刀 Z 軸補償資料。 游標位於 01 編號之 X 軸上。 輸入英文字 Z。 按執行鍵。 Z 軸資料刪除。
2. 形狀補償所有資料清除	OFFSET　　　鍵 ALL CLEAR　　鍵 GEOMET　　　鍵 或 WEAR　　　鍵 或 ALL　　　　鍵	TOOL OFFSET　(GEOMET/WEAR) NO　X AXIS　Z AXIS　RADIUS　TIP 01　2.500　**0.000**　0.000　0 02　1.230　1.670　0.00　0 03　0.860　0.200　0.000　0 TOOL OFFSET　(GEOMET/WEAR) NO　X AXIS　Z AXIS　RADIUS　TIP 01　0.000　0.000　0.000　0 02　0.000　0.000　0.000　0 03　0.000　0.000　0.000　0	 所有資料清除。 幾合校刀所有資料清除。 磨耗補償所有資料清除。 所有校刀、磨耗補償所有資料統統消除。

操作項目	模式、按鍵		畫面上顯示狀態	註明
3. 形狀補償資料更改	OFFSET　　　鍵		TOOL OFFSET　(GEOMET/WEAR) NO　X AXIS　Z AXIS　RADIUS　TIP 01　**2.500**　1.600　0.000　0 02　1.230　1.670　0.000　0 03　0.860　0.200　0.000　0	一號刀 X 軸資料更改為 1.23。 游標置於一號刀的 X 軸上。
	輸入 1.23 INPUT　　　鍵		TOOL OFFSET　(GEOMET/WEAR) NO　X AXIS　Z AXIS　RADIUS　TIP 01　**1.230**　1.600　0.000　0 02　1.230　1.670　0.000　0 03　0.860　0.200　0.000　0	鍵入數字 1.23。 按輸入鍵。 X 軸更改為 1.23 。
4. 工作原點設定（平移）	模擬加工	−100. +INPUT 增量輸入	WORK ZERO OFFSET(工作原點補償) SHIFT X 167.533 Z **265.234** WORK ZERO OFFSET SHIFT X 167.533 Z **165.234**	程式模擬使用單節執行。 若無此畫面可在校刀畫面之所用刀具的所有 Z 軸做此設定。 輸入 -100. 增量增加
	資料更改	0 INPUT 輸入	WORK ZERO OFFSET(工作原點補償) SHIFT X **218.140** Z 375.257 WORK ZERO OFFSET SHIFT X 0.000 Z 375.257	程式模擬使用單節執行。 輸入 "0" 游標位在 X 值上。 按輸入鍵。
傳輸操作 1.O6776 程式讀入（輸入）	模式位置 EDIT PROGAM　　　鍵 ＜　　　　　鍵 READ　　　　鍵 (PROG#)　　鍵 輸入 6776 EXEC　　　　鍵		PROGRAM(MEMORY)　　O2222N00000 O2222； G50S3000； M03； 　〉 M30； READ READ>O_ READ>O6776	程式由周邊設備傳入數控車床記憶電腦庫內。 按畫面右下角操作鍵兩下。 讀入資料。 輸入程式編號。 鍵入程式編號。 按執行鍵。周邊設備先做輸出準備。

操作項目	模式、按鍵	畫面上顯示狀態	註明
2. 選擇程式輸出 如 O6776	模式位置 EDIT PROGAM　　　鍵 　　＜　　　　鍵 PUNCH　　　鍵 (PROG#)　　鍵 輸入 6776 EXEC　　　　鍵	PROGRAM(MEMORY)　　O2222N00000 O2222； G50S3000； M03； 〜 M30； PUNCH PUNCH>O_ PUNCH>O6776	程式由周邊設備傳入數控車 床記憶電腦庫內。 按畫面右下角操作鍵兩下。 輸出資料。 欲輸出之程式編號。 鍵入程式編號。 按執行鍵。周邊設備先做輸 入準備。
2.1 執行 O2222 之程式輸出儲 存	操作同上 THIS　　　　鍵 PUNCH　　　鍵 THIS　　　　鍵	PROGRAM(MEMORY)　　O2222N00000 O2222； G50S3000； M03； 〜 M30； PUNCH PROGRAM(MEMORY)　　O2222N00000	注意事項同上。 輸出畫面上正在執行程式。 輸出程式資料。 輸出畫面上執行程式 O2222
故障排除 1. 刀塔超出行程 極限(第一道)	 RESET　　　鍵 手動旋轉脈波產生 器	**** **** **** ALM **** **** **** **** **** ****	 警訊解除。 負方向或正方向 手轉脈波產生器。
2. 刀塔超出極限 (第二道)	RESET　　　鍵 強制執行鍵 同時手動旋轉脈波 產生器 RESET　　　鍵	**** **** **** ALM **** **** **** **** **** ****	無效 (或加按控制鍵) 不可放手。 (視廠牌而定) 警訊解除。
警訊顯示	ER1 ER2 ER3	**** **** **** ALM ****	檢查程式內容。 檢查滑道油是否足夠。 檢查電路控制箱。

☆更換電池 (1#) 時不可關閉總電源，需於送電的狀態下工作。故障排除無法解決可參考使用手冊或與製造廠聯絡。

操作流程例說明表 (本表適用 F-0T 系統，請參照使用)

操作項目	模式、按鍵	畫面顯示		註明
原點復歸	原點 　+X 　+Z	(相對座標) U-129.768 W-198.579 (機械座標) X-129.768 Z198.579 (相對座標) U-129.768 W198.579 (機械座標) X 0.000 Z 0.000	(絕對座標) X-129.768 Z-198.579 (絕對座標) X129.768 Z-198.579	歸零操作請先檢查床軌上有無安裝附件、刀具有無干涉、尾座是否伸出。 面板上指示燈亮即表示歸回機械原點確實完成
座標歸零 絕對座標 歸零 X 軸歸零	編輯 OFFSET INPUT	工件平移 　(平移值) X　90.456 Z 124.753 工件平移 　(平移值) X　90.456 Z 124.753 工件平移 　(平移值) X　0.000 Z 124.753	(測定值) X　90.95 Z 124.75 (測定值) X　90.45 Z 124.75 (測定值) X　0.00 Z 124.75	按鍵輸入 "X0"
相對座標 歸零 X 軸歸零	編輯 POSTION CAN	現在位置 (相對座標) U　87.156 W 124.753 現在位置 U 87.156 W 124.753 現在位置 U　0.000 W 124.753		按鍵輸入 "U"
相對座標 歸零 X、Y 軸歸零	編輯 POSTION CAN	現在位置 U　87.156 W 124.753 現在位置 U 0.000 W 0.000		按鍵輸入 "U、W"

操作項目	模式、按鍵	畫面顯示	註明
程式編輯 ①手動輸入 程式	程式保護鎖 關 (OFF) PRGRM 編輯 (EDIT) INSERT	程式 程式 O6578 %	按鍵輸入 O6578； 可至程式一覽表檢視
	INSERT	程式 O6578 G50S4000； G96S120M03； G00T0101； X60； %	G50S4000；G96S120M03； G00T0101；X60.；
插入字	PRGRM 編輯 (EDIT)	程式 O6578 G50S4000； G96S120M03； G00T0101； X60.M08；	
	INSERT	程式 O6578 G50S4000； G96S120M03； G00T0101； X60.Z5.M08；	按鍵輸入 "Z5."
刪除程式	PRGRM 編輯 (EDIT) DELET	程式一覽表 O2345 O6578 O1584 O6688 程式一覽表 O2345 O1584 O6688	接鍵壓數次 按鍵輸入 "O6578"
刪除字	PRGRM 編輯 (EDIT) DELET	程式 O6578 G50S4000； G96S120M03； G00T0101； X60.Z5.M08； % 程式 O6578 G50S4000； G96S120M03； T0101； X60.Z5.M08； %	刪除游標所在之資料

操作項目	模式、按鍵	畫面顯示				註明
指定程式之找尋	PRGRM	程式一覽表 O2345 O6578 O1584 O6688				按鍵壓數次。
	編輯 (EDIT)	〔程式〕〔整理〕〔對話型〕 程式一覽表 O2345 O1584 O6688				按鍵輸入 "O6688"
	OUTPT START	〔程式〕〔整理〕〔對話型〕				顯示所要之程式。
刀具補償資料歸零	OFFSET	工具補償 / 形狀　　　O6578 N6578				手選正確之刀具；配合程式所需。
		番號	X	Z	R　T	
		G01	2.778	1.200	0.8　3	
		G_02	-0.800	3.654	0.4　3	
		G03	0.000	0.000	0　0	
		G04	3.556	3.325	0.2　3	
	INPUT	工具補償 / 形狀				游標移到正確位置。按鍵輸入 "ZO"
		番號	X	Z	R　T	
		G01	2.778	1.200	0.8　3	
		G_02	-0.800	0.000	0.4　3	
		G03	0.000	0.000	0　0	
		G04	3.556	3.325	0.2　3	
刀具補償資料更改	OFFSET	工具補償 / 形狀　　　O6578 N6578				游標移到正確位置。
		番號	X	Z	R　T	
		G01	2.778	1.200	0.8　3	
		G_02	-0.800	0.000	0.4　3	
		G03	0.000	0.000	0　0	
		G04	3.556	3.325	0.2　3	
	INPUT	工具補償 / 形狀				更正值 按鍵輸入 "Z3.654"
		番號	X	Z	R　T	
		G01	2.778	1.200	0.8　3	
		G_02	-0.800	3.645	0.4　3	
		G03	0.000	0.000	0　0	
		G04	3.556	3.325	0.2　3	
刀具磨耗資料更改	OFFSET	工具補償 / 形狀　　　O6578 N6578				游標移到正確位置。
		番號	X	Z	R　T	
		G01	0.778	0.200	0.8　3	
		G_02	-0.800	0.000	0.4　3	
		G03	0.000	0.000	0　0	
		G04	3.556	3.325	0.2　3	
	INPUT	工具補償 / 形狀				新數值 按鍵輸入 "Z3.05"
		番號	X	Z	R　T	
		G01	0.778	0.200	0.8　3	
		G_02	-0.800	3.050	0.4　3	
		G03	0.000	0.000	0　0	
		G04	0.556	3.325	0.2　3	

操作項目	模式、按鍵	畫面顯示	註明
工作原點 設定 Z 軸 原點前移 (試車)	OFFSET	工件平移　　　　　　O6578 N6578 (平移值) X 165.678 Z 210.334 現在位置 (相對位置) U 165.678 W 210.334 數值 W-100.	
	INPUT	(平移值) X 165.678 Z 110.334	W-100.
補償資料 更改輸入	OFFSET	(平均值) X 165.678 Z 110.334 現在位置 (相對位置) U 165.678 W 110.334 數值 Z 210.334	Z210.334
	INPUT	(平移值) X 165.678 Z 210.334	
刀具磨耗 資料補償 修正	OFFSET	工具補償 / 形狀　　　O6578 N6578 番號　　　X　　　Z　　　R　　　T G01　　0.778　　0.200　　0.8　　3 G_02　 -0.800　 1.000　　0.4　　3 G03　　0.000　　0.000　　0　　　0 G04　　0.556　　0.325　　0.2　　3	游標移到正確位置。
	INPUT	工具補償 / 形狀　　　O6578 N6578 番號　　　X　　　Z　　　R　　　T G01　　0.778　　0.200　　0.8　　3 G_02　 -0.800　 1.050　　0.4　　3 G03　　0.000　　0.000　　0　　　0 G04　　0.556　　0.325　　0.2　　3	新數值 按鍵輸入 "W0.05"
程式傳輸 至機械	編輯 PRGRM	程式一覽表 O2345 O6578 O1584 O6688 　　　　　　　　　　　　標頭 SKP	輸入程式編號 O1234
	INPUT 1 START RESET	程式一覽表 O2345 O6578 O1584 O6688 　　　　　　　　　　　　　INPUT 程式一覽表 O2345 O6578 O1584 O6688 O1234	按 " 輸入執行鍵 "

二、0iTF 系統操作或故障排除說明

部分與 10TF、0T 相同或類似請參照原廠說明小心確認後在操作

1. 手動原點復歸

會以快速移動的速度運動至接近機械原點的位置後，然後自動減速至正確的機械原點位置。

有下列狀況時必須做手動原點復歸操作。

1. 每日開工送電開始工作前。

2. 因操作不當發生碰撞或卡刀干涉狀況時。

3. 按下緊急停止鈕解除後或排除刀塔過行程方法如下：。

可將模式選擇鈕選到"X1、X10、X100"檔域，將X軸、Z軸移向負方向視狀況約 50.0mm，然後將模式選擇鈕轉到"原點復歸"位置，直接壓著 [+X] 鍵不放，先讓X軸原點復歸，爲避免刀具再碰撞到尾座心軸，安全考量，接著再按 [+Z] 鍵不放，再讓Z軸原點復歸。

※ 原點復歸 X、Z 軸指示燈亮後放手才算完成

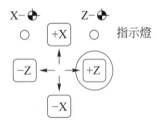

2. 過行程上項無法排除時即須更改 SYSTEM 中的參數、診斷等資料，則需：(※ 此操作不可亂試，參數有修改需做書面記錄備忘，如修改錯誤無法還原系統會導致控制器大亂，系統須重安裝設定)

(1) 程式保護鍵轉到 "編輯"。

(2) 模式選擇鈕轉到 "手動輸入"，按下 [設定] 鍵。

(3) 將設定中的第 1 頁出現 "參數寫入 0" (不可)，改成 "參數寫入 1" (可)。

此時報警信號訊息會跳出"SW0100—編號訊息 參數輸入可能" 故障訊息。可先忽略此訊息，鍵盤輸入"1"再按 [輸入] 鍵即可，等到 SYSTEM 中的資料更改完畢之後再將 "參數寫入 1" 再改爲"0"，再按 RESET 即可排除警報。

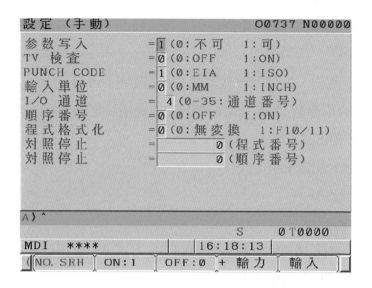

```
設定（手動）                    O0737 N00000

參 數 寫 入        =1 (0:不可    1:可)
TV 檢 查          =0 (0:OFF     1:ON)
PUNCH CODE       =1 (0:EIA     1:ISO)
輸 入 單 位        =0 (0:MM      1:INCH)
I/O 通 道         = 4 (0-35:通道番號)
順 序 番 號        =0 (0:OFF     1:ON)
程 式 格 式 化      =0 (0:無変換   1:F10/11)
対 照 停 止        =         0 (程式番號)
対 照 停 止        =         0 (順序番號)


A) ^
                                S    0 T0000
MDI  ****                16:18:13
[ NO. SRH | ON:1   | OFF:0 | + 輸力 | 輸入  |
```

※ 不可輕易操作，找到正確參數行號輸入數值排除故障 (參照維護手冊) 後再還
原原參數。修改後須立即還原參數，如：過行程排除。

3. 尾座本體之移動

中精機 VT 系列之尾座使用，可分為手動操作及程式控制。

1. 手動操作尾座本體移動：

a. 主軸停止，X 軸先要原點復歸，於停留在機械原點的位置。

b. 將刀塔移動到尾座的左方。(注意刀塔下方之凹槽須停留在帶動梢左側方至少
50mm 以上或是以碰塊不會壓到減速開關為原則)。

c. 將 "模式選擇鈕" 轉到" 慢速進給 "或" 快速進給 "或是" 原點復歸 " 操作區域。

d. 尾座本體 [後退] 鍵押 2 次後再一直長按住，此時刀塔會往右方移動，當碰塊
碰到減速開關時，刀塔移動就會自動減速，再壓到停止開關時，刀塔即停止移
動。約 2 秒後帶動梢會自動會伸出卡入凹槽內，若您的手指還是一直按住 [後
退] 鍵不放，尾座本體就會被刀塔帶往右邊；若您立刻放手改壓 [前進] 則尾
座本體即被帶到左方前進到達定位，手指立即離開按鍵約 2~4 秒後，帶動梢會
自動縮回復位，同時尾座本體也會自動鎖固。

※ 若起跑的距離太短 (即刀塔下方之凹槽與帶動梢之距離少於 50mm 時，可能此
時碰塊已經壓住減速開關或停止開關)，如一直壓住尾座本體 [後退] 鍵的話，
刀塔會 "過位置不停" 要小心，既無法帶動尾座移動，成為無效操作，必須重
新再來一次上項操作。

2. 程式控制尾座移動請參照廠商提供之程式執行。

4. 連線傳輸操作

於 SETTING 首頁內，先將參數寫入 0 不可，改成 1 可以。

程式傳輸方式介面參數 P138.7 改 1、參數 20 通道設定如下：

IO 通道：0 或 1(RS232C)

IO 通道：4　(CF 記憶卡)

IO 通道：17　(USB)

IO 通道：9　(RJ45)

例：NC 程式 O6666 從 CNC 儲存器傳到 USB 方式，不需修改程式名稱傳輸模式。

1. 首先參數 20 → 17，P138.7 → 1

2. 模式開關切在編輯位置。

3. 叫出要傳出的程式。

4. 按面板上 [PROG] 鍵進入程式目錄頁。

5. 按螢幕下方 [一覽] 鍵。

6. 按螢幕下方 [操作] 鍵。

7. 按螢幕下方 [+] 右鍵三次。

8. 輸入程式號碼 (A>O6666 輸入 CNC 儲存器內的程式號碼)。

9. 按螢幕下方 [F 寫入] 鍵。

10. 按螢幕下方 [執行] 鍵。

※　各程式傳輸操作步驟請參照原廠手冊操作。

● 10.9　油壓夾頭使用

　　數值控制車床為了提昇產品精度及生產效率，又符合省力化之要求，所以皆採用油壓夾頭藉以提高其夾持穩固性及準確性與壽命。數值控制車床所使用之油壓夾頭的夾爪有設計成兩爪、三爪及四爪型式，但一般三爪型式較為常用，夾爪之夾持方式可利用面板開關做內夾 (OUTSIDE) 或外張 (INSIDE) 夾持之設定。如下圖

面板狀態

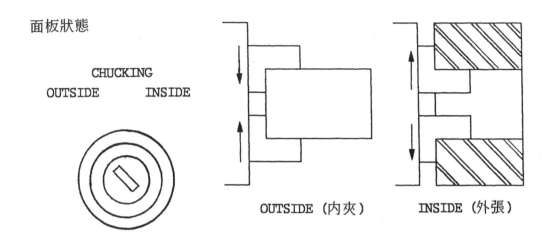

CHUCKING

OUTSIDE INSIDE

OUTSIDE (內夾)　　　INSIDE (外張)

※ 切換到 "OUTSIDE" 位置，則夾爪由外而內，夾緊工件。若切換到 "INSIDE" 的位置，則夾爪由內而外，夾緊工件。如上圖。

10.10 夾爪的分類

夾爪依工件需要可分為硬爪與軟爪 (生爪) 兩大類，前者經過熱處理具有相當之硬度，用以夾持毛胚件 (如黑皮料、鍛件、鑄件)，不可再加工。軟爪未經過熱處理，故可依工件外形及尺寸做適當的加工，用以夾持經加工過工件之內外徑。硬爪、軟爪皆依靠直槽或齒狀凹槽，再利用螺絲固鎖於夾頭本體或 T 型槽內。

一般軟爪 (生爪)

L 型軟爪 (適合長形工件)

硬爪

軟爪選用注意事項：
① 夾頭尺寸大小
② V 型齒的節距
③ 固鎖螺絲的孔距與 T 型塊的型式相配
④ 軟爪的材質
⑤ 軟爪的型式

10.11 夾爪裝置要領

1. 夾爪於安裝前需先將夾頭本體及夾爪之鋸齒部位清潔乾淨。

2. 避免使用磨損嚴重之螺絲，以免影響安全性及裝卸時間。

3. 夾爪裝置時切勿超出夾頭本體外緣，以免因夾持不良而損傷 T 型塊及夾頭亦可能降低夾持力。

4. 夾爪夾持面積越大越好，面積越大，握力越佳。

5. 在最佳夾持情況下，重量越輕越好，如此可減少離心力，提高穩定性。

6. 夾持壓力不可超過規定值，以免成形後發生工件變形影響形狀與精度。

7. 工件夾緊時，夾緊位置於夾爪行程之一半位置為最佳狀態。

8. T 型塊不得突出於夾頭 T 槽外，影響夾持力且夾爪易損壞。

生爪之成型

生爪成型之方式有數種，一般常用圓形墊片、墊圈或成型圈來輔助生爪成型。

使用墊片及墊圈之場合：如下圖

※ 將墊片置於夾爪內夾緊，即可利用刀具做生爪成型之工作。但因尺寸的不同，必須準備不同尺寸之墊片以供選用，所以在使用上極為不便。

生爪成型

使用硬爪夾持胚料或表面粗糙度差的工件時間一久，會因磨損而導致夾爪產生喇叭口，如此影響夾爪的握持力，又易產生震動，直接影響工件精度與夾持安全性。使用成型後之生爪夾持工件可提高握持力及同心精度與尺寸精度。

　　生爪成型後其夾緊位置應在夾爪行程約一半的位置較佳。夾持力的調整應視工件材質大小、形狀、長短而設定，生爪的材質、形狀選用參考亦同。

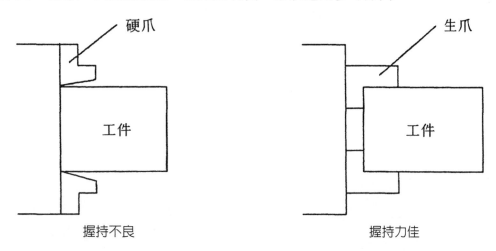

握持不良　　　　　　　　　　握持力佳

　　生爪把握徑過大，因夾持力減弱工件容易產生滑動，生爪把握徑過小，工件因夾爪兩邊之銳角，於夾緊時易造成工件表面夾傷。

※ 生爪成型尺寸一般誤差控制在 ±0.1mm 以內即可。修整軟爪有助夾持力的提升。(大小可依自身需要加工。)

内夾 (生爪内徑尺寸 ≦ 工件外徑)　　　　外張 (生爪外徑尺寸 ≧ 工件内徑)

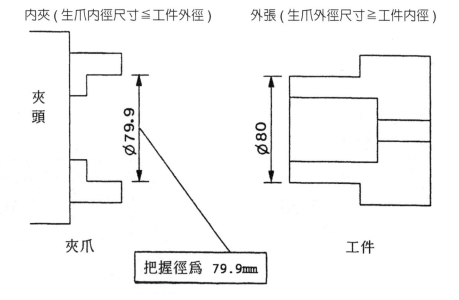

生爪成型圈

※ 主要用途：提供工件切削運轉中的夾持穩定性與安全性以及提高精度的功能。

成型圈的安裝如圖　　　　　　　　軟爪加工完成如圖

※ 成型圈安裝完成其油壓夾頭壓力設定不可過大，約為 100PSI(諮詢產品採購商)，主軸轉速約設定於 500-600rpm(諮詢刀具商)，壓力過大可能會損傷成型圈，軟爪加工為斷續切削，轉速過快刀片容易崩刀。

軟爪底部有清角如圖　　　　　　　軟爪底部無清角如圖

 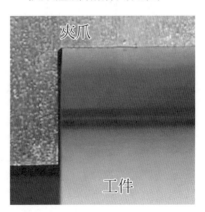

※ 軟爪加工根部應做清角工作，以利工件被夾持時能確實被夾爪把握並夾緊，如未做清角的軟爪，工件無法貼緊夾爪底部，不被完全把握夾緊狀，於切削時工件會因夾持不穩定而容易發生震動，影響工件品質精度。

清角作用功能主要用以確保夾具夾持依靠之雙邊成 90°垂直狀，如此可使工件定位更精準；記得去除毛邊，因為毛邊是影響質量精度的重要因素之一。

清角切削工法如圖

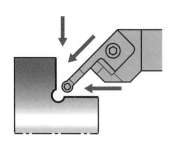

10.12 刀具安裝要領

1. 模式選擇鈕轉置於手動操作位置，停止夾頭迴轉。
2. 依程式加工順序所使用之刀具，確實安裝於刀塔上。
3. 刀柄不可突出太長，以避免發生震刀現象。
4. 刀柄墊片固定螺絲需確實鎖緊，發現磨損立刻更換。

刀具組合方式

刀具裝置之附件 (套筒、刀座、墊塊組)。

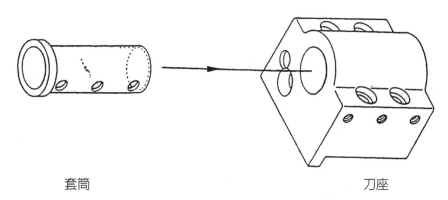

套筒   刀座

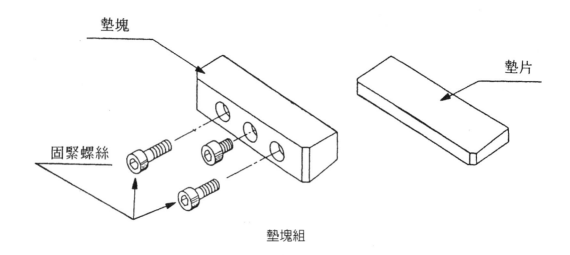

墊塊組

⊙ 10.13 刀具安裝

一、刀具裝置步驟：

1. 刀塔上裝置墊塊如圖所示，將斜度墊塊放置於刀槽上，直角處向上。
2. 用手將固緊螺絲旋轉鎖入墊塊兩端沉頭孔內，輕鎖兩三牙即可。
3. 輕拉出墊塊，再將斜度墊片依箭頭方向插入，讓斜面與墊塊斜面相配吻合。
4. 裝入切削工具，工具末端碰到刀槽末端心軸即可。
5. 輕押墊塊使其露出部分均等。

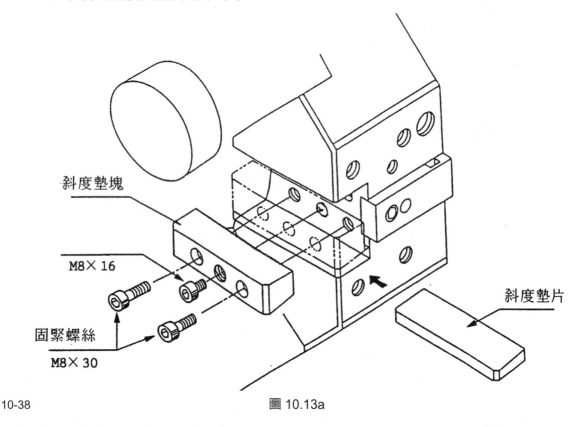

圖 10.13a

6. 用手將固緊螺絲旋轉鎖入墊塊兩端沉頭孔內，再利用扳手平均施力鎖緊螺絲。
(參閱圖 10.13a) 完成裝置後如下圖所示。

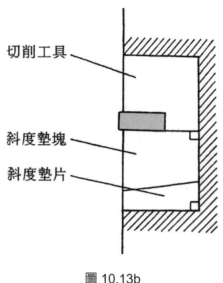

圖 10.13b

刀具的取出步驟：

1. 將墊塊兩端固緊螺絲鬆出。

2. 取用一支螺絲旋入墊塊中間螺孔內，若中間已有螺絲則直接將螺絲旋入，即可退出墊塊。

3. 取出刀具及墊塊組。

二、搪孔刀安裝

　　一般鋼質內徑加工刀柄伸出量，須與刀柄直徑有一比例，如刀桿伸出太長切削內孔時容易產生錐度或震紋粗糙度亦差，刀柄如為高速鋼鎢鋼或抗震刀桿，請參照廠商之技術資料安裝。加工孔徑愈大，所選用刀桿直徑亦應隨之增大，可增加切削穩定性。

　　搪孔刀套筒與刀柄裝配安裝時需正確，螺絲鎖固，如安裝不正確恐會影響刀具各間隙角之角度及影響切削加工效能。

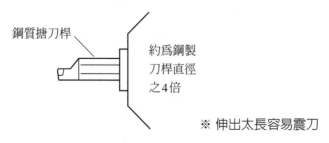

10.14 切削液裝置

　　刀塔外緣面上製作多個螺絲孔供刀座按裝使用外,另製切削液孔道,提供刀具切削時必要的潤滑、冷卻。切削液流向可利用切削液壓板或導管做導流控制,裝置如下圖。

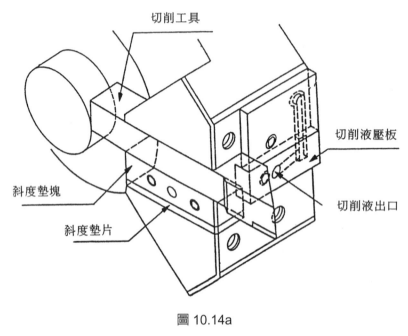

圖 10.14a

　　刀座按裝於刀塔外緣上,用於內徑加工刀具使用,刀座本體內部已製有切削液通道,通道出口裝置一個球狀調整器,可用以控制切削液噴出之方向,再利用固定螺絲鎖固。(切削液出口方向調整詳圖 10.14b)

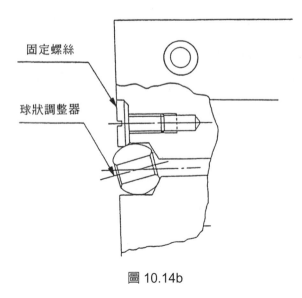

圖 10.14b

10.15 一般校刀法

(0iTF 系統、其他系統可參考但需參照原廠說明確認才可作)

按補正 OFSET 或設定 SETTING 鍵：按下此鍵後螢幕下方會出現補正、設定、座標系、操作四個按鍵。

一、校刀 (請參照廠商手冊施作)

按下補正 OFFSET 此鍵後，螢幕下方有 [磨耗]、[形狀] 二功能鍵顯示如下：

例：設欲加工材料右端面設為程式零點，選用一號外徑車刀，刀鼻 0.8mm。

工具補償 / 形狀畫面如下

```
工具補正 ／ 形狀          O0044 N00000
 番号    X軸        Z軸        半 徑 TIP
G 001    0.000      0.000      0.000 0
G 002    0.000      0.000      0.000 0
G 003    0.000      0.000      0.000 0
G 004    0.000      0.000      0.000 0
G 005    0.000      0.000      0.000 0
G 006    0.000      0.000      0.000 0
G 007    0.000      0.000      0.000 0
G 008    0.000      0.000      0.000 0
 相對座標 U      -23.685   W      -62.211


A) ^
                              S    0 T0000
 HND  **** *** ***    14:26:39
 〈 磨耗 ┃ 形狀            〉      (操作) 〉
```

1. Z 軸校刀

一般先用外徑刀將工件的端面（基準面）車削平整。通常都選用外徑精車刀車削端面，此基準平面就是我們所要設定的工件基準端面 (工作原點)。

※ 車削端面時僅能夠移動 X 軸，從 ”0” 位置移動到中心點 ”1” 的位置車削端面，此時不可移動 Z 軸，直接由 X 軸方向退刀提升到安全位置 ”0”。

※ Z軸校刀輸入：讓游標停留在一號 Z 軸欄位上輸入 Z0；按 [測定] 鍵即可。(或輸入 MZ0；”M” 代表量測，視系統不同，操作亦不同)。補正形狀畫面 1 號刀 Z 軸欄位會顯示機械座標原點至工件基準面原點，Z 軸方向之距離。

2. X 軸校刀

原 1 號刀須超過黑皮車削外徑"0"至"2"後，車削長度足夠量具量測位置即可，此時不可移動 X 軸，僅能移動 Z 軸方向，退刀至安全位置

※ 外徑車削後退回至起刀"0"位置，即刻停止主軸轉動再度量所車削的工件直徑尺寸。例：量測值為 63.70 mm。

※ X 軸校刀輸入：游標停留在一號 X 軸欄位上輸入 X63.70；按 [測定] 鍵即可。(或輸入 MX63.70，"M"代表量測，視系統不同，操作亦不同)。補正形狀畫面 1 號刀 X 軸欄位會顯示機械座標原點至刀尖位置距離再加上工件量測值之總長，即工件基準面 Z 軸原點之距離。

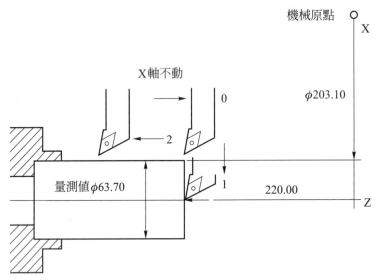

3. 內孔校刀即選用內徑刀，車削工件內孔後，同上圖 X 軸不可移動，直接 Z 軸方向退刀，再輸入內孔量測值即可，TIP"2"。

※ 切記校刀完畢後須做程式模擬測試，經確認無誤後始可實際切削 (系統不同校刀操作按鍵及輸入方式皆會有差異，請參照原廠商操作手冊操作)。

※ 牙刀、槽刀不可用以切削工件外徑會損壞刀尖，停止主軸及切削液，亦可用紙片置於刀尖與工件間上下移動，刀具慢速微速移動碰觸紙片，待紙片劃破即可，完成對刀。

※ 形狀畫面 TIP 欄輸入 (0-9)，請參照圖 12-3 及表 12.1；外徑刀 TIP 為"3"，刀鼻半徑為 0.8，內徑刀 TIP 為 2。

二、磨耗補償

工具補償 / 磨耗畫面如下

工具補正 ／ 摩耗			O0044 N00000
番 号	X軸	Z軸	半 徑　TIP
W 001	0.000	0.000	0.000 0
W 002	0.000	0.000	0.000 0
W 003	0.000	0.000	0.000 0
W 004	0.000	0.000	0.000 0
W 005	0.000	0.000	0.000 0
W 006	0.000	0.000	0.000 0
W 007	0.000	0.000	0.000 0
W 008	0.000	0.000	0.000 0

相対座標　U　　　　-23.685　W　　　　-62.211

A) ^

S　　0 T0000

HND　＊＊＊＊ ＊＊＊ ＊＊＊　　14:26:04

|「 摩耗 | 形狀 | | (操作) |

　　例：選用一號外徑車刀，刀鼻尺寸 0.8mm，初加工切削工件後經度量工件外徑尺寸如下：

1. 量測工件結果車削出來的工件外徑大 0.02mm，將反白游標移在 W001 X軸這行，輸入 - 0.02 按增量輸入 [+ 輸入]" 鍵即完成。

2. 度量結果車削出來的工件端面至階級短 0.03mm，將反白游標移在 Z軸這行，鍵入 - 0.03 按增量輸入 [+ 輸入]" 鍵即完成。

工具補正 ／ 摩耗			O0044 N00000
番 号	X軸	Z軸	半 徑　TIP
W 001	-0.020	-0.030	0.8 ｜3
W 002	0.000	0.000	0.000 0
W 003	0.000	0.000	0.000 0
W 004	0.000	0.000	0.000 0
W 005	0.000	0.000	0.000 0
W 006	0.000	0.000	0.000 0
W 007	0.000	0.000	0.000 0
W 008	0.000	0.000	0.000 0

相対座標　U　　　　-23.685　W　　　　-62.211

A) ^

S　　0 T0000

HND　＊＊＊＊ ＊＊＊ ＊＊＊　　14:26:04

|「 摩耗 | 形狀 | | (操作) |

※ 形狀及磨耗畫面 TIP 欄輸入 (0-9) 請參照圖 12-3 及表 12.1；外徑刀為 " 3"

三、工件移的校刀方法：(請諮詢機械製造商再操作)。

工件平移 (工件移) 方法校刀，可移動工件的基準面或是作為基準刀的校刀法。此方法快速，初學者熟練一搬校刀法後再行使用此法。

1. 先按面板上 OFFSET 鍵一次，再按螢幕下方的右軟鍵二次，再按 [W.SHFT]，即會出現如下之劃面。

```
WORK SHIFT                    O0085 N00000
        （偏 移 值）              （測 定 值）
    X       0.000      X        0.000
    Z       0.000      Z        0.000
    CS      0.000      CS       0.000
    A       0.000      A        0.000




相対座標 U      -0.036   W     -81.297
         IHS     0.000   A      -0.029

A) ^
                              S    0 T0000
HND  ****                 15:33:46
          W. SHFT                    (操 作)  +
```

2. 可選用精車刀為基準刀

   車削操作同上，但 3 號精車刀 X、Z 等軸校刀值須放置於偏移值畫面內 (平移畫面)，而補正形狀畫面內 X、Z 軸第 3 號刀校刀值皆為 0。

   至於其他刀具校刀操作方法同上，各刀具校刀值亦放入補正形狀畫面相對應之欄位內。

   ※ 所顯示校刀數值與一搬校刀法不同，差異很大，因其為各刀具分別對 3 號基準刀 X、Z 軸的位置之相對位置。

※ 此方法工件移的正、負號與摩耗補正的正、負號方向是相反的。

※ 也可以利用這個特性，讓刀具遠離工件，在工件範圍外面無干擾的區域來預演、空跑程式或做暖機、展示使用。設：工件伸出量小於 100.0 若要將刀具移到工件右側 100.0mm 之處做預演程式，則輸入 -100.0 再按 [+ 輸入] 鍵。程式預演練無誤之後，再恢復到原來的位置，則輸入 100.0 再按 [+ 輸入] 鍵即可。

自我評量

一、單選題

1. ( ) 程式欲作自動操作時，啟動開關是下列那一個鈕？ ① START
   ② HOLD ③ POWER ④ RESET 。

2. ( ) 刀具補償值之顯示與輸入，在記憶面板上應先按那一個鍵？
   ① DELETE ② OFFSET ③ INPUT ④ CAN 。

3. ( ) 下列四個功能鍵中，何者為設定刀具補償值？ ① POSITION ②
   PROGRAM ③ OFFSET ④ SETTING 。

4. ( ) OFFSET 鍵是表示 ①重置 ②刀具補償 ③游標指示 ④刪除 鍵。

5. ( ) 單節執行 (SINGLE BLOCK) 的主要用意是 ①核對車削路徑 ②了解潤
   滑狀況 ③測試主軸溫昇 ④觀察刀具是否銳利。

6. ( ) 當機器開機之後，首先操作項目通常為 ①輸入刀具補償值 ②輸入參
   數資料 ③機械原點復歸 ④程式空車測試。

7. ( ) 空車測試 (DRY RUN) 的主要用意是測試 ①刀具路徑及車削條件 ②機
   器潤滑是否良好 ③主軸溫度 ④刀具是否銳利。

8. ( ) 在操作面板上 "MACHINE" 位置軟體鍵，係用來顯示 ①絕對 ②相對
   ③所有 ④機械 座標值。

9. ( ) 控制器開機時，螢幕畫面上顯示 "NOT READY" 是表示 ①機器無法運
   轉狀態 ②伺服系統過負荷 ③伺服系統過熱 ④主軸過熱。

10. ( ) 手動脈波產生器 (MPG)，最小進給值通常為 ① 0.001 ② 0.01 ③ 0.1
    ④ 1 mm／格。

11. ( ) 當發現行程超過極限後，應如何處理 ①關掉機器 ② CYCLE START
    ③ FEED HOLD ④手動返回工作區後，再按 RESET 鍵。

12. ( ) 在緊急狀況下應按 ① FEED HOLD ② CYCLE START
③ DRY RUN ④ EMERGENCY STOP 鍵。

13. ( ) 要執行程式中有 " / " 單節時，須按 ① OPTIONAL SKIP
② MACHINE LOCK ③ DRY RUN ④ FEED HOLD 鍵。

14. ( ) 車削加工中，發覺進給率太慢，在機器操作面板上，可調整那個鈕來改
變進給率 ① FEED RATE OVERRIDE ② RAPID OVERRIDE ③
JOG FEEDRATE ④ DRY RUN 。

15. ( ) 在螢幕畫面上，用來顯示工件程式的功能鍵為 ① POSITION ②
PROGRAM ③ OFFSET ④ SETTING 。

16. ( ) 在操作面板上用來顯示位置的功能(軟體)鍵為 ① PROGRAM
② OFFSET ③ SETTING ④ POSITION 。

17. ( ) 手動操作模式可作 ①單節 ②紙帶 ③主軸起動與停止 ④記憶 操
作。

18. ( ) 手動進給操作，模式選擇鈕應置於 ① EDIT ② MEMORY
③ MDI ④ HANDLE 。

19. ( ) 使用記憶操作執行程式時，應選擇之鈕為 ① EDIT ② MEMORY
③ TAPE ④ MDI 。

20. ( ) 程式在記憶庫中自動操作，模式選擇鈕應置於 ① EDIT ② JOG
③ MDI ④ AUTO 。

21. ( ) 在記憶庫中修改程式，模式選擇鈕應置於 ① EDIT ② MDI
③ AUTO ④ JOG 。

22. ( ) 在螢幕上修改程式，須選擇那個模式(MODE)？ ① JOG
② MEMORY ③ EDIT ④ HANDLE 。

23. (　) 手動資料輸入時，模式選擇鈕應置於　①⌷EDIT⌷　②⌷MEMORY⌷　③⌷MDI⌷　④⌷TAPE⌷　。

24. (　) 下列何者無法執行程式車削？　①紙帶　②記憶　③手動資料輸入　④編輯　操作。

25. (　) 刪除程式模式選擇鈕應置於　①⌷MDI⌷　②⌷EDIT⌷　③⌷AUTO⌷　④⌷JOG⌷　。

26. (　) 在螢幕上作編輯程式之刪除，須選擇下列何鍵？　①⌷ALTER⌷　②⌷INSERT⌷　③⌷DELETE⌷　④⌷CHANGE⌷　。

27. (　) 在螢幕面板上，⌷READ⌷ 操作選擇鍵係表示可對程式作　①編輯　②刪除　③輸入　④搜尋。

28. (　) 能同時顯示程式各種機能與位置，供操作者在程式執行時，來檢核程式的功能鍵為　①設定鍵 SETTING　②警示鍵 MESSAGE　③程式查核鍵 PRG-CHK　④補償鍵 OFFSET。

29. (　) 修軟爪時，常用螢幕畫面上何種座標顯示值？　①相對座標　②絕對座標　③機械座標　④卡笛爾座標。

30. (　) 以 "MDI" 模式輸入之程式，僅能被執行　①1 次　②2 次　③3 次　④4 次。

31. (　) 程式輸入時在暫存區內的字若打錯可按　①⌷DELETE⌷ 鍵　②⌷ALTER⌷ 鍵　③⌷INSERE⌷ 鍵　④⌷CAN⌷ 鍵　來消除。

32. (　) 利用寸動 (JOG) 來移動刀架時，刀架移動速度由　①切削進給率　②快速進給率　③主軸調整率　④旋轉調整率調整鈕來控制。

33. (　) 正常關機時，一般需先按下　①⌷EMERGENCY STOP⌷ 鍵　②⌷RESET⌷ 鍵　③⌷MACHINE LOCK⌷ 鍵　④⌷AFL⌷ 鍵　再切斷電源。

34. ( ) 利用翻頁鍵將程式翻頁後，上頁程式之最後 ①8行 ②6行 ③4行 ④2行將再次顯示於下頁畫面上，以供檢視。

35. ( ) 油壓夾頭壓力錶一般使用壓力視夾持物而定，以鋼料為例，調整範圍在 ①1-6 ②7-12 ③16-24 ④35-45 kg/cm2 較為適當。

36. ( ) 更改參數 (PARAMETER) 時，模式選擇鈕要置於 ① EDIT ② MDI ③ JOG ④ AUTO 。

37. ( ) 機械鎖定鈕 (MACHINE LOCK) 一般配合 ① BLOCK DELETE ② OPTIONAL STOP ③ OPTIONAL SKIP ④ DRY RUN 來使用，用以檢查程式執行時，是否會產生 ALARM。

38. ( ) 電腦數值控制車床於螺紋切削循環操作中，若調整面板上切削進給率時，則 ①無效果 ②有效果 ③切削進給率變慢 ④切削進給率變快。

39. ( ) 程式編輯中使用 "ALTER"，表示程式內容要 ①修改 ②插入 ③消除 ④尋找。

40. ( ) 欲消除輸入緩衝器內之字元需按那一個鍵？ ① "CAN" ② "ALTER" ③ "INSRT" ④ "EOB"。

41. ( ) 程式由鍵盤輸入時，首先應將模式選擇鈕置於 ①手動 ②字帶 ③編輯 ④記憶 位置。

42. ( ) 編輯程式操作中，欲插入語碼時，應選 ① "INSRT" ② "ALTER" ③ "DELET" ④ "REWIND" 鍵。

43. ( ) 模式選擇鈕置於記憶位置，按 "PRGRM" 鍵，則螢幕顯示 ①記憶中的程式內容 ②補償值內容 ③座標位置 ④警告內容。

44. ( ) 在程式編輯狀態，欲讀取程式，應選擇 ① "READ" ② "PUNCH" ③ "VERIFY" ④ "SEARCH" 鍵。

45. ( ) 工件程式中使用 "M00" 停止操作後，如要再繼續操作，按 ① "CYCLE START" ② "FEED HOLD" ③ "RESET" ④ "DR Y RUN" 鍵。

46. ( ) 在下列何種情況下 "ON"，程式中 "M01" 才有效 ① "CYCLE START" ② "FEED HOLD" ③ "RESET" ④ "OPTIONAL STOP" 鍵。

47. ( ) 下列何者不是使用單節操作 "SINGLE BLOCK" 的目的？ ①了解車削路徑 ②了解車削進給狀況 ③了解機械潤滑狀況 ④了解斷屑狀況。

48. ( ) 當警告發生後，欲消除警告狀態須按 ① "CAN" ② "RESET" ③ "DELET" ④ "ALTER" 鍵。

49. ( ) 螢幕上顯示 "ALM" 字樣，是表示警告狀態，故障排除前、後，應按 ① "READ" ② "INSRT" ③ "ALARM" ④ "RESET" 鍵。

50. ( ) 當按下 "RESET" 鍵後，下列何者為錯誤？ ①執行移動之指令經減速後停止 ②M 機能立即無效 ③主軸停止 ④自動操作中按 "RESET" 鍵無效。

51. ( ) "MACHINE" 顯示的現在位置，表示為 ①絕對 ②相對 ③工件 ④機械 座標系。

52. ( ) "RELATIVE" 顯示的現在位置，表示為 ①絕對 ②相對 ③工件 ④機械 座標系。

53. ( ) "ABSOLUTE" 顯示的現在位置，係表示 ①絕對 ②相對 ③工件 ④機械 座標系。

54. ( ) 選擇快速移動調整 "RAPID OVERRIDE" 時，對下列哪一指令會有影響？ ① G01 ② G00 ③ M01 ④ M00。

55. ( ) 選擇進給率調整 "FEEDRATE OVERRIDE" 時，對下列那一指令會有影響？ ① G01 ② G00 ③ M01 ④ M00。

56. ( ) 當快速移動速率為 1,000mm/min，快速移動速率調整為 100% 時，表示快速移動速率為　① 100mm/min　② 100mm/ 轉　③ 1,000mm/min　④ 1,000mm/ 轉。

57. ( ) 當進給率為每轉 0.1mm，進給率調整為 100% 時，表示快速移動速率為　① 100mm/min　② 100 轉　③ 0.1mm/min　④ 0.1mm/ 轉。

58. ( ) 旋轉手動脈衝產生器時，其迴轉數每秒鐘不可超過　① 5　② 10　③ 50　④ 500　轉。

59. ( ) 軟爪夾持工件有明顯的夾傷，其原因可能是　①夾持面半徑大於工件半徑　②夾持面半徑小於工件半徑　③夾持面半徑等於工件半徑　④夾持壓力小。

60. ( ) 軟爪夾持工件有偏心現象時，其校正方法是　①用鋼質手鎚敲擊工件　②用橡膠手鎚敲擊工件　③放鬆夾爪，並轉動工件更換夾持位置　④調整夾爪的壓力。

61. ( ) 若爪面內徑太大於工件直徑，則夾持工件時易於　①夾緊　②夾傷　③密合　④滑動脫落。

62. ( ) 易變形的工件選用軟爪應愈　①長　②窄　③重　④輕　愈好。

63. ( ) 修整軟爪的目的是　①增加油壓夾持壓力　②減少油壓夾持壓力　③增加工件夾持力　④減少工件夾持力。

64. ( ) 夾持工件，下列何者不必考慮？　①工件大小、長短　②工件形狀　③工件材質　④切削劑。

65. ( ) 換裝軟爪夾持工件，下列流程何者較為正確？　①換裝軟爪→夾持工件　②換裝軟爪→依工件直徑大、小修整爪面→夾持工件　③換裝軟爪→修整爪面大於工件半徑 1mm →夾持工件　④換裝軟爪→修整爪面小於工件半徑 1mm →夾持工件。

66. ( ) 夾持工件車削外徑，結果發生工件成橢圓現象，其原因是　①工件夾持太緊　②工件未夾緊　③主軸轉數太慢　④進給量太小。

67. ( ) 油壓夾頭夾爪之徑向夾持位置是依　①工件直徑與油壓開、閉最大行程比　②主軸轉數　③進給量之大、小　④工件長、短　作適當的調整。

68. ( ) 夾爪夾持工件的行程，最好為其最大開、閉行程的　① 1/8　② 1/4　③ 1/2　④ 1　倍。

69. ( ) 車削不同材質工件，其夾持壓力應　①固定　②不同　③保持最大夾持壓力　④任意。

70. ( ) 調整油壓夾頭夾持壓力時，主要考慮因素為　①切削劑　②工件外徑大小及材質　③夾持長度　④切削速度。

71. ( ) 以油壓夾頭夾持工件，夾爪的行程與其最大行程比最好為　① 0.1：1　② 0.2：1　③ 0.5：1　④ 1：1。

72. ( ) 夾持細小工件高速車削時，宜選用　①彈簧套筒　②雞心　③四爪單動　④鑽頭　夾頭。

73. ( ) 以彈簧套筒夾頭夾持工件時，工件直徑　①要大於　②要小於　③要等於　④無關於　彈簧套筒夾頭之夾持直徑。

74. ( ) 彈簧套筒夾頭以夾持　①光滑　②粗胚　③鑄造胚　④鍛造胚　面工件為最適宜。

75. ( ) 當棒材的長度是 60mm，而不用尾座頂心支撐時，其夾爪之夾持長度最好為　① 1　② 3　③ 5　④ 15　mm。

76. ( ) 油壓夾頭夾持工件的行程，最好為其夾爪最大開、閉行程的　① 1/8　② 1/4　③ 1/2　④ 1　倍。

77. ( ) 150mm 油壓夾頭，其最低之使用壓力為　① 0.4～0.6　② 4～6　③ 40～60　④ 50～80　kg/cm^2。

78. ( ) 易變形工件選用軟爪應 ①愈長 ②愈窄 ③愈重 ④愈輕 愈好。

79. ( ) 油壓夾頭夾持不同材質之工件，其夾持壓力應 ①不同 ②相同 ③保持最大壓力 ④任意夾持壓力。

80. ( ) 當換裝軟爪時，應選用 ①爪面半徑略大於工件半徑 ②爪面半徑等於或略小於工件半徑 ③爪面半徑遠大於工件半徑 ④爪面半徑遠小於工件半徑 之軟爪。

81. ( ) 使用軟爪夾持工件其目的為 ①要夾持粗糙表面 ②工件較長不易夾持 ③要有良好的夾持接觸面 ④工件材質太硬。

82. ( ) 夾持工件若壓力不足則 ①工件易脫落發生危險 ②宜作慢速重車削 ③宜作快速重車削 ④可得較高的車削效率。

83. ( ) 車削下列工件時，何者應使用高的夾持壓力？ ①銅 ②鋁 ③鑄鐵 ④錫。

84. ( ) 精修軟爪，下列何者可不必考慮？ ①確保工件的同心度 ②有良好的夾持面 ③有足夠的夾持長度 ④夾持粗糙表面。

85. ( ) 車削軟爪時，只車削夾持工件部分的長度，其餘形成一段差，其主要理由是 ①美觀 ②節省時間 ③增加爪面強度 ④作為夾持長度之基準。

86. ( ) 車削鋼材鑄鐵時，夾爪的材質以下列何者最適當？ ①鋼 ②鋁 ③銅 ④錫 材。

87. ( ) 硬爪的使用材料一般為 ①碳鋼 ②鋁 ③銅 ④塑膠。

88. ( ) 車削碳鋼時，如切屑呈小片飛散時，應調整面板旋鈕使 ①進給率變小 ②進給率變大 ③主軸轉數變快 ④主軸轉數變慢。

89. ( ) 車削工件，發現其真圓度太差，主要之原因是 ①工件未夾緊 ②切削速度太快 ③進給量小 ④切削劑不足。

90. ( ) 車削之工件產生橢圓現象，是由於　①車刀未鎖緊　②工件太軟　③工件未鎖緊　④工件轉數太高。

91. ( ) 工件於車削中脫落，最可能之原因是　①夾持壓力不足　②工件之熱膨脹係數太低　③主軸轉數太慢　④機器自動潤滑系統故障。

92. ( ) 程式設計後，第一次偵錯工作最好是　①請品管人員查看　②委託廠商偵錯　③自行利用刀具路徑模擬系統或空車測試偵錯　④直接上機車削工件。

93. ( ) 執行程式時，發現程式有少數語碼輸入錯誤宜　①刪除此程式，重新撰寫新程式　②在機器面板上，直接以編輯指令修正之　③找工程師尋助處理　④置之不理，繼續加工。

二、複選題

94. ( ) 電腦數值控制車床上安裝光學尺量測的實際功能為　①讀取刀具補償值　②回饋機台移動實際位置　③量測工件尺寸　④顯示螢幕正確座標值。

95. ( ) 當試車 DRY RUN 且已將機械鎖定時，下列何者機能仍會執行　① M 機能　② S 機能　③軸向移動　④手動脈波產生器。

96. ( ) 變更參數操作時模式不應該選在　① HANDLE 　② JOG 　③ MDI 　④ AUTO 。

97. ( ) 程式由鍵盤輸入時，模式選擇鈕不應該選在　① AUTO 　② EDIT 　③ MDI 　④ TAPE 。

98. ( ) 使用 DRY RUN 時與下列項目何者相關　①模式－自動執行　②手動主軸轉速調整鈕　③切削進給率調整鈕　④尾座心軸。

99. ( ) 切削加工進行中進給率調整鈕可控制工件的　①表面粗糙度　②車削斷屑狀況　③加工時間　④工件材質。

100. ( ) 程式繪圖模擬與程式 DRY RUN 之最大不同是 ①主軸不轉 ②切削劑關閉 ③執行速度由切削進給率控制 ④工件是否夾持。

101. ( ) 在何種情況下，通常需要手動返回機械原點。 ①電源接通開始工作之前 ②停電後，再次接通數控系統的電源時 ③在急停信號或過行程報警信號解除之後，恢復工作時 ④程式執行結束後。

102. ( ) 購買軟爪時需提供的規格為何？ ①沉頭孔孔距 ②V型齒節距 ③夾頭尺寸 ④工件材質。

103. ( ) 使用膨脹心軸夾持工件車削時，如果心軸本身同心度有誤差，工件易產生何種誤差 ①同心度 ②真圓度 ③尺寸精度 ④表面粗糙度大。

104. ( ) 電腦數值控制車床油壓夾頭的特點 ①精度高 ②操作不方便 ③壽命長 ④夾持穩固。

105. ( ) 在電腦數值控制車床上選用夾具的原則包括 ①夾具的剛性 ②夾具的精度 ③成本高 ④工件裝卸方便。

106. ( ) 電腦數值控制車床中有關軟爪的應用，下列敘述何者正確？ ①夾持粗糙表面工件 ②提高工件之同心度 ③有良好的夾持接觸面 ④避免夾傷工件。

107. ( ) 防止電腦數值控制車床車削產生振動的方法，下列何者正確 ①調整滑動面 ②伸長刀柄或刀桿 ③鎖緊刀具固定螺絲 ④檢查刀片狀態。

答案

1.(1)	2.(2)	3.(3)	4.(2)	5.(1)	6.(3)	7.(1)	8.(4)	9.(1)	10.(1)
11.(4)	12.(4)	13.(1)	14.(1)	15.(2)	16.(4)	17.(3)	18.(4)	19.(2)	20.(4)
21.(1)	22.(3)	23.(3)	24.(4)	25.(2)	26.(3)	27.(3)	28.(3)	29.(1)	30.(1)
31.(4)	32.(1)	33.(1)	34.(4)	35.(3)	36.(2)	37.(4)	38.(1)	39.(1)	40.(1)
41.(3)	42.(1)	43.(1)	44.(1)	45.(1)	46.(4)	47.(3)	48.(2)	49.(4)	50.(4)
51.(4)	52.(2)	53.(1)	54.(2)	55.(1)	56.(3)	57.(4)	58.(1)	59.(2)	60.(3)
61.(4)	62.(4)	63.(3)	64.(4)	65.(2)	66.(2)	67.(1)	68.(3)	69.(2)	70.(2)
71.(3)	72.(1)	73.(3)	74.(1)	75.(4)	76.(3)	77.(2)	78.(4)	79.(1)	80.(2)
81.(3)	82.(1)	83.(3)	84.(4)	85.(4)	86.(1)	87.(1)	88.(1)	89.(1)	90.(3)
91.(1)	92.(3)	93.(2)	94.(24)	95.(12)	96.(124)	97.(134)	98.(13)	99.(123)	100.(12)
101.(123)	102.(123)	103.(13)	104.(134)	105.(124)	106.(234)	107.(134)			

11
Chapter

固定循環指令
(G90、G94)

此指令適用於單一形狀之加工，如簡單的外徑、錐度加工，依切削方向之不同而有不同的指令。欲採軸向切削可使用 G90 指令，若採徑向切削則可使用 G94 指令。

工件外形為非單一形狀者，不適用此種機能，可選擇複合形循環指令，如 G70、G71、G72、G73 等指令。

11.1　G90 外徑自動循環切削

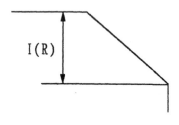

```
(F-10T、F-11T、F-15T)
G90 X(U)____Z(W)____I___F____;
(F-0T)
G90 X(U)____Z(W)____R___F____;
```

圖 11-1

直徑加工之場合

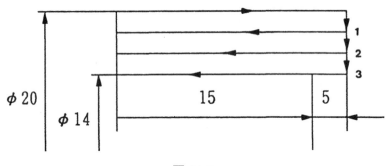

圖 11-2

程式例：

```
G00X23.0Z5.0;
N01G90X18.0.Z-15.F0.2;
N02X16.0;
N03X14.0;
   ⋮
M08;
G00X100.0Z100.0;
M01
```

錐度加工之場合

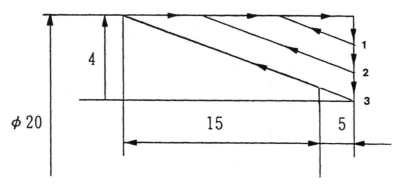

圖 11-3

程式例：(F-10T，F-15T)   (F-0T)

```
G00X23.0Z5.0；                        G00X23.0 Z5.0；
N01G90X18.Z-15.I-4.0 F0.15；          N01G90X18.Z-15.0R-4.0；
N02X15.0；                            N02X15.0
N03X12.0；                            N03X12.0
  ⌇                                     ⌇
M08；                                 M08；
G00X100.0Z100.0；                     G00X100.0Z100.0；
M01；                                 M01；
```

● 11.2　G94 端面自動循環切削

```
(F-10T、F-11T、F-15T、F-21T)
G94 X(U)____Z(W)____K____F____；
(F-0T、F-16T)
G94 X(U)___Z(W)____R____F____；
```

加工之動作

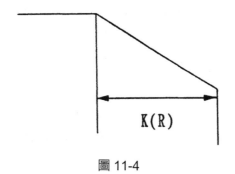

圖 11-4

直徑加工之場合

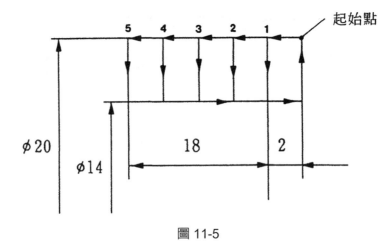

圖 11-5

程式例：

```
G00X23.0Z2.0;

N01G94X14.Z-2.0;

N02Z-4.0;

N03Z-6.0;

N04Z-8.0;

    ⁝
    ⁝
    ⁝

    Z-18.0;

G00X100.0Z100.0;
```

G94 指令用於修端面程式例

G94 指令在自動化加工生產時可應用於工件修端面加工使用，可用以控制工件之總長度尺寸。

程式例：設材料直徑為 65.0mm、預留 3mm、車修端面每刀切深 1mm。

```
O6666

G50S3000

G96S120M3

N1T0101------------------ 選用 1 號刀刀鼻半徑 0.8mm

G0X69. Z5. M8;---------01 刀具至下刀安全距離切削液開
```

G94X-1.6 Z2. F0.15；---- 修第 1 刀端面至原點位置

Z1.；------------------- 修第 2 刀

Z0.；------------------- 修第 3 刀

M9；-------------------- 切削液關

G0X100.Z100.------------ 退刀至適當距離，度量工件長度（於機上量測最佳）

M01；----------------- 選擇性停止（切削補償後可關閉此功能）

錐度加工之場合

錐度 T=1：5

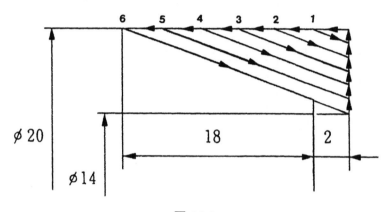

圖 11-6

程式例：

G00X23.0Z2.0；

N01G9 4X14.Z-2.K20.；

N02Z-4.0；

N03Z-6.0；

N04Z-8.0；

      ⅀

      ⅀

      ⅀

   Z-18.0；

M09；

G00X100.Z100.；

⊙ 11.3 加工實例

請利用 G90、G94 指令編輯下圖程式。素材 $\phi63\times96mm$ 倒角 2mm。

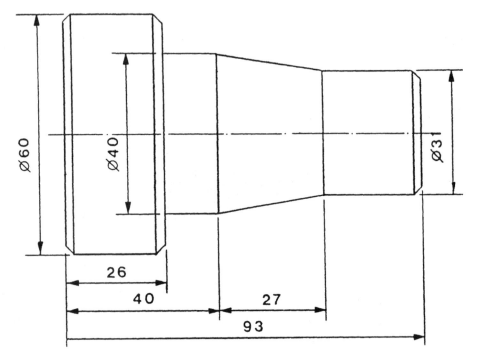

工程分析

第一工程

端面加工、倒角加工、外徑加工 ($\phi60mm$)

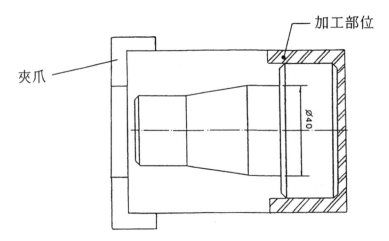

第二工程

端面加工、外徑加工 (ϕ40mm)、外徑加工 (ϕ31mm)、錐度加工、精加工。

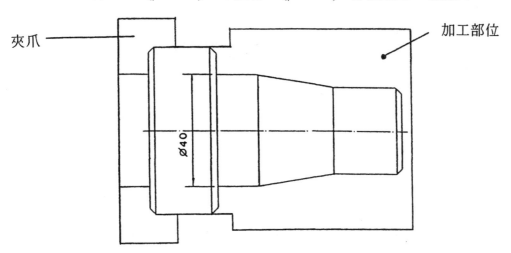

程式實例：

```
O6194；（未補償）
G50 S3000；──────────────── （第一工程開始）
G96 S120 M03；
G00 T0101；
X65.0 Z5.0；
M08；
G90 X61.0 Z-30.0 F0.2；
X56.0；
G01 Z0；
X60.0 Z-2.0；
Z-30.0；
U2.0W1.0；
M09；
G00 G28 U0 W0；
T0100；（新控制系統可不寫，參考廠商手冊）
M00；──────────────── （第一工程結束）
    材料調頭
G50 S3000；──────────────── （第二工程開始）
G96 S120 M03；
G00 T0101；
X65.0 Z5.0；
M08；
```

```
G94 X65.0Z4.0 F0.15 ;───────────── 端面加工
Z2.0 ;
Z1.0 ;
Z0 ;
G90 X62.0Z-66.5 F0.15 ;───────────── 外徑加工 (φ40mm)
X59.0 ;
X56.0 ;
X53.0 ;
X50.0 ;
X47.0 ;
X44.0 ;
X41.0 ;
G00 X43.0 ;
G90 X38.0 Z-25.5 ;───────────── 外徑加工 (φ31mm)
X35.0 ;
X34.0 ;
X32.0 ;
G00 X45.0 Z-25.0 ;
G90 X43.0 Z-53.0 R-4.5 ;───────────── 錐度加工
X41.0 ;
G00 Z10.0 ;───────────── 精加工
X27.0 ;
G01 Z0 ;
X31.0 Z-2.0 ;
Z-26.0 ;
X40.0 Z-53.0 ;
Z-67.0 ;
X56.0 ;
X62.0 Z-70.0 ;
M09 ;
G00 G28 U0 W0 ;
T0100 ;
M30 ;
```

自我評量

一、單選題

1. ( ) G90 G02 X50.0 Z30.0 I25.0 F0.3；單節中，其 "I" 之意義代表　①圓弧直徑值　②圓弧半徑值　③圓弧角度　④從圓弧起點至圓心 X 軸之距離。

2. ( ) 在徑向車削量較多時，宜選用之切削循環指令為　① G90　② G92　③ G94　④ G96。

答案

1.(4)	2.(3)								

12 Chapter

刀鼻自動補償機能

　　此種機能發那科屬於特殊機能 (參考機器手冊或目錄)，使用此機能編寫 NC 程式時，所有圖形指令點的位置皆不需要考慮刀尖補償，可直接當做程式指令點使用，故對於祇有直線、斜線及圓弧之簡單外型工件之程式製作，非常容易，但是其限制條件亦很多，下面分別敘述之。

12.1 G41、G42(偏左及偏右補償)

　　依刀具前進方向和被削材料之關係來決定。但是這個工具自動刀鼻補償機能的實行，必須合乎下列三個原則：

1. 切削工具行進的方向，位於 NC 程式中加入刀具補償指令；右側或左側之補償指令。

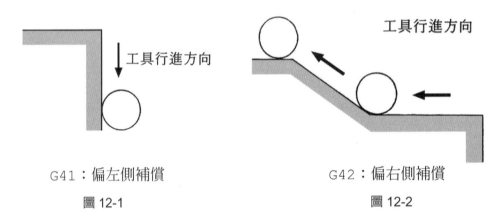

G41：偏左側補償　　　　　　　　　G42：偏右側補償

圖 12-1　　　　　　　　　　　　　　圖 12-2

2. 切削工具的刀鼻半徑值，可由操作者直接輸入補償畫面上的 NR 欄內。

TOOL OFFSET(GEOMETRY 幾何)

刀鼻半徑欄

NO.	X AXIS	Z AXIS	RADIUS	TIP	ACTUAL POSITION(RELATIVE)	
01	0.000	0.000	0.800	0		
02	0.000	0.000	0.400	0	X	-145.150
03	0.000	0.000	0.100	0	Z	-150.000
32	0.000	0.000	0.000	0		

3. 假想刀尖指令點的工具補償位置，由操作者直接輸入補償畫面上的 TIP 欄內。
型號決定請參照 12.1 表。

TOOL OFFSET (GEOMETRY 幾何)

刀尖位置補償位置欄

NO.	X AXIS	Z AXIS	RADIUS	TIP	ACTUAL POSITION (RELATIVE)	
01	0.000	0.000	0.000	3		
02	0.000	0.000	0.000	3	X	-145.150
03	0.000	0.000	0.000	2	Z	-150.000
32	0.000	0.000	0.000	0		

4. 假想刀鼻指令點位置之判別 (右手座標系統)

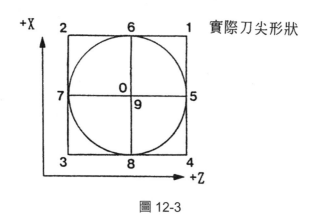

圖 12-3

12.2 刀尖指令點之決定

假想刀尖點的位置從 0 至 9 號用阿拉伯數字輸入補償畫面的 TIP 欄內。此刀尖指令由操作人員決定，直接由面板按鍵輸入。

表 12.1

TIP	假想刀尖位置	一般例裝置方式
0	⊕	通常不採用將刀鼻半徑定在假想刀尖中心上。

TIP	假想刀尖位置	一般例裝置方式
1	（左手刀）	
2	（右手刀）	
3	（右手刀）	
4	（左手刀）	
5		一般很少使用此假想刀尖位置。
6		
7		

TIP	假想刀尖位置	一般例裝置方式
8		
9		

※ 外徑槽刀可選用 TIP3 或 4，內徑槽刀可選用 TIP1 或 2(右手座標系)。

(參考表 12.1)

12.3 刀鼻半徑之指令

公制的場合

刀尖為 0.4mm 刀鼻刀片使用時，直接在工具補償畫面的 NR 欄內輸入 0.4 即可。

英制的場合

刀尖為英吋刀鼻刀片使用時，直接在工具補償畫面的 NR 欄內輸入換算值即可。

(參考控制器說明書)

	公制輸入	英制輸入
指令值的範圍	0 ～ ±999.999	0 ～ ±99.9999

※ 將英制分數換成小數輸入。

12.4 刀鼻半徑補償機能

刀鼻補償之實行，在程式上用 G41、G42 之指令，依工件與切削工具行進方向之相互關係，採左補償或右補償指令是必要的。

指令	圖示	工件位置	工具路徑
G40		用以消除 G41，G42 狀態。	在程式路徑上移動。
G41		材料位於工具執行方向的右側。	工具位於工件左側移動箭頭指向為工具行進方向
G42		材料位於工具執行方向的左側。	工具位於工件右側移動。

12.5 刀鼻自動補償之狀況

1. 執行：具 G41、G42 指令之程式，起動時的動作即先做自動補償之移動，再執行程式。(參照廠商程式說明書)

2. 刀鼻補償：工具在移動中使用刀鼻補償的狀態、形式等樣式。

3. 補償刪除：程式中使用刀尖補償機能時，於執行中若遇 G40 刪除補償指令，控制電腦立即將刀尖補償資料取消，因 G40 指令是專用來刪除刀尖補正者。

執行刪除刀尖補償之時機如下：

1. 當開機電源輸入時。

2. 當押下重置鍵後。

3. 程式執行至 M02，M30 指令後。

4. 執行 G40 指令後。

12.6 基本的補償動作

一、補償之起始

程式開始單節啓動後至下一個單節投影直角位置以刀鼻中心爲基準。執行自動補償指令時可用 G00、G01 指令配合，圓弧指令 G02、G03 不可使用。

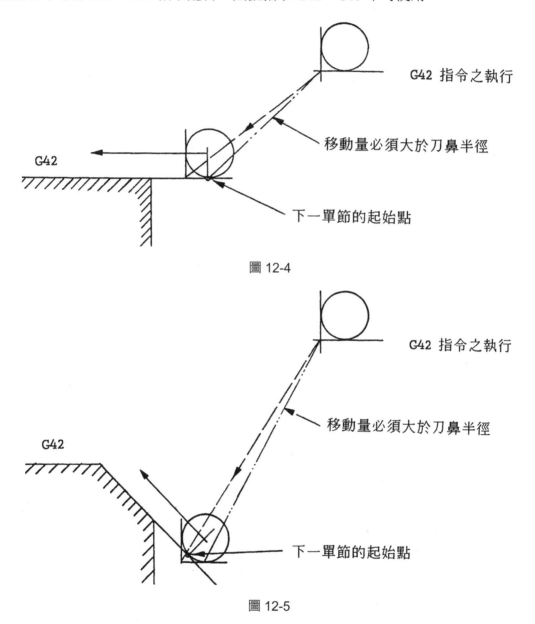

圖 12-4

圖 12-5

二、補償之型態

1. 刀尖行進方向依素材的變化而改變刀尖之位置。

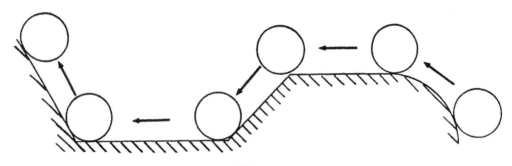

圖 12-6

2. 刀尖的行進方向依素材的位置有所變化。

刀尖行進方向實際沿素材左側移動 (A → B) 如下圖。

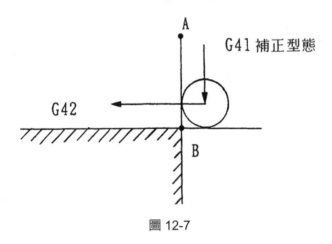

圖 12-7

※ 執行 G41 指令時下一單節不得立刻執行 G42 指令。

三、補償刪除

刀鼻自動補償指令 G41、G42 使用 G40 指令做刪除還原。G40 指令使用在切削終點後，執行狀態依刀鼻中心直角位置為基準。

1. 切削工具於切削終了後，工具以快速移動方式回歸到開始位置時，必須採 G40 指令。若不使用 G40 指令，無法完全回歸到開始位置。

2. 下圖 (G41、G42) 補償方式之場合中再次使用相同的 (G41、G42) 指令，與使用補償刪除指令同，程式終點刀鼻中心直角位置處必須移動到程式終點，再進行下一個動作。

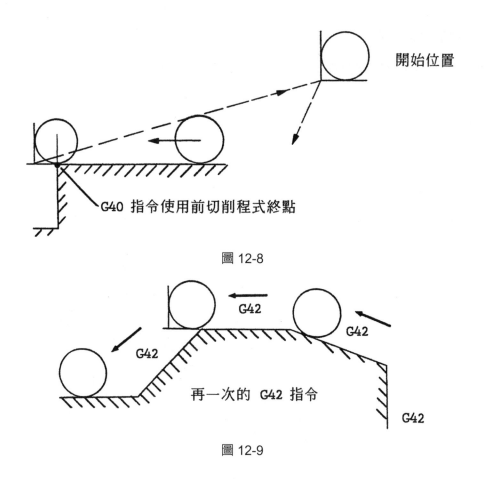

圖 12-8

圖 12-9

3. 補償刪除指令可與 G00、G01 程式共用，但不可與圓弧指令 G02、G03 並存。

```
N5G41；
G50S3000；
G0 T303；
G96 S150 M3；
X30.0 Z10.0；
M8；
  ⌇
  ⌇
*G00 G40 X100.0 Z100.0 M5；
T300；
M01；
```

4. 補償刪除指令在程式中移動時其實際移動量不得小於刀鼻半徑。

四、自動補償程式例

使用自動刀鼻補償編寫程式，必須有所限制，說明如下。

1. 外徑加工

```
    G50 53000；
    G00 T0808 (M42)；
    G96 S130 M03；
N6  G42 G00 X77.0 Z3.0；
N7  G01 Z-50.0 F0.2；
```

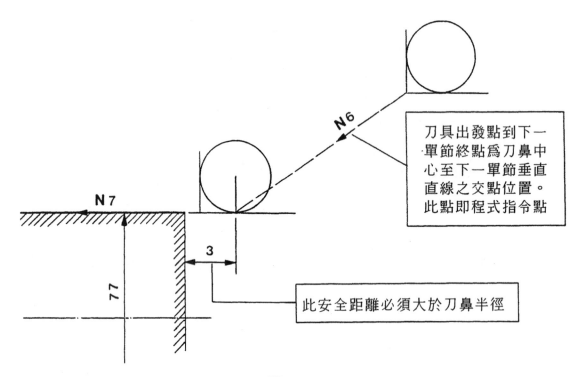

刀具出發點到下一單節終點為刀鼻中心至下一單節垂直直線之交點位置。此點即程式指令點

此安全距離必須大於刀鼻半徑

圖 12-10

2. 端面加工

```
    G50 S3000；
    G00 T0808(M42)；
    G96 S130 M03；
N6 G41 G00 X83.0 Z0；
N7 G01 X0 F0.2；
```

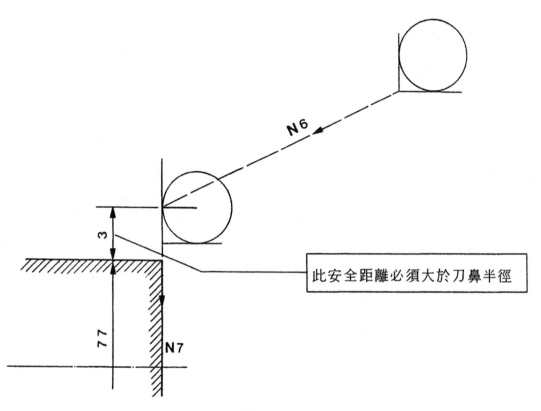

此安全距離必須大於刀鼻半徑

圖 12-11

3. 倒角加工

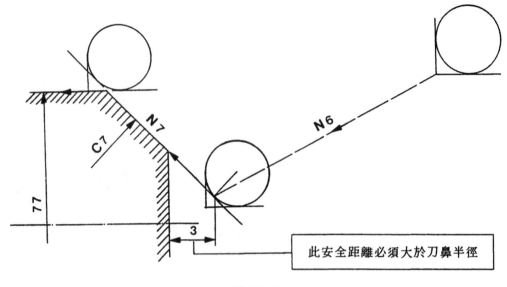

此安全距離必須大於刀鼻半徑

圖 12-12

```
    G50  S3000；
    G00  T0808(M42)；
    G96  S130  M03；
N6  G42  G00  X57.0  Z3.0；
N7  G01  X77.0  Z-7.0  F0.2；
```

程式實例:

碳鋼加工後直徑 63mm，長 95mm，內孔直徑 28mm，深 32mm，螺紋前端倒 2mm 角。

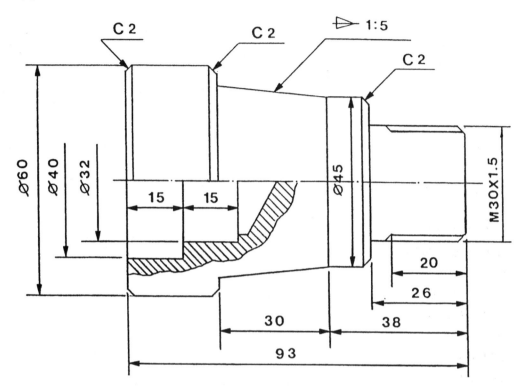

```
O3111；( 第一工程 12.61)
G50 S2500；( 外徑加工 )
G96 S120 M03；
G42 G0 T0101；
X67.0 Z5.0；
M08；
G01 Z0 F0.2；
X25.0；
Z1.0；
G0 X56.0；
G01 Z0；
X60.0 Z-2.0；
Z-30.0；
M09；
T100；
G0 X100.0 Z100.0；
M1；
```

```
G50  S2000；(內孔加工)
G96  S120  M03；
G41  G0  T0202；
X28.0  Z5.0；
M08；
G71  P7  Q8  U-0.3  W0.1  D1500  F0.2；
N7  G01  X40.0  F0.1；
Z-15.0；
X32.0；
Z-30.0；
N8  X28.0；
M09；
G0  X100.0  Z100.0；
M01；
G50  S3000；
G96  S150  M03；
G00  T0404；
X28.0  Z5.0；
G70  P7  Q8；
M09；
T0400；
G40  G00  X100.0  Z100.0；
M00；
```

※ 第一工程完畢，材料掉頭後，再按起動 (執行) 鍵。

第二工程 (12.61)
```
G42；
G50  S2500；(外徑加工)
G96  S120  M03；
G0  T101；
X65.0  Z5.0；
M08；
G71  P9  Q10  U0.3  W0.15  D2000  F0.2；
N9  G0  X0；
G01  Z0  F0.1；
X26.0；
X29.7  Z-2.0；
Z-26.0；
```

```
X41.0；
X45.0 Z-28.0；
Z-38.0；
X51.0 Z-68.0；
X56.0；
N10 X62.0 Z-71.0；
M09；
T0100；
G0 X100.0 Z100.0；
M01；
G50 S3000；(精車外徑)
G96 S150 M03；
G0 T303；
X65.0 Z5.0；
M08；
G70 P9 Q10；
M09；
G40 T300；
G0 X100.0 Z100.0；
M01；
G97 S1000 M03；(螺紋加工)
G0 T505；
X32.0 Z5.0；
M08；
G76 X28.051 Z-23.0 K0.974 D250 F1.5；
M09；
T500；
G0 X100.0 Z100.0；
M30；
```

自我練習

使用素材中碳鋼直徑 45mm 長 105mm，另件直徑 45mm 長 40mm 通孔 20mm。切削速度 120m/min，進刀深度 2mm，進給率 0.1 ～ 0.25mm/rev。

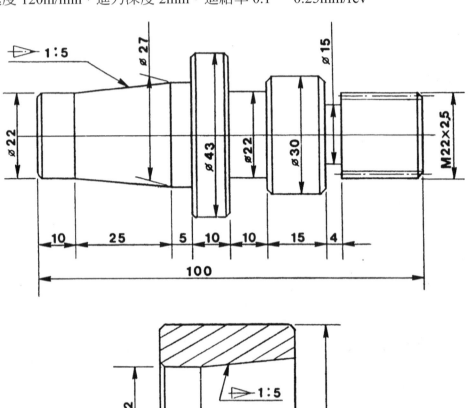

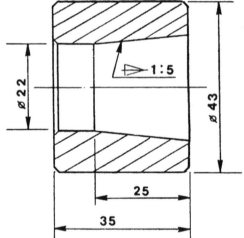

自我評量

一、單選題

1. ( ) 在右手座標系統中，使用 "G42" 機能，補償右手外徑車刀刀鼻半徑時，其刀尖方向代表號應選擇　①4　②3　③2　④1。

2. ( ) 刀具行徑右向補償之指令為　①G40　②G41　③G42　④G43。

3. ( ) 車削外徑時宜使用何補償指令？　①G40　②G41　③G42　④G43。

4. ( ) 車削內徑時宜使用何補償指令　①G40　②G41　③G42　④G43。

5. ( ) 下列何種指令碼與刀尖補償值無直接關連？　①G40　②G41　③G42　④G43。

6. ( ) 下列何者不屬刀鼻半徑補償之相關指令碼？　①G40　②G43　③G42　④G41。

7. ( ) 影響刀鼻半徑補償值最大的因素是　①進給量　②切削速度　③切削深度　④刀鼻半徑大小。

二、複選題

8. ( ) 具有雙刀鼻的切槽刀切削 V 型槽時使用的假想刀尖補償號碼為　①2號　②3號　③4號　④5號。

9. ( ) 下列那些是刀鼻半徑補償機能　①G30　②G41　③G42　④G71。

答案

1.(2)	2.(3)	3.(3)	4.(2)	5.(4)	6.(2)	7.(4)	8.(23)	9.(23)	

13
Chapter

複合形循環指令

13.1 G71 橫向粗切削複合形循環指令編寫方法

(F-10T、F-11T、F-15T)

G71 P (ns)Q(nf)U(Δu)W(Δw) I(Δi)K(Δk)D(Δd)F(f)S(s)
T(t) ;

(F-0T)

G71 U(Δd)R(e) ;

G71 P(ns)Q(nf)U(Δu)W(Δw)F(f)S(s)T(t) ;

ns：輪廓形狀開始單節序號。

nf：輪廓形狀結束單節序號。

Δu：x 方向最後精車預留量。(直徑值指定)

Δw：z 方向最後精車預留量。

Δi：粗車時用以取代精車循環的 x 軸方向精車預留量。(半徑值指定)

Δk：粗車時用以取代精車循環的 z 軸方向精車預留量。

Δd：每次切削進刀深度，無符號及小數點。(半徑值指定)

e：切削逃刀量。(F-10T、11T、15T) 的機型由參數設定。( )

　　　　　　(F-0T) 的機型由參數設定。( )

f.s.t：粗車切削循環時，從 ns ～ nf 單節中的 F、S、T 機能無效，G71 程式所指
　　　定的 F、S、T 機能有效。

切削狀況：

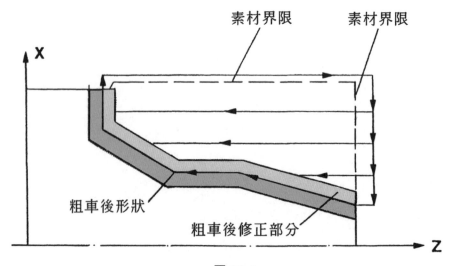

圖 13-1

G71 粗切削複合形循環指令使用注意事項：

※ 在複合循環指令所包含的指令單元中不得有副程式的呼叫。

※ 在複合循環指令中刀尖補償指令無效但補償值加入預留量中。

※ 在複合循環指令中 P(ns) 至 Q(nf) 單節中 F 機能無效。

※ 在複合循環指令中第一單節 ns 不可有 z 軸移動指令。(具穴形加工功能者不
　受此限)

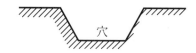

工具路徑動作

　　如下圖精切削輪廓形狀由 A 經 B 到 C 每次進刀 (Δd) 量，工具切削移動方向與 Z
軸方向平行，切削路徑由電腦控制分配後予以執行，粗車切削加工後，工具再依精車
外形的輪廓程式做外形修整，但 X 軸最後完工尺寸為 (X 方向的實際尺寸＋精修預留
量 (ΔU)，Z 軸最後完工尺寸為 (Z 方向的實際尺寸＋精修預留量 (ΔW))X 軸所預留下
的 (ΔU) 精車預留量及 Z 軸所預留下的 (ΔW) 精車預留量，會於執行 G70 指令時將 X、
Z 軸之精車預留量 (ΔU、ΔW) 切削去除。

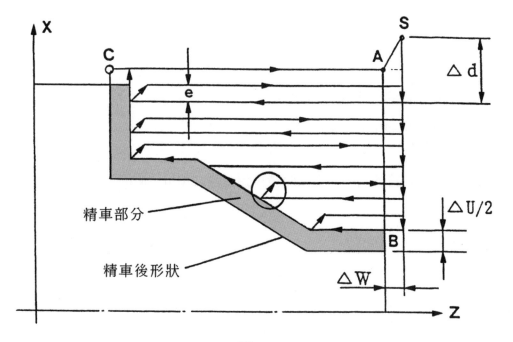

圖 13-2

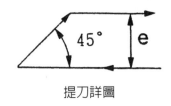

提刀詳圖

使用 G71 粗車加工後再使用 G70 做精車加工。而精車量即為 G71 指令內的 ΔU 及 ΔW 之精車預留量。

Δu：x 方向最後精車預留量 (直徑值指定)。

Δw：z 方向最後精車預留量。

U、W 正負值對切削方向之影響：

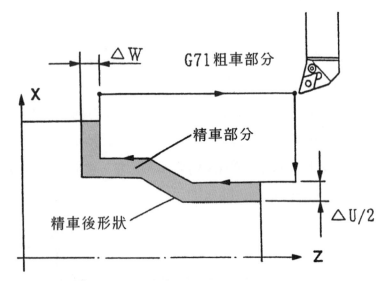

U 符號為 " ＋ "
因精修預留量位在 X 軸正方向側。
W 符號為 " ＋ "
因精修預留量位在 Z 軸正方向側。

圖 13-3

※ U、W 的正負符號判別完全依照精車預留量之預留位置的方向側來判別。如
圖 13-4。

U、W 值正負符號之分析

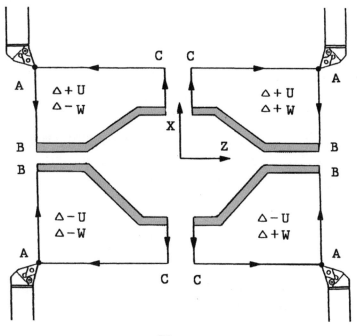

圖 13-4

加工路徑由 A 經 B 到 C。(A→B) 以 G00 速度移動，(B→C) 依各進給率速度移動。

※ 加工切削起點 (ns) 與終點位置 (nf) 最好同一水平位置上。

※ D 值不得使用小數點符號。

※ 袋穴形加工時 W 值為零。(參照廠商手冊)

程式例說明：

```
O6661；
    G50S3000；
    G96S120M03；
    G00T0101；………………………………… 更換粗車刀
  ⌇
  ⌇
N09 G71P10Q16…………………………………… 粗車複合形固定循環指令
N10 G00X5 0.0F0.1S130；————————————— 輪廓程式第一單節 ns(P10)
N11 G01Z-30.0；
  ⌇
  ⌇                                           輪廓形狀程式單節
  ⌇
  ⌇
N16 G01X60.0；————————————————————————— 輪廓程式最後單節 nf(Q16)
N17 G00X100.Z100.M09；
N18 M01；
N19 G00T0303；………………………………… 更換精車刀
N20 G50S3500M03；
  ⌇
  ⌇
N25 G70P10Q16…………………………………… 精車複合形固定循環指令
  ⌇
    G00X100.0Z100.0T0300；
    M30；
```

13.2 G70 精切削複合形循環指令編寫方法

(F-0T、F-10T、F-11T、F-15T)

G70 P(ns)Q(nf)；

ns：輪廓形狀開始單節序號。nf：輪廓形狀結束單節序號。

工件粗切削加工後，留下精車預留量 (ΔU、ΔW) 待執行精切削時去除。

刀塔

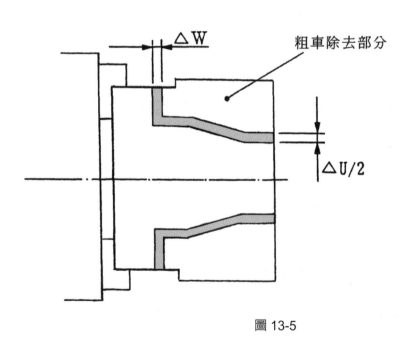

ΔW

粗車除去部分

ΔU/2

圖 13-5

粗加工完畢後實際形狀如下：

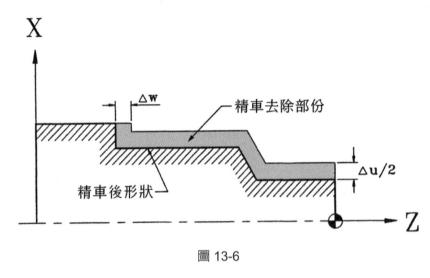

圖 13-6

※ 精車去除部分於執行 G70 指令時被切削除去。如圖 13-7。

切削後狀況：

執行精加工切削時工具一次將精車預留量 (ΔU、ΔW) 部分切除。

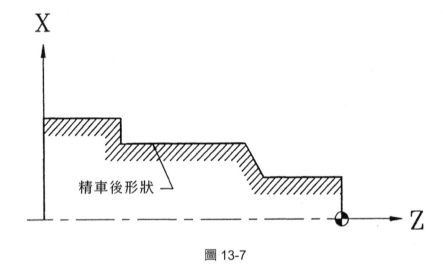

圖 13-7

G70 精車削複合形循環指令使用注意事項：

※ 在使用 G71、G72、G73 切削複合形循環指令後須使用 G70 指令執行精車。

※ 在執行 G70 切削複循環指令中 P、Q 序號指令範圍內的 F、S、T 機能有效，但於 G71、G72、G73 指令單元中的 F、S、T 機能無效。

※ 執行 G70 切削完畢後刀具會回到 G71、G72、G73 的開始切削點上。

※ P 與 Q 序號間之程式，無法使用 M98 指令叫出。

※ G70 指令無法單獨使用。

※ G71、G72、G73 之粗車循環加工，絕對值記憶資料在 G70 執行後即行消除。

※ G70、G71、G72、G73 複合形循環機能的執行，必須在記憶 (MEN) 自動下執行操作。

複合形固定循環指令程式例說明：

```
O6661；
    G50S3000；
    G96S120M03；
    G00T0101；
N09 G71/G72/G73 ·························· 複合形固定循環指令
N10 G00Z-50.F0.1S130；————————— 精車程式第一單節 ns
N11 G01X-50.0Z-40.0；
  ⋮
  ⋮                                     精車輪廓程式單節
  ⋮
N16 G01X60.0；————————————— 精車程式最後單節 nf
N17 G00X100.Z100.M09；
N18 M01；
N19 G00T0303；
N20 G50S3500M03；
  ⋮
※N2S G70P10Q16 ···················· 精車複合形固定循環指令
  ⋮
```

※ G71、G72、G73 所設定的 ΔU、ΔW 精車預留量，最後被執行 G70 時所切除。

程式加工實例 (單節 G71 前有 * 為 F-0T 機型使用)

工作圖如下素材直徑加工後外徑 48mm，精車預留量 X 軸 0.6mm、Z 軸 0.15mm，進刀深度 1.5mm，切削速度 120m/min，未註明之倒角為 2mm。

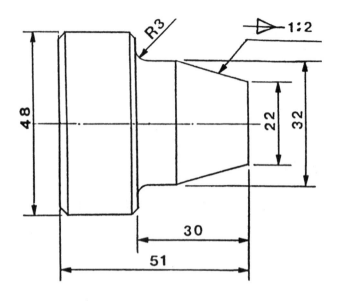

```
O6171;
G50 S3000;
G96 S120 M03;
G00 T0202;
X60.0 Z5.0;
M08;
G71 P10 Q20 U0.6 W0.15 D1500 F0.2;
*G71 U1.5 R0.5;
*G71 P10 Q20 U0.6 W0.15 F0.2;
N10 G01 X-0.8 F0.1;
Z0;
X21.824;
X32.0 Z-20.35;
Z-27.4;
G02 X37.2 Z-30.0 R2.6;
G01 X45.532;
X48.0 Z-32.234;
N20 Z-51.0;
M09;
G00 X100.0 Z200.0;
T0200;
```

```
M00;
G50 S4000;
G96 S150 M03;
G00 T0404;
X60.0 Z5.0;
M08;
G70 P10 Q20;
M09;
G00 X100.0 Z200.0;
T0400;
M30;
```

13.3　G72 縱向切削複合形循環指令編寫方法

(F-10T、F-11T、E-15T)

G72 P(ns)Q(nf)U(Δu)W(Δw)I(Δi)K(Δk)D(Δd)F(f)S(s)
T(t)；

(F-0T)

G72 W(Δd)R(e)；

G72 P(ns)Q(nf)U(Δu)W(Δw)F(f)S(s)T(t)；

ns：輪廓形狀開始單節序號。

nf：輪廓形狀結束單節序號。

ΔU：x 方向最後精車預留量。(直徑值指定)

ΔW：z 方向最後精車預留量。

Δi：粗車時用以取代精車循環的 x 軸方向精車預留量。(半徑值指定)

Δk：粗車時用以取代精車循環的 z 軸方向精車預留量。

Δd：每次切削進刀深度。進刀方向依 AB 的方向決定。(半徑值)

e：切削逃刀量。(F-10T、11T、15T) 的機型由參數設定。( )

f.s.t：粗車切削循環時，從 ns～nf 單節中的 F、S、T 機能無效，G71 程式所指
　　　定的 F、S、T 機能有效。

切削狀況

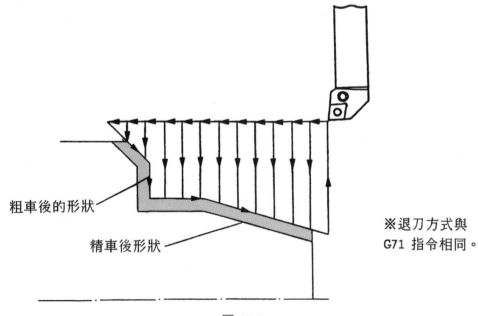

粗車後的形狀

精車後形狀

※退刀方式與
G71 指令相同。

圖 13-8

G72 縱向粗車削複合形循環指令使用注意事項：

※ 在複合循環指令所包含的指令單元中不得有副程式的呼叫。

※ 在複合循環指令中刀尖補償指令無效但補償值加入預留量中。

※ 在複合循環指令中第一單節 ns 不可有 X 軸移動指令。(具有穴形加工功能者不受此限)

※ ns 單節至 nf 單節中 F 指令無效。

工具路徑動作

如下圖精切削輪廓形狀由 A 經 B 到 C，每次進刀 (Δd) 量，工具切削移動方向與 X 軸方向平行，切削路徑由電腦控制分配後予以執行，其餘與 G71 指令同。

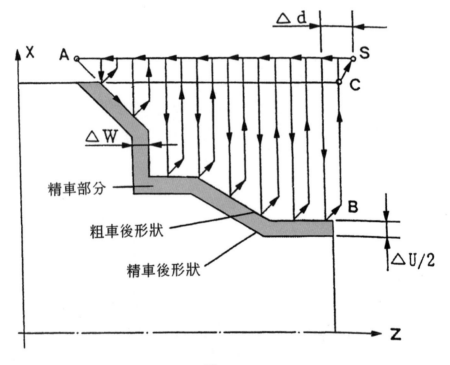

圖 13-9

U、W 正負值對切削方向之影響

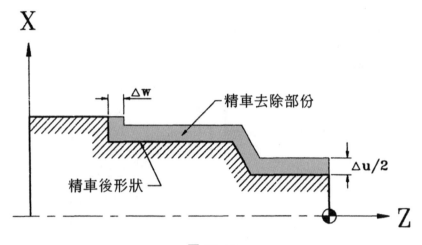

圖 13-10

U 為 " ＋ "
因精修預留量位在 X 軸
正方向側。
W 為 " ＋ "
因精修預留量位在 Z 軸
正方向側。

U、W 的正負符號判別完全依照精車預留量，預留位置之方向側來判別。

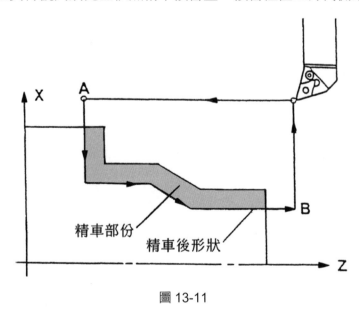

圖 13-11

U、W 值的正負符號分析表如下：

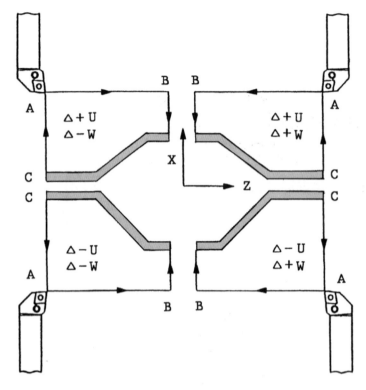

圖 13-12

加工路徑由 A 經 B 到 C。(A→B) 以 G00 速度移動，(B→C) 依各進給率速度移動。

```
O6661；
    G50S3000；
      ⋮
N09 G72P10Q16 ······························· 粗車複合形固定循環指令
N10 G00Z-50.F0.1S130；────── 輪廓程式第一單節 ns
      ⋮                                      輪廓形狀程式單節
N16 G01X60.0；──────────── 輪廓程式最後單節 nf
M17 M01；
      ⋮
N25 G70P10Q16 ······························· 精車複合形固定循環指令
      ⋮
    M30；
```

縱向車削複形循程式例說明：

```
O6661；
    G50S3000；
    G96S120M03；
    G00T0101；
  ⌇
  ⌇
N09 G72P10Q16 ·························· 粗車複合形固定循環指令
N10 G00Z-50.F0.1S130；———— 輪廓程式第一單節 ns
N11 G01X-50.0Z-40.0；
  ⌇
  ⌇                                輪廓形狀程式單節
  ⌇
  ⌇
N16 G01X60.0；———————————— 輪廓程式最後單節 nf
N17 G00X100.Z100.M09；
N18 M01；
N19 G00T0303；
N20 G50S3500M03；
  ⌇
  ⌇
N25 G70P10Q16 ·························· 精車複合形固定循環指令
  ⌇
    M30；
```

程式實例 (單節 G72 前有 * 為 F-0T 機型使用語法)

工作圖如下素材直徑加工後外徑 48mm，精車預留量 X 軸 0.3mm、Z 軸 0.15mm，進刀深度 1.5mm，切削速度 120m/min，未註明之倒角為 2mm。

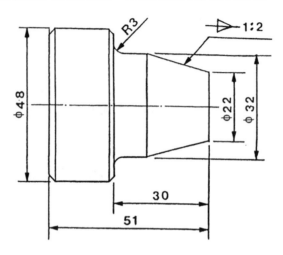

```
%；
O6672；
G50 S3000；                              G50 S3500；
G96 S120 M03；                           G96 S150 M03；
G00 T0101；                              G00 T0303；
X50. Z5.；                               X50. Z5.；
M08；                                    M08；
G72 P10 Q20 U0.3 W0.15 D1500 F0.2；      G70 P10 Q20；
*G72 W1.5 R0.5；                         M09；
*G72 P10 Q20 U0.3 W0.15 F0.2；           T0300；
N10 G00 Z-33.117                        G00 G28 U0 W0；
G01 X43.531 Z-30.0 F0.1；               M30：
X37.2；                                  %
G03 X32.0 Z-27.4 R2.6；
G01 Z-20.351；
N20 X21.325 Z1.0；
M09；
T0100；
G00 G28 U0 W0；
M01；
```

13.4 G73 成形切削複合形循環指令編寫方法

(F-10T、F-11T、F-15T)

G73 P(ns)Q(nf)U(Δu)W(Δw)I(Δi)K(Δk)D(d)F(f)S(s)
T(t)；

(F-0T)

G73 U(Δi)W(Δk)R(d)；

G73 P(ns)Q(nf)U(Δu)W(Δw)F(f)S(s)T(t)；

ns：輪廓切削開始單節序號   Δi：x 軸方向粗胚預留量（半徑值）

nf：輪廓切削結束單節序號

Δu：x 軸方向精車預留量   Δk：z 軸方向粗胚預留量

Δw：z 軸方向精車預留量   d：粗切削次數

f.s.t：粗車切削循環時，從 ns ～ nf 單節中的 F、S、T 機能無效，G71 程式所指
　　　定的 F、S、T 機能有效。

G73　成形加工複合形循環指令使用特性

此循環機能於加工時依輪廓外形程式按設定次數做切削，適用於鑄件、鍛件加工，亦即素材外型已有一定的型狀者。

切削狀況

編寫程式時要特別注意 Δi、Δk、Δu、Δw 的符號，切削循環終了刀具退回至 A 點位置。

U、W 的正負符號判別完全依照精車預留量，預留位置之方向來判別。

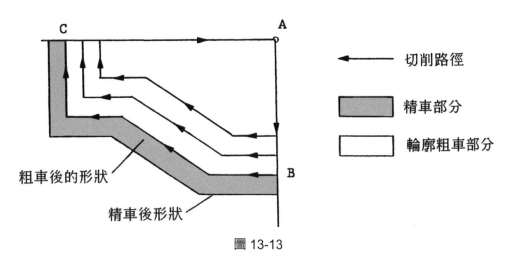

圖 13-13

工具路徑動作

如下圖輪廓形狀程式由 A 經 B 到 C，每次進刀量 (為 D 至 S 間之距離分隔為 ((Δd) 切削次數)，各次切削路徑依照工件輪廓外形來決定，加工次數經電腦分配後再予以 執行切削加工，輪廓粗車加工完畢後再做外形修整，但各軸皆保留 (ΔU)、(ΔW) 精車 預留量，於執行 G70 指令時再將 (ΔU、ΔW) 精車預留量切削去除。

加工路徑由 A 經 B 到 C。(A→B) 以 G00 速度移動，(B→C) 依各進給率速度移動。

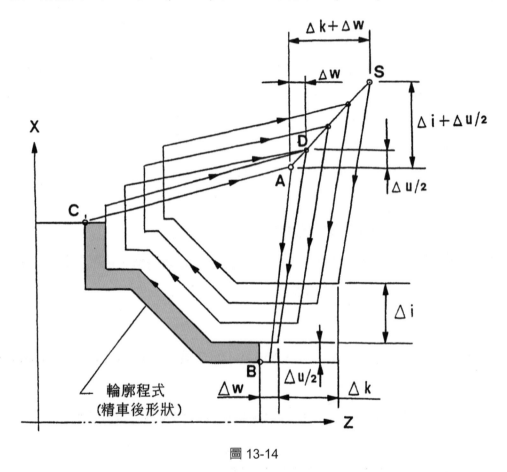

圖 13-14

U、W 正負值對切削方向之影響

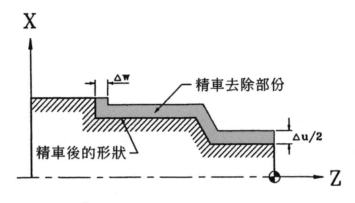

U 為 " + "

因精修預留量位在 X 軸正方向側。

W 為 " + "

因精修預留量位在 Z 軸正方向側。

圖 13-15

U、W 值的正負符號分析如下圖：

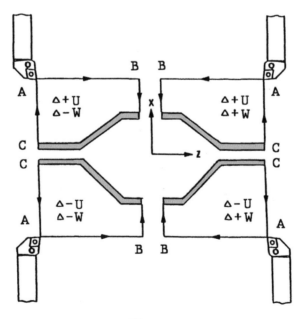

圖 13-16

程式例說明：

```
O6661；
    G50S3000；
    G96S120M03；
    G00T0101；
  ∫
N09  G73P10Q16 ·························· 成型切削複合形固定循環指令
N10  G00Z-50.F0.1S130；———————┐ 精車程式第一單節 ns
N11  G01X-50.0Z-40.0；                │
  ∫                                   │  精車輪廓程式單節
  ∫                                   │
N16  G01X60.0；————————————┘ 精車程式最後單節 nf
N17  G00X100.Z100.M09；
N18  M01；
N19  G00T0303；
N20  G50S3500M03；
  ∫
※N25  G70P10Q16 ························ 精車切削複合形固定循環指令
  ∫
    M30；
```

程式加工實例 (單節 G73 前有 * 為 F-0T 機型使用)

工作圖如下鑄件外徑加工後直徑 48mm，精車預留量 X 軸 0.6mm、Z 軸 0.15mm，進刀深度 1.5mm，切削速度 120m/min，未註明之倒角為 2mm，粗胚型狀 X 軸 3mm、Z 軸 5mm。

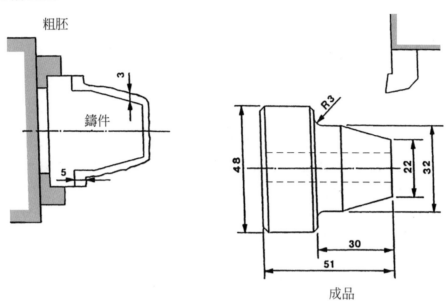

成品

```
%；
O6673；
G50 S3000；
G96 S120 M03；
G00 T0101；
G00 X60.0 Z8.0；
M08；
G73 P10 Q20 I3. K5. U0.3 W0.15 D4. F0.2；
*G73 U3. W5. R4.；
*G73 P10 Q20 U0.3 W0.15 F0.2；
N10 G00 X21.824；
G01 Z0 F0.1；
X32.0 Z-20.35；
Z-27.4；
G02 X37.2 Z-30.0 R2.6；
G01 X43.532；
N20 X50. Z-33.234；
M09；
T100；
G00 G28 U0 W0；
M01；
```

```
G50 S3500；
G96 S150 M03；
G00 T0303；
X55. Z8.；
M08；
G70 P10 Q20；
M09；
T300；
G00 G28 U0 W0；
M30；
%
```

13.5 G74 難削材料加工複合形循環指令編寫方法

(F-10T、F-11T、F-15T)

G74 X(U)＿＿＿＿＿(W)＿＿＿＿＿I(Δi)K(Δk)D(Δd)F(f)；

(F-0T)

G74 R(e)；

G74 X(U)＿＿＿＿Z(W)＿＿＿＿P(Δi)Q(Δk)R(Δd)F(f)；

　e：退刀量。

　　　(F-10T、F-11T、F-15T) 機型由參數設定。（　）

　　　(F-0T) 機型由參數設定。（　）但程式變更則參數依程式變更。

　x：直徑 X 軸座標值。

　U：直徑。（增量值）

　z：切削長度之終點 Z 軸座標值。

　w：切削長。（增量值）

Δi：x 方向的移動量。（無符號指定）

Δk：z 方向的移動量。（無符號指定）

Δd：切至底部時之刀具逃離量。（鑽孔時此值省略）

　f：進給速度。

　　此循環指令適用於難削材的切削加工，對於斷屑不易的材料可做良好的處理。其切削範圍從 A 至 B 位置，切削長度則為 A 到 C。

　　指令格式內 X 座標值及 I 值省略不寫，只留 Z 軸座標值者，則適合做深孔循環加工使用。如程式例

工具路徑動作 (示意圖)

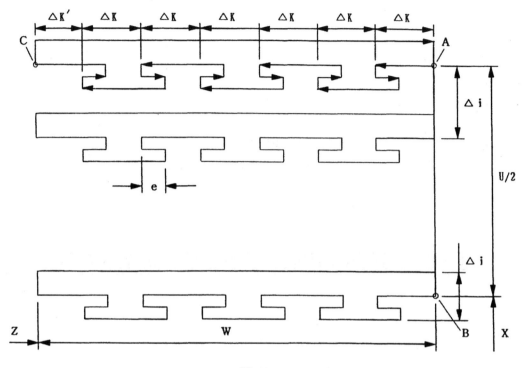

圖 13-17

程式例說明:

外徑加工程式例:

```
O2345；
G50S3500；
G0T0303(M41/42)
G96S120M03；
X65Z5.0；
G74X60.0Z-30.0I2.K10.0F0.25D200；(F-10T.F-15T)
G74R1.0；
G74X60.Z-30.0P2000Q10000F0.25R2.0；  F-0T 機型使用
G00X100.0Z100.0M05；
T0300；
M30；
```

鑽孔加工程式例：

```
O1234;
G0T0202(M41/42)
G97S250M03;
X0Z10.0;
G74Z-35.0K20.0F0.2;(F-10T.F-15T)
G74R2.0;
G74Z-35.0Q20000F0.2; F-0T 機型使用
G00Z100.0M05;
T0200;
M02;
```

13.6 G75 溝槽切削複合形循環指令編寫方法

(F-10T、F-11T、F-15T)
G75 X(U)_____Z(W)_____I(Δi)K(Δk)D(Δd)F(f);

(F-0T)
G75 R(e)；
G75 X(U)_____Z(W)_____P(Δi)Q(Δk)R(Δd)F(f);

  e：退刀量。
　　(F-10T、F-11T、F-15T) 機型由參數設定。( )
　　(F-0T) 機型由參數設定。( ) 但程式變更則參數依程式變更。
  X：槽底徑。(B 點的 X 座標值)　　U：A → B 的值（增量值）
  Z：槽側邊。(C 點的 Z 座標值)　　W：B → C 的值（增量值）
 Δi：x 方向的移動量。（無符號指定）
 Δk：z 方向的移動量。（無符號指定）
 Δd：切至底部時之刀具逃離量。X(U)、(Δi) 省略逃離方向則由符號指定。
  f：進給速度。

工具路徑 (示意圖)

工具於切槽加工時由開始點 A 下刀，每次進刀切入深度 (Δi) 量，後退刀 (e) 量後再繼續下一刀切槽加工，直到 X 設定值爲止，此時工具提刀至起刀點後再平移動一個 (Δk) 量後繼續往下切槽加工，一直平移到 Z 軸指定值爲止。

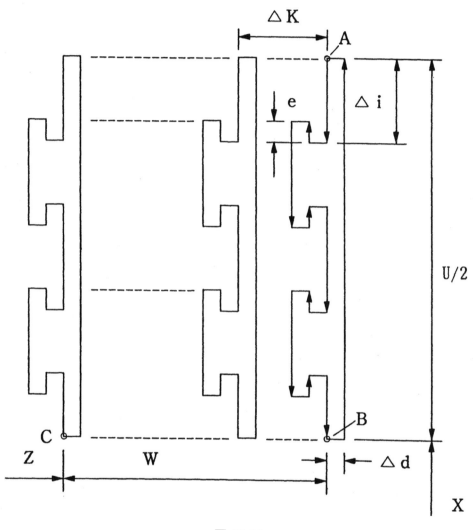

圖 13-18

程式例（切槽）

面加工程式例：

```
O3456；
G50S500；
G0T0505(M41/42)
G96S100M03；
*X55Z-5.0；
G75X40.0Z-30.0I10.0K5 .0F0.2D200；(F-10T.F-15T)
┌G75R1.0；                                      ┐
└G75X40.Z-30.0P10000Q5000F0.2R2.0；┘F-0T 機型使用
G00X100.0Z100.0M05；
T0500；
M30；
```

端面槽加工程式例：

```
O3456；
G50S400；
G0T0707(M41/42)
G96S100M03；
*X40Z-5.0；
G75X30.0I5.0F0.1；(F-10T.F-15T)
┌G75R1.0；                      ┐
└G75X30.P5000F0.1；┘F-0T 機型使用
G00X100.0Z50.0M05；
T0700；
M30；
```

槽加工實例

材料加工後直徑為 53mm，長 50.5mm，當做粗胚。(槽刀寬 3mm)

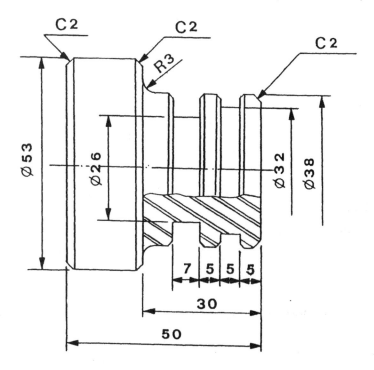

```
  O6675；
  G50S3000；
  G96S120M03；
N1G00T0101；(粗車)
  X55.0Z5.0；
  M08；
  G71P10Q20U0.3W0.15D2000F0.2；
 *G71U2000R1.；
 *G71P10Q20U0.3W0.15F0.2；
  N10G0X33.532；
  G1Z0F0.1；
  X38.0Z-2.234；
  Z-27.4；
  G02X43.2Z-30.0R2.6；
  G01X48.532；
  N20 X53.0Z-32.234；
  M09；
```

```
    T100；
    G0G28U0W0；
    M01；
    G50S3500；
    G96S160M03；
N2G0T0303；(精車)
    M8；
    G70P10Q20；
    M09；
    T300；
    G0G28U0W0；
    M01；
    G97S1000M03；
N3G0T0505；(槽刀)
    X40.0Z5.0；
    M08；
    Z-9.8；
N4G75X32.2Z-8.2I2.0K2.8F0.05；(淺槽加工)(F-10T.F-15T)
   *G75R0.5；                           ⎤(F-0T)
   *G75X32.2Z-8.2P2000Q2800R0.5F0.05；ー⎦
    G01Z-11.117F0.05；
    X38.0；
    X35.766Z-10.0；
    X32.0；
    G04X0.2；
    G01U2.0W0.2；
    X40.0；
    Z-6.883；
    X38.0；
    X35.766Z-8.0；
    X32.0；
    G04X0.2；
    G01U2. 0W-0.2；
    X40.0F0.3；
    Z-21.8；
N5G75X26.2Z-18.2I2.0K2.8F0.05；(深槽加工)
   *G75R0.5；
```

```
*G75X26.2Z-18.2P2000Q2800R0.5F0.05；
 G01Z-23.117；
 X38.0；
 X35.766Z-22.0；
 X22.0；
 G04X0.2；
 G01U2.0W0.2；
 X40.0；
 Z-16.883；
 X38.0；
 X35.766Z-18.0；
 X22.0；
 G04X0.2；
 G01Z-21.8；
 X40.0；
 M09；
 T500；
 G0G28U0W0；
 M30；
```

13.7 G76 螺紋切削複合形循環指令編寫方法

(F-10T、F-11T、F-15T)

G76 X_____ Z_____ I(i)K(k)D(Δd)F_____ A_____ P_____ ;

I：D 點的 X 座標值。

Z：D 點的 Z 座標值。

I：螺紋部分大徑與小徑的半徑差 (i)，若 I=0 則為直螺紋切削。

K：螺紋高 (X 軸方向的距離指定)，k 以半徑值指令。

D：第一次的切削量 (Δd) 以半徑值指令。

F：螺紋導程 (導程 =L)

A：螺紋角度 (範圍 0°～180° 選擇最小角度為 1°)，省略不寫則為 0°。

P：切削方法指定 (省略不寫則以切削量一定 P1 指定)

r：螺紋切削的提刀距離，r 值範圍約為 0.1L ～ 12.7L 由參數設定。( ) 螺紋角度值 0°～ 60° 範圍內選擇最小角度為 1° 可由參數設定。( ) 一般以 45° 設定。

α：為半徑值，參數設定範圍 0.000 ～ 32.767mm、0.000 ～ 3.276inch。( )

G76 螺紋切削循環指令：

工具由 A 以快速移動之方式到 B 點，進刀 Δd 後 (C ～ D 之間的進給率) 依 F 指令移動切削螺紋，再以 G00 速度提刀，回復到起始位置 A 點。

工具路徑 (示意圖)

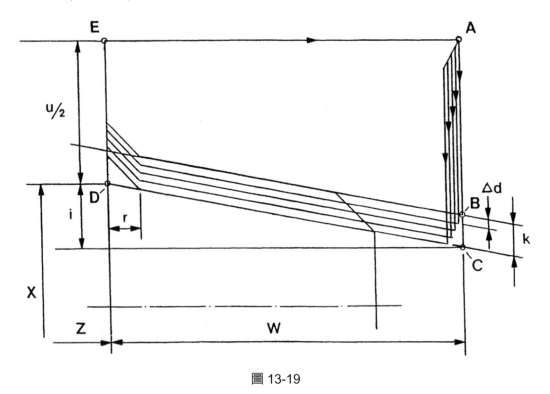

圖 13-19

※ A=0°(切削時刀尖採直進刀方式加工)

Pn 螺紋切削方法之指定

P1：切削量一定，斜進刀切削。

P2：切削量一定，交錯進刀切削。

P3：進刀量一定，斜進刀切削。

P4：進刀量一定，交錯進刀切削。

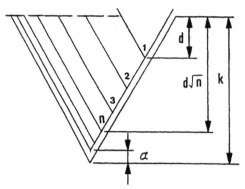

P1：切削量一定，斜進刀切削。

圖 13-20

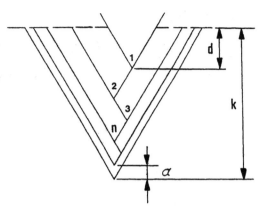

P2：切削置一定，交錯進刀切削。

圖 13-21

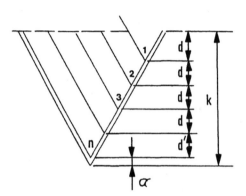

P3：進刀量一定，斜進刀切削。

圖 13-22

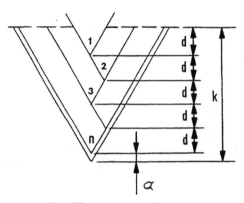

P4：進刀量一定，交錯進刀切削。

圖 13-23

F-0T 的場合：

G76 複合形循環指令編寫方法：(F-0T)

　　G76 P(m)(r)(a)Q(Δdmin)R(d)

　　G76 X(U)＿＿＿＿ Z(W)＿＿＿＿ R(i)P(k)Q(Δd)F＿＿(l)＿＿ ;

m：精車次數 (1 ～ 99)

　　此指令由參數設定 ( )，程式指令改變時，參數值亦跟著改變。

r：退刀長度

　　導程 (L) 範圍由 0.0L ～ 9.9L 指定，指令由參數設定 ( )，程式指令改變時，參數值跟著改變。

a：螺紋角度

可有 80°、60°、55°、30°、29°、0° 六種選擇，這角度數值用兩位數表來指定，指令由參數設定 ( )，程式指令改變時，參數值亦跟著改變。

P 位置指令後 m、r、a，必須一起編寫。

例：m = 2　r = 1.2L　a = 60° 編寫方式為例：P021260。

Δdmin：最小進刀切量

每回進刀切量（ $\Delta d\sqrt{n} - \Delta d\sqrt{n-1}$ ）不得小於 Δdmin，指令由參數設定 ( )，程式指令改變時，參數值亦跟著改變。

d：精修預留量

指令由參數設定 ( )，程式指令改變時，參數值亦跟著改變。

i：螺紋部位大、小徑之半徑差

i = 0 為平螺紋加工。

k：螺紋深度

X 軸方向的距離半徑值指定。(母螺紋以符號做區別)

Δd：第一次進刀切量半徑值指定。

l：螺紋的導程 (G32 加工相同)。

使用此循環指令，主要在螺紋加工時減輕刀尖負荷。第一次進刀切量為 Δd、第 n 回切量為 $\Delta d\sqrt{n}$，每回進刀皆以此指定量來執行。

各指令位置符號的決定參考圖 (圖 13-36)

U：負 (由 A → C 路徑之行進方向來決定。)

W：負 (由 C → D 路徑之行進方向來決定。)

R：負 (由 D → C 路徑之行進方向來決定。)

P、Q(通常為正值。)

※ F-0T 機種只有一種切削方法，如下圖 (切削量一定，斜進刀切削)Δd = k/n

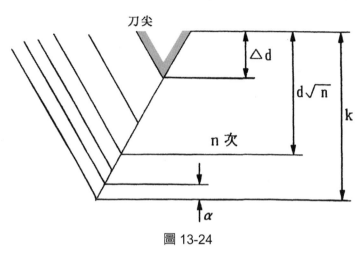

圖 13-24

G76 螺紋切削循環之每回進刀量與螺紋切削次數的關係

切削量一定的場合

每回進刀量的決定和螺紋切削次數的計算方法

 d：第一次進刀切量 (半徑值指定)。

 k：螺紋深度

α：最終切削進刀量

 n：次數

　　$n = [(k - \alpha)/d] + 1$

例、螺紋加工每進刀量 d=0.5 螺紋高 k=1.3 最終切削進刀量

　　$\alpha = 0.05$

　　$n = [(1.3 - 0.05)/0.5]^2 + 1 = 6.25$ (切削次數以七次記) $+ 1 = 8$

　　每回進刀量為 0.5mm，共分八次切削完畢。

　　螺紋切削次數決定後之每回進刀量的計算方法如下

　　$d = [(k - \alpha) / \sqrt{n-1}]$

例、螺紋加工總次數 n = 8 螺紋高 k = 1.3 最終切削進刀量 $\alpha = 0.05$

　　$d = [(1.3 - 0.05) / \sqrt{8-1}] = 0.4716$

　　$d = 0.5$

　　螺紋切削次數定為八次，每回切削量為 0.5mm。

螺紋加工程式例說明

```
O2468；
G50S3000；
G96S120M03；
G0T0101；
   ⟩
   ⟩
M01；
N2G0T0303M42；
G97S1000M03；
X45.0Z5.0；
G76X27.4Z-30.0K1.3D500F1.5A60P1；(F-10T.F-15T)
G76P011060Q300R0.1
G76X27.4Z-30.0P1300Q500F1.5；    F-0T 機型使用
G00X100.Z100.M09；
M30；
```

螺紋規格表

公制粗螺紋				公制細螺紋			
公稱尺寸	螺距 P	外徑 OD	節徑 PD	內徑 ID	公稱尺寸	螺距 P	外徑 OD	節徑 PD	內徑 ID
M1	0.25	1.000	0.838	0.729				
M1.2	0.25	1.200	1.083	0.929				
M1.4	0.3	1.400	1.205	1.075				
M2	0.4	2.000	1.740	1.567				
M3	0.5	3.000	2.675	2.459	M3	0.35	3.000	2.773	2.621
M3.5	0.6	3.500	3.110	2.850	M3.5	0.35	3.5	3.273	3.121
M4	0.70	4.000	3.545	3.242	M4	0.50	4.000	3.675	3.495
M4.5	0.75	4.500	4.013	3.688	M4.5	0.50	4.500	4.175	3.959
M5	0.80	5.000	4.480	4.132	M5	0.50	5.000	4.675	4.495
M6	1.00	6.000	5.350	4.917	M6	0.75	6.000	5.513	5.188
M8	1.25	8.000	7.188	6.647	M8	1.00	8.000	7.350	6.917
M10	1.50	10.000	9.026	8.376	M10	1.25	10.000	9.188	8.647
M12	1.75	12.000	10.863	10.106	M12	1.50	12.000	11.026	10.376
M14	2.00	14.000	12.701	11.835	M14	1.50	14.000	13.026	12.376
M16	2.00	16.000	14.701	13.835	M16	1.50	16.000	15.026	14.376
M18	2.50	18.000	16.376	15.294	M18	1.50	18.000	17.026	16.376
M20	2.50	20.000	18.376	17.294	M20	1.25	20.000	19.026	18.376
M22	2.50	22.000	20.376	19.294	M22	2.00	22.000	21.701	19.835
M24	3.00	24.000	22.051	20.752	M24	2.00	24.000	22.701	21.835
M27	3.00	27.000	25.051	23.752	M27	2.00	26.000	25.701	24.835
M30	3.50	30.000	27.727	26.211	M28	2.00	28.000	26.901	25.835
M33	3.50	33.000	30.727	29.211	M30	3.00	30.000	28.051	26.752
M36	4.00	36.000	34.402	31.670	M33	3.00	32.000	31.051	29.752
M39	4.00	39.000	36.402	34.670	M36	3.00	36.000	34.051	32.752
M42	4.50	42.000	39.077	37.129	M39	3.00	38.000	37.051	35.752
M45	4.50	45.000	42.077	40.129	M40	3.00	40.000	38.051	36.752
M48	5.00	48.000	44.752	42.587	M42	4.00	42.000	39.188	37.670

複合形固定循環指令注意事項：

(1) 複合形固定循環指令必須要編寫 P、Q、X、Z、U、W、I、K、D、A 位置碼。

(2) G71、G72、G73 指令中 P(ns) 單節須附單節序號，第一行的 G 指令必須為 G00 或 G01 指令。指令警訊 P/S( )

(3) 模式選擇旋鈕於 MDI 檔域時無法執行 G70、G71、G72、G73。可執行 G74、G75、G76 指令。指令警訊 ( )

(4) G70、G71、G72、G73 的指令單節中，P 至 Q 間的單節內不得有呼叫 M98/M99 之指令。

(5) G70、G71、G72、G73 的指令，P 與 Q 單節必須有單節序號，其單節間除 (G4) 指令外不得有 (00) 組群的指令。除 G00、G01、G02、G03 指令外不得有 (01) 組群的指令。亦不得有 (05)、(06) 組群的指令及工具機能 (T)。

(6) 複合形固定循環指令執行中一旦停止後，使用手動操作，欲再執行複合形固定循環指令，必須回到原停止點位置再執行動作。

(7) 執行 G70、G71、G72、G73 指令，P、Q 所指定的序號，在記憶庫內不得有多個相同的序號。

(8) G70、G71、G72、G73 指令，P 與 Q 所指定的精修形狀單節群最後的移動指令，不得為倒角或倒 R 角之程式指定，更不可有 M98/M99 指令。指令警訊 ( )

程式實例

碳鋼加工後素材直徑43mm，切削速率120m/min，進刀深度2mm。圖形比例1：2。

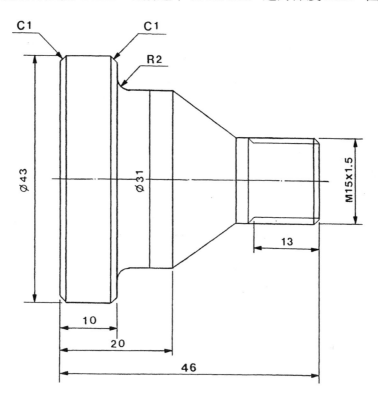

```
% ;
O6676 ;
G50 S3000 ;
G96 S120 M03 ;
G00 T0202 ;
G00 X50.0 Z5.0 ;
M08 ;
G71 P10 Q20 U0.5 W0.15 D2000 F0.2 ;(粗車外徑)————— (F-10T、F-15T)
*G71 U2. R1. ;————————————————————————— (F-0T)
*G71 P10 Q20 U0.5 W0.15 F0.2 ;————————————— (F-0T)
N10 G00 X11.3314 ;
G01 Z0 F0.1 ;
X14.8 Z-1.7343 ;
Z-15.2753 ;
X30.0 Z-26.2753 ;
Z-34.4 ;
```

```
G02 X33.2 Z-36.0 I1.6；
G01 X40.5314；
X43.0 Z-37.2343；
N20 Z-46.4；
M09；
T0200；
G00 G28 U0 W0；
/M01；
G50 S3000；
G96 S200 M03；
G00 T0404；
X50. Z5.；
M08；
G70 P10 Q20；(精車外徑) ─────────────────────── (F-0T、F-10T、F-15T)
M09；
T0400；
G00 G28 U0 W0；
/M01；
G50 S2000；
G97 S1500 M03；
G00 T0808；
X17.0 Z5.；
M08；
G76 X13.051 Z-15. K0.974 D250 F1.5 A60；(螺紋加工)─ (F-10T、F-15T)
*G76 P001260 Q100 R100；──────────────── (F-0T)
*G76 X13.051 Z-15. P0974 Q300 F1.5；──────── (F-0T)
M09；
T0800；
G00 G28 U0 W0；
M30；
%
```

自我評量

一、單選題

1. ( ) 螺紋分厘卡度量螺紋，其尺度讀數為 22.38mm，此尺度是螺紋的 ①外徑 ②節徑 ③底徑 ④牙深。

2. ( ) 不通過螺紋樣圈，可旋進外螺紋係表示 ①節距太小 ②節距太大 ③節徑太小 ④節徑太大。

3. ( ) 替換式螺紋分厘卡之測頭與砧座，係依螺紋的 ①節距 ②節徑 ③外徑 ④牙角 不同而選用。

4. ( ) 三線量規配合外徑分厘卡度量三角螺紋，公式 "E = M + 0.86602P − 3G"，其中 "G" 是 ①測量尺度 ②螺旋角 ③鋼線直徑 ④螺紋節徑。

5. ( ) 使用三線量規配合外徑分厘卡，度量 60 度 V 形螺紋節徑，公式 "E = M + 0.86602P − 3G" 中，"P" 是 ①鋼線直徑 ②螺紋節距 ③螺紋節徑 ④螺紋底徑。

6. ( ) 度量螺紋的節徑，宜選用 ①內徑分厘卡 ②外徑分厘卡 ③游標卡尺 ④螺紋分厘卡。

7. ( ) 分厘卡之所以能作為量具，係應用 ①螺紋之節距 ②棘輪 ③齒輪 ④光學平板 原理。

8. ( ) 一般公制分厘卡主軸之節距為 ① 0.5 ② 1 ③ 1.5 ④ 2 mm。

9. ( ) 度量牙角 30 度之梯形螺紋，其選用三線法最佳鋼線直徑的公式為 ① 0.57735 ② 0.5176 ③ 0.51645 ④ 0.866 乘以螺距。

10. ( ) "Tr32×6" 螺紋，如用三線法度量，則最佳鋼線直徑為 ① 1.988 ② 2.588 ③ 2.888 ④ 3.1056 mm。

11. ( ) 三線法度量 60 度三角螺紋，其選用最佳鋼線之直徑公式應為 ① 0.36624 ② 0.48333 ③ 0.57735 ④ 1.10111 乘以螺距。

12. ( ) 三線度量法允許三支鋼線直徑相互誤差之正負值爲　①0.01　②0.025　③0.001　④0.0025　mm。

13. ( ) 三線法度量標準三角螺紋之鋼線線徑尺寸是依螺紋的　①外徑　②底徑　③節距　④節徑　大小而選用。

14. ( ) 用三線法度量 "M20 × 2.5" 螺紋時，宜選鋼線直徑爲　①0.5　②1.5　③2　④2.5　mm。

15. ( ) 量產時選用　①塞規　②外卡　③卡規　④分厘卡　檢驗內徑較爲便捷。

16. ( ) 能精確檢驗螺紋牙角之量具爲　①螺紋分厘卡　②螺距規　③螺紋環規　④光學比測儀。

17. ( ) 螺栓樣柱是檢驗　①外螺紋最小節徑　②外螺紋配合等級　③內螺紋配合等級　④外螺紋最大節徑。

18. ( ) 下列語碼何者可使用小數點？　①N　②P　③I　④O。

19. ( ) 精車削複循環，使用下列何種準備機能？　①G70　②G71　③G72　④G73。

20. ( ) 鑽削循環，使用下列何種準備機能？　①G73　②G74　③G75　④G76。

21. ( ) 使用鑽孔之循環指令 "G74"，主要目的之一爲　①可增加加工深度　②可節省程式製作時間　③可得較慢的進刀速度　④可避免刮傷加工面。

22. ( ) 下列何者爲螺紋車削複循環機能？　①G32　②G33　③G76　④G92。

23. ( ) G71 P10 Q20 U0.3 W0.15 F0.2;，其直徑精車預留量爲　①0.1　②0.2　③0.3　④0.15　mm。

24. ( ) 橫向車削複循環機能是以　①G70　②G71　③G72　④G73　表示。

25. ( ) 下列何者為端面 (縱面) 車削複循環機能？　①G70　②G71　③G72　④G76。

26. ( ) G73 指令中，D 值為　①粗車預留量　②精車預留量　③切削次數　④進刀深度。

27. ( ) 加工已具外形之鑄品時，複循環指令應使用　①G70　②G71　③G72　④G73。

28. ( ) 車削鍛造成型工件宜使用　①G71　②G72　③G73　④G74　指令。

29. ( ) 為快速完成切槽工作宜使用　①G72　②G73　③G75　④G76　指令。

30. ( ) G71 U3. R2.；G71 P10 Q20 U0.6 W0.15 F0.2；以上程式，每次切削進刀深度為　①0.15　②0.6　③2　④3　mm。

31. ( ) G71 U1.5 R1.；G71 P10 Q20 U0.9 W0.6 F0.2；車削時退刀量由　①P 值　②Q 值　③U 值　④R 值　指定。

32. ( ) G71 P300 Q400 U0.4 W0.1 F0.2；此單節中，外徑精車預留量指定　①0.2　②0.3　③0.4　④0.5　mm。

33. ( ) G71 P100 Q200 U0.3 W0.1 F0.2；N100 G01 X0 Z0 F0.1；以上程式於 G70 P100 Q200；執行精車削時，進給率為　①0.1　②0.15　③0.2　④0.3　mm。

34. ( ) G74 R1.0；G74 X60. Z-30. P1000 Q3000 R2.0 F0.2；此單節表示，刀具每切切削完成後退刀量為　①1　②2　③3　④0.2　mm。

35. ( ) 下列何者可作為鑽孔程式？　①G74 R2.；G74 Z-35. K20. F0.2；　②G74 R2.；G74 X5. Z-35. K20. F0.2；　③G74 R2.；G74 Z-35. P1000 Q2000 R1. F0.2；　④G74 R1.；G74 X5. P1000 Q2000 R1. F0.2；。

36. ( ) G21 G99 G01 X100.F0.2；下列敘述何者正確？　①直線位移進給率 0.2mm/ 轉　②直線位移進給率 0.2mm/ 分鐘　③直線位移進給率 0.2 英吋 / 轉　④直線位移進給率 0.2 英吋 / 分鐘。

37. ( ) 三頭螺紋其節距是導程的　①1/2　②1/3　③3　④1.5　倍。

二、複選題

38. ( ) 程式 G00 X20.0Z2.0；G70 P10 Q20F0.1；下列敘述何者正確？　①G70是精切削複循環機能的指令　②複循環機能中，G74 指令，要配合 G70指令執行精削循環　③程式中 G70 執行 P 與 Q 順序號碼之間的程式後，刀具會回到 G00X20.0Z2.0　④P 與 Q 順序號碼之間的程式，可以用副程式呼叫出來用。

39. ( ) 電腦數值控制車床設定公制輸入時，車削 7/8-14UNF 之螺紋，下列何者正確？　①該螺紋是統一標準螺紋細牙規格　②該螺紋的導程0.875mm　③該螺紋的導程 1.8143mm　④該螺紋的大徑 25.4mm。

40. ( ) 下列那些是屬於複切削循環機能？　①G42　②G72　③G74④G96。

41. ( ) 下列之 G 機能中，何者可以切削錐度螺紋？　①G03　②G32　③G92④G76。

42. ( ) 電腦數值控制車床，有關切削螺紋的敘述，下列何者正確？　①螺紋切削中，操作面盤之進給率調整鈕是無效的　②G32 機能車削螺紋，是直角退刀　③車削螺紋，主軸轉速要固定　④車削螺紋最後精車削，可提高主軸轉速。

答案

1.(2)	2.(3)	3.(1)	4.(3)	5.(2)	6.(4)	7.(1)	8.(1)	9.(2)	10.(4)
11.(3)	12.(4)	13.(3)	14.(2)	15.(1)	16.(4)	17.(3)	18.(3)	19.(1)	20.(2)
21.(2)	22.(3)	23.(3)	24.(2)	25.(3)	26.(3)	27.(4)	28.(3)	29.(3)	30.(4)
31.(4)	32.(3)	33.(1)	34.(2)	35.(1)	36.(1)	37.(2)	38.(13)	39.(13)	40.(23)
41.(234)	42.(123)								

14
Chapter

副程式

　　當一個程式包含一種以上相同的固定加工道次，並且有被重覆利用的時候，這程式可單獨編輯輸入電腦記憶庫內，被其他程式呼叫使用或共用。即可稱為「副程式」。

　　使用副程式之優點敘述如下：

a. 可簡化程式長度。

b. 可節省電腦記憶空間。

c. 副程式可單獨執行核對，節省試削模擬時間。

d. 對重覆性工作可迅速完成程式製作，節省編輯時間。

14.1 M98 副程式呼叫指令

　　副程式編寫方式與加工程式相同，加工程式中須要呼叫副程式時可使用 M98 指令，將副程式從記憶庫中呼叫出來執行加工工作。模式選擇開關於 MDI 狀態時，不可執行副程式。為方便編寫副程式一般採用增量值方式來編輯。

　　副程式編寫例如下：

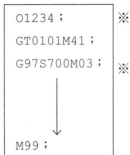

```
O1234；
GT0101M41；
G97S700M03；

        ↓

M99；
```

※副程式開頭與一般加工程式相同，需要先編寫程式編號以做識別。副程式亦可單獨執行使用。

※副程式結束使用 M99 指令。

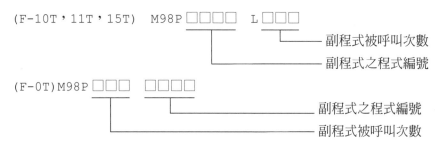

14.1.1 副程式之編寫方式

※ 當重覆次數不寫時則僅執行一次。

以下為呼叫副程式編號 6662，副程式往返執行七次的指令。

```
M98P6662L7；─────────────  (F-10T、F-11T、F-15T)
M98P76662；──────────────  (F-0T)
```

14.2 M99 副程式結束指令 (跳回主程式)

副程式編寫結束時不得使用 M30、M02、M01、M00 指令，必需使用 M99 作程式結束。

```
M99P_____ ；
```

P：主程式在記憶庫內的 NC 資料，指令程式序號，可當做程式編號指令使用。

　　若 P 不寫則於執行副程式結束後，跳回到之前呼叫副程式 "M98" 單節，下一列程式，繼續往下執行程式。

※ 使用紙帶 NC 程式，M99 的 P 指令無效。

14.2.1 副程式執行動作

(F-10T、F-11T、F-15T)

加工程式例　　　　　　　　　　　　　　　　　　　　副程式

O6661；　　　　　　　　　　　　　　　　　　　　　O6665；

N01 G50S3500142；　　　　　　　　　　　　　　　G0T0101；

N02 G96S120S130M03；　　　　　　　　　　　　　X70.0Z-10；

　　　？　　　　　　　　　　　　　　　　　　　　　　？

N06 M98P6665；呼叫 6665 副程式執行一次　　　　　　　？

N07＿＿＿＿＿＿； ◄─────────────────── M99；跳回主程式 (N07)

　　　？

　　　？

　　　？　　　　　　　　　　　　　　　　　　　　O6666；

　　　？

N11 M98P6666L2；呼叫 6666 副程式執行兩次　　　　G0T0303；

N12＿＿＿＿＿＿； ◄──────　　　　　　　　　　G97S600M03；

　　　？　　　　　　　　　　　　　　　　　　　　　？

　　　？　　　　　　　　　　　　　　　　　　　　　？

　　　？

　　　？　　　　　　　　　　　　　　　　　　　M99；跳回主程式 (N12)

　　　？

　　　？　　　　　　　　　　　　　　　　　　　O6667；

　　　？

N18 M98P6667；呼叫 6667 副程式執行一次　　　　　G0T0505；

N19＿＿＿＿＿＿；　　　　　　　　　　　　　　　G96S120M03；

N20＿＿＿＿＿＿； ◄──────　　　　　　　　　　　？

N21M09；　　　　　　　　　　　　　　　　　　　　？

M30；　　　　　　　　　　　　　　　　　　　　　M99P020；跳回主程式 (N20)

(F-0T) 的場合時將上列程式作如下之修改。

F-10T.F-15T　　　　　　　　　　　　　　　　　F-0T
　　　　　　　　　　　　　　　　　　　　　　　更正後程式

N06 M98P6665；───────────→ M98P6665；

N11 M98P6666L2；──────────→ M98P26666；

N18 M98P6667；───────────→ M98P6667；

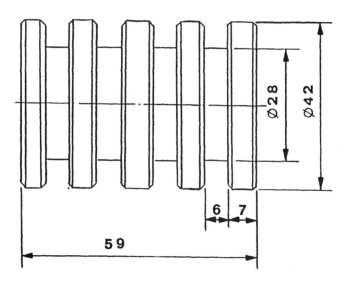

14.2.2 副程式應用實例

外徑已加工完畢，祇以切槽做說明，未註明之倒角爲 1mm。

主程式

```
O9811；
G50 S3000；
G96 S90 M03；
G00 T0101；
X45.0 Z2.0；
M08；
M98 P9812 L4；
*M98 P049812；
M09；
T0100；
G00 G28 U0 W0；
M30；
```

副程式

```
O9812；
G00 W-12.8；
G01 X28.2 F0.07；
X45.0；
W2.6；
X28.2；
X45.0；
W-3.917；
X42.0；
X39.766 W1.117；
X28.0；
G04 X0.2；
G01 U2.0 W0.3；
X45.0；
W3.817；
X42.0；
X39.766 W-1.117；
X28.0；
G04 X0.2；
G01 W-2.8；
X45.0；    跳回起始位置依 L 次
M99；
```

指令注意事項：

1. 程式中 M98、M99 指令後的 P、L 指令，不得用其他指令替代。(F-0T) 的場合，呼叫副程式及執行指令次數同寫在一起。

2. M98/M99 同一行內，除 P、Q、L 外不用其它機能。

3. P 位置若無指定程式編號，則螢幕出現警訊。

4. P 位置後 (n) 的指定程式編號數值，最多可寫四位數。

5. 執行程式紙帶之 M99 指令無效。

6. 副程式中執行多次 M99 指令時，每次執行到 M99 後會自動判斷 0 位置編號。

7. 主程式後面跟隨副程式的個數是有限制的。

　　(1) 副程式呼叫其他副程式 (F-10T、F-11T、F-15T) 可呼叫四重，(F-0T) 可呼叫兩重。

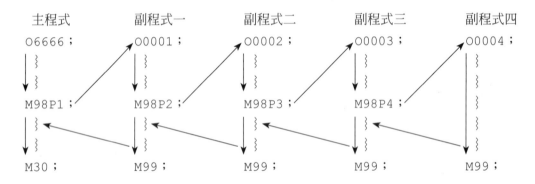

　　若有五個副程式的場合時，主程式呼叫副程式一呼叫副程式二呼叫副程式三呼叫副程式四，副程式四不得呼叫副程式五。

(2) 主程式呼叫多個副程式則無限制。

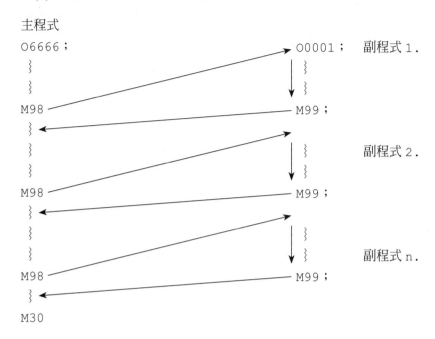

主程式
```
O6666；                              O0001；   副程式 1.
  {                                    {
  {                                    {
M98                                  M99；

  {
  {                                    {    副程式 2.
  {                                    {
M98                                  M99；

  {
  {                                    {
  {                                    {    副程式 n.
M98                                  M99；
  {
M30
```

自我評量

一、單選題

1. ( ) 下列何者為呼叫副程式機能？ ① M02 ② M30 ③ M98 ④ M99。

2. ( ) M98 P_L_；中之 "P" 值表示 ①主程式號碼 ②副程式號碼 ③副程式被呼叫次數 ④刀具補償量。

3. ( ) M98 P111124；代表呼叫副程式編號 ① 1111 ② 1112 ③ 1124 ④ 11124。

4. ( ) 不宜於使用下列何種指令下呼叫副程式？ ① G41 ② G32 ③ G19 ④ G71。

5. ( ) 暖機的程式結尾應使用 ① M00 ② M02 ③ M30 ④ M99 指令較佳。

二、複選題

6. ( ) 呼叫編號 1234 之副程式，執行三次，下列何者正確？ ① M98 P1234L3 ② M99P1234L3 ③ M98P0031234 ④ M98P3L 1234。

答案

1.(3)	2.(2)	3.(3)	4.(4)	5.(4)	6.(13)				

15
Chapter

附錄

檔案傳輸 (仁安資訊 NC 程式模擬編輯系統使用說明)

　　與 CNC 機台連線後，可進行 CNC 程式檔案的傳輸，以便機台加工使用和加工程式的備份。

15.1　傳送 CNC 程式 -PC 到 CNC 機台

　　在 PC 端的 NcEditor 傳送程式到 CNC 機台上。

15.1.1　傳送程式 -PC 操作

　　例：傳送 F121\O3802.CNC 檔案到 CNC 機台。

(1) 開啟 CNC 程式後，按【傳輸功能】頁籤。

　　例：開啟 F121\O3802.CNC。

(2) 按【連線】，與 CNC 機台連線。

　　※ 無法連線時，請確認下列事項：

　　(a) 使用一般傳輸模式，取消使用遙控模式。

　　(b) 檢查傳輸設定，請見第 15.6 節－傳輸參數－基本設定。

(3) 按【開始傳送】。

(4) 待 CNC 機台接收程式，請見第 15.1.2 節；或在 CNC 機台等待傳送 (LSK) 時，按【強迫立即傳送】，開始傳送。

(5) 傳送時，畫面會顯示目前進度。

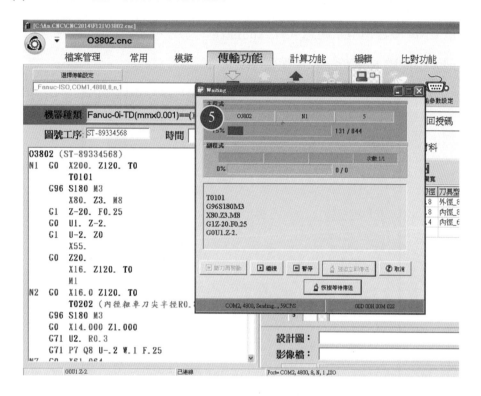

(6) 傳送完成後，顯示【Send...OK.】。

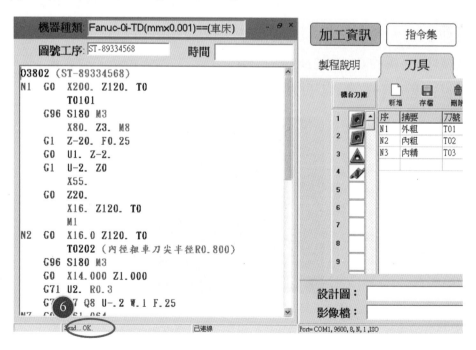

15.1.2 接收程式 -CNC 機台操作

以下依 CNC 機台類型示範讀入程式的操作。

操作前,預開啟 NcEditor 的傳送畫面,如下。

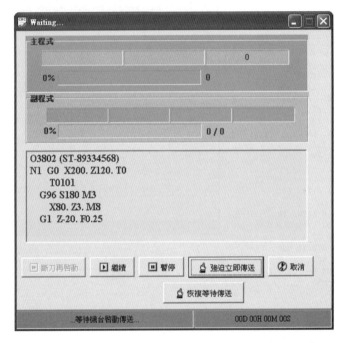

在此示範使用 FANUC 18T、18M、21T、0i-T、0i-M 系列的機台操作,其他請見第 15.1.3 節。

例:接收 PC 端的 O3802.CNC。

(1) 將模式選擇鈕轉在編輯【EDIT】模式。

(2) 按主功能【PROGRAM】顯示程式畫面。

(3) 按螢幕下方最右邊第 2 個的【(OPRT)】操作鍵。

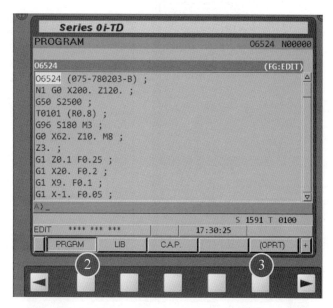

(4) 按【＞】直到畫面顯示【READ】【PUNCH】(讀入)(輸出)。

(5) 按【READ】讀入鍵。

(6) 按【EXEC】執行鍵，接收 PC 端送來的程式與訊息。

　　CNC 在等待接收程式，畫面會顯示【LSK】。

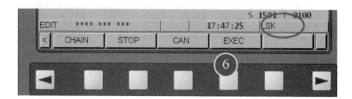

(7) 正在接收程式時,畫面會顯示【INPUT】。

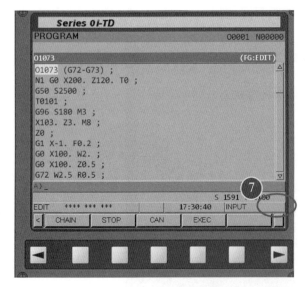
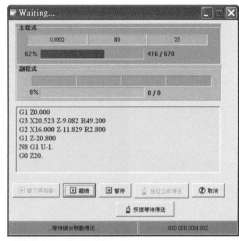

(8) CNC 接收完成,控制器畫面顯示接收到的程式內容。

15.1.3 接收程式 -CNC 機台操作表

以下依 CNC 機台類型示範輸入程式的操作。

(1) FANUC 18T、18M、21T、0i-T、0i-M 系列

　　例：接收 PC 端的 O3802.CNC。

步驟	操作按鍵	操作說明
1	【EDIT】編輯	將模式選擇鈕轉在編輯【EDIT】模式。
2	【PROGRAM】程式	按主功能【PROGRAM】顯示程式畫面。
3	【(OPRT)】操作 【>】	按螢幕下方最右邊的【(OPRT)】操作鍵 (OPERATION)， 按【>】直到畫面顯示【READ】【PUNCH】(讀入)(輸出)。
4	【READ】讀入	按【READ】讀入鍵，※ 日語 (リード)。
5	O3802	<21T、18M 可略過此步驟> 輸入程式時，通常可以省略不打程式號碼， (必要時，打入程式編號。例：O3802)。 <10T、10M> 按【ALL】表示讀入多條 CNC 程式。
6	【EXEC】執行或 【STOP】停止	必要時， 按【EXEC】執行鍵，接收 PC 端送來的程式與訊息， 或【STOP】停止鍵，停止接收。

(2) FANUC OT、OM 系列

　　例：接收 PC 端的 O3802.CNC。

步驟	操作按鍵	操作說明
1	【EDIT】編輯	將模式選擇鈕轉在編輯【EDIT】模式。
2	【PROGRAM】程式	按主功能【PROGRAM】顯示程式畫面。
3	O3802	輸入程式時，通可以省略，不打程式號碼， (必要時，打入程式編號。例：O3802)。
4	【INPUT】輸入	按【INPUT】輸入鍵。
5		螢幕出現 (LSK)(標題) 在閃爍表示等待輸入， (INPUT) 在閃爍，表示正在輸入中。

(3) MITSUBISHI 三菱機種

例：接收 PC 端的 O3802.CNC。

步驟	操作按鍵	操作說明
1	【Off】【開】	程式保護鑰匙開關【Off】【開】。
2	【IN/OUT】	押螢幕右方操作鍵區的【IN/OUT】主功能選擇鍵。
3	【MENU】【菜單】	按螢幕下方的【MENU】【菜單】軟體鍵， 直到出現【INPUT/OUTPUT】【輸入 / 輸出】。
4	【INPUT】【輸入】	按螢幕下方的【INPUT】【輸入】軟體鍵。
5	＃ (1) (3802)	按＃ (1)DATA 資料 (3802) (輸入程式時，通常可以省略，不用打程式號碼) ※ ＃ (1) 表示要輸出入 CNC 程式。 　 DATA 資料 (3802) 代表程式號碼 O3802。
6	【INPUT】【確認執行】	按螢幕右方按鍵區的【INPUT】【確認執行】鍵。

(4) OKUMA U100L 機種

例：接收 PC 端的 O3802.CNC。

步驟	操作按鍵	操作說明
1	【F3】【PIP / 文件傳送】	按螢幕下方的【F3】【PIP / 文件傳送】。
2	【F1】【READ / 讀入】	按螢幕下方的【F1】【READ / 讀入】。
3	【WRITE】【確認執行】	按螢幕右方按鍵區的【WRITE】【確認執行】鍵。
4		機器讀入之後產生 A.MIN 的檔名， ※ 如果會出現 "文件已存在，覆蓋否？"，輸入【Y】

(5) Brother TC-S2A 機種

例：接收 PC 的 O3802.CNC。

步驟	操作按鍵	操作說明
1	【EXTERNAL PROGRAM I/O】	功能選擇【EXTERNAL PROGRAM I/O】 (外部程式傳送，輸入 / 輸出)。
2	【INPUT FROM PTR】	功能選擇【INPUT FROM PTR】(由 PTR 輸入)。
3	【PROGRAM】 【E.STA】	功能選擇【PROGRAM】(程式)，PROGRAM_ 閃動， 不需鍵入程式編號，直接按【E. STA】開始執行。
4		如果程式編號已經存在，會出現 "ALREADY EXIST SAME PROGRAM NO. LOAD OK ？"， "程式已存在，是否覆蓋？"， 如果確定覆蓋，按【F0】【YES】。
5		選擇文件編輯，檢查程式內容。

15.1.4 直接傳送 -PC 操作

例：直接傳送 F123\O1012.CNC 檔案到 CNC 機台。

(1) 按【傳輸功能】頁籤。

(2) 按【連線】，與 CNC 機台連線。

　※ 無法連線時，請確認下列事項：

　(a) 使用一般傳輸模式，取消使用遙控模式。

　(b) 檢查傳輸設定，請見第 15.6 節－傳輸參數－基本設定。

(3) 按【開檔傳送】，顯示檔案。

(4) 選擇 F123\O1012.CNC 檔案。

(5) 按【開啟】。

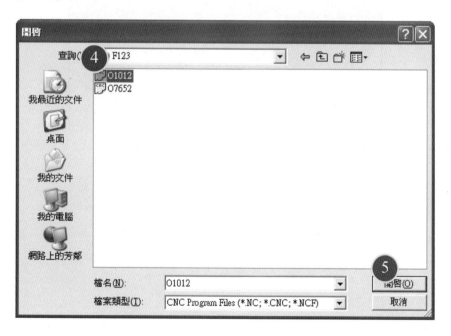

(6) 待 CNC 機台接收程式，請見第 15.1.2 節；或在 CNC 機台等待傳送 (LSK) 時，按【強迫立即傳送】，開始傳送。

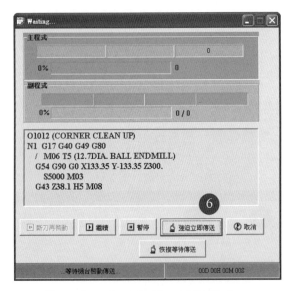

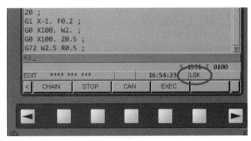

(7) 傳送時，畫面會顯示目前進度。

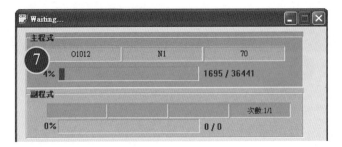

(8) 傳送完成後，顯示【Send...OK.】。

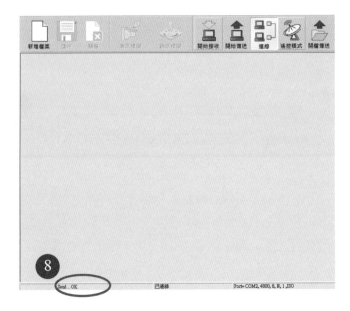

15.2 接收 CNC 程式 -CNC 機台到 PC

在 PC 端的 NcEditor 接收 CNC 機台傳送的程式。

15.2.1 接收程式 -PC 操作

例：接收 CNC 機台的 O0607.CNC 程式。

(1) 按【傳輸功能】頁籤。

(2) 按【連線】，與 CNC 機台連線。

　　※ 無法連線時，請確認下列事項：

　　(a) 使用一般傳輸模式，取消使用遙控模式。

　　(b) 檢查傳輸設定，請見第 15.6 節－傳輸參數－基本設定。

(3) 待 CNC 機台準備傳送程式；或按【開始接收】接收 CNC 程式。

(4) 接收時，畫面會顯示已收到的長度。

(5) 傳送完成後，顯示 O0607.CNC 的內容。

15.2.2 傳送程式 -CNC 機台操作

在此示範使用 FANUC 0i-M、0i-T 系列的機台操作，其他請見第 15.2.3 節。

(1) 將模式選擇鈕轉在編輯【EDIT】模式。

(2) 按主功能【PROGRAM】顯示程式畫面。

(3) 輸入指定輸出的程式號碼 [O6524]。

(4) 按【↓】開啟程式。

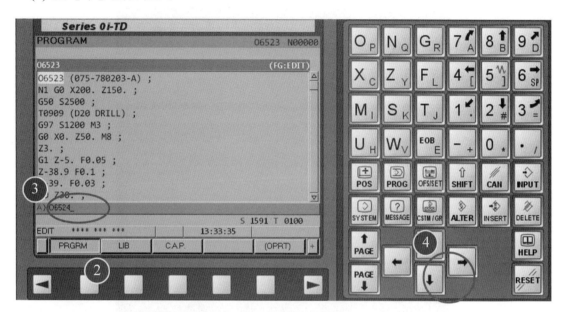

(5) 按螢幕下方最右邊第 2 個的【(OPRT)】操作鍵。

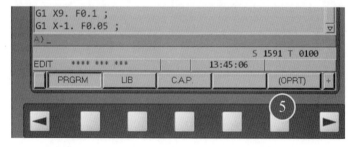

(6) 按【＞】直到畫面顯示【READ】【PUNCH】(讀入)(輸出)。

(7) 按【PUNCH】輸出鍵。

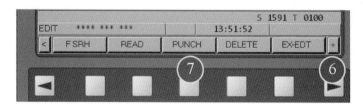

(8) 按【EXEC】執行鍵，傳送 CNC 程式到 PC 端儲存。

(9) 傳送時，畫面會顯示【OUTPUT】。

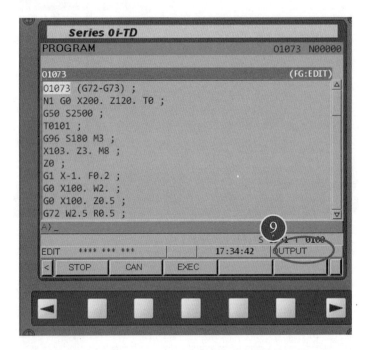

15.2.3 傳送程式 -CNC 機台操作表

以下依 CNC 機台類型示範輸出程式的操作。

(1) FANUC 0i-M、0i-T 系列

例：傳送 O6524.CNC 到 PC 端。

步驟	操作按鍵	操作說明
1	【EDIT】編輯	將模式選擇鈕轉在編輯【EDIT】模式。
2	【PROGRAM】程式	按主功能【PROGRAM】顯示程式畫面。
3	O6524	輸入指定輸出的程式號碼。 例：O6524。
4	【↓】	按【↓】，叫出程式編號 O6524， 螢幕顯示程式號碼 O6524 及其內容。
5	【(OPRT)】操作 【>】	按螢幕下方最右邊的【(OPRT)】操作鍵 (OPERATION)， 按【>】直到畫面顯示【READ】【PUNCH】(讀入)(輸出)。
6	【PUNCH】輸出	按【PUNCH】輸出鍵， ※ 日語 (パンチ)。
7	【EXEC】執行	按【EXEC】執行鍵，傳送 CNC 程式到 PC 端儲存， 或【STOP】停止鍵，停止傳送。

(2) FANUC 18T、18M、21T 系列

例：傳送 O6524.CNC 到 PC 端。

步驟	操作按鍵	操作說明
1	【EDIT】編輯	將模式選擇鈕轉在編輯【EDIT】模式。
2	【PROGRAM】程式	按主功能【PROGRAM】顯示程式畫面。
3	【(OPRT)】操作 【>】	按螢幕下方最右邊的【(OPRT)】操作鍵 (OPERATION)， 按【>】直到畫面顯示【READ】【PUNCH】(讀入)(輸出)。
4	【PUNCH】輸出	按【PUNCH】輸出鍵， ※ 日語 (パンチ)。
5	O6524	打入指定輸出的程式號碼。 例：O6524。
6	【EXEC】執行	按【EXEC】執行鍵，傳送 CNC 程式到 PC 端儲存， 或【STOP】停止鍵，停止接收。

(3) FANUC OT、OM 系列

例：傳送 O6524.CNC 到 PC 端。

步驟	操作按鍵	操作說明
1	【EDIT】編輯	將模式選擇鈕轉在編輯【EDIT】模式。
2	【PROGRAM】程式	按主功能【PROGRAM】顯示程式畫面。
3	O6524	輸入程式編號。例：O6524。
4	【OUTPUT】輸出	按【OUTPUT】輸出鍵。
5		螢幕出現 (OUTPUT) 在閃爍，表示正在輸出中。

(4) MITSUBISHI 三菱機種

例：傳送 O6524.CNC 到 PC 端。

步驟	操作按鍵	操作說明
1	【Off】【開】	程式保護鑰匙開關【Off】【開】。
2	【IN/OUT】	押螢幕右方操作鍵區的【IN/OUT】主功能選擇鍵。
3	【MENU】【菜單】	按螢幕下方的【MENU】【菜單】軟體鍵，直到出現【輸入 / 輸出】【INPUT/OUTPUT】。
4	【ONPUT】【輸出】	按螢幕下方的【ONPUT】【輸出】軟體鍵。
5	# (1) (6524)	按 # (1)DATA 資料 (6524) ※ # (1) 表示要輸出 CNC 程式， DATA 資料 (6524) 代表程式號碼 O6524。
6	【INPUT】【確認執行】	按螢幕右方按鍵區的【INPUT】【確認執行】鍵。

(5) OKUMA U100L 機種

例：傳送 O6524.MIN 到 PC 端。

步驟	操作按鍵	操作說明
1	【F3】【PIP / 文件傳送】	按螢幕下方的【F3】【PIP / 文件傳送】。
2	【F2】【PUNCH / 穿孔】 (MD1：INDEX)(MD1：索引)	按螢幕下方的【F2】【PUNCH / 穿孔】， 按 (MD1：INDEX)(MD1：索引)
3	移動游標 【WRITE】【輸入確認】	移動游標到程式編號，例：O6524.MIN， 按【WRITE】【輸入確認】鍵。
4	【WRITE】【輸入確認】	按【WRITE】【輸入確認】鍵。

(6) Brother TC-S2A 機種

例：傳送 O6524.CNC 到 PC 端。

步驟	操作按鍵	操作說明
1	O6524(DEMO TEST) N1 G50 S2000 F123 G96 S200 M3 T0101 M8	功能選擇 PROGRAM EDIT 程式編輯，編號 6524 內容例如： 編輯程式號碼內容 (範例)(一定要有程式號碼) 代表資料夾編號 F123， 在程式編號的第二行打入資料夾編號 F123， 將 O6524 指定儲存在 F123 資料夾內。
2	【EXTERNAL PROGRAM I/O】	功能選擇【EXTERNAL PROGRAM I/O】 (外部程式傳送，輸入 / 輸出)。
3	【OUTPUT TO PTP】 【PROGRAM】	功能選擇【OUTPUT TO PTP】(輸出到 PTP)， 功能選擇【PROGRAM】(程式)。
4	6524 【E.STA】	在 PROGRAM_ 游標閃動處，鍵入程式編號，6524， 按【E.STA】開始執行。
5	【F0】 【F0】	按當傳送文件結束，按兩次【F0】(RETURN MENU) (功能選項，往回兩層)。

15.3 DNC 邊傳邊做

於 CNC 機台上使用 DNC 邊傳邊做模式，執行 PC 端傳送的 CNC 程式。

使機台在接收到程式便可開始執行切削，不需等到程式全部傳送完成才可執行。

15.3.1 DNC 邊傳邊做 -PC 操作

例：使用 DNC 邊傳邊做執行 F121\O3802.CNC 檔案。

(1) 開啓 CNC 程式後，按【傳輸功能】頁籤。

　例：開啓 F121\O3802.CNC。

(2) 按【連線】，與 CNC 機台連線。

　※ 無法連線時，請確認下列事項：

　(a) 使用一般傳輸模式，取消使用遙控模式。

　(b) 檢查 DNC 傳輸設定，請見第 15.9 節 - 傳輸參數 -DNC 傳輸設定。

(3) 按【開始傳送】。

(4) 待 CNC 機台開啓 DNC 模式後，按【CYCLE START】啓動接收程式。

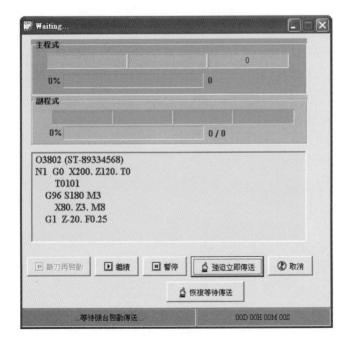

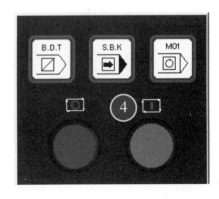

(5) 傳送時，畫面會顯示目前進度。

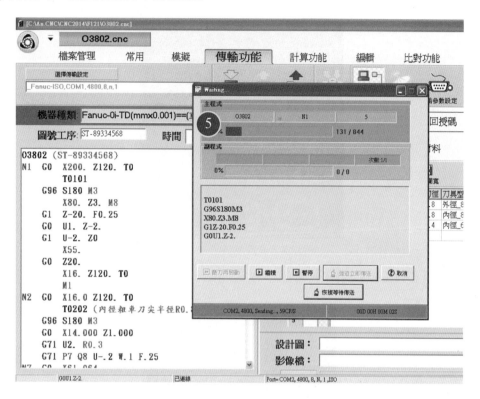

15.3.2 DNC 邊傳邊做 - 機台操作

以下依 CNC 機台類型示範 DNC 邊傳邊做的操作。

(1) FANUC 0i-M、0i-T 系列

步驟	操作按鍵	操作說明
1	【DNC】邊傳邊做	將模式選擇鈕轉在【DNC】邊傳邊做模式。 (或【TAPE】【紙帶】模式)
2	【CYCLE START】啟動	按【CYCLE START】啟動，開始接收。

(a) 將模式選擇鈕轉在【DNC】邊傳邊做模式。

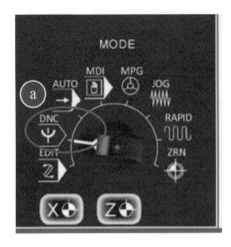

(b) 按【CYCLE START】啟動，程式開始一邊傳送一邊切削。

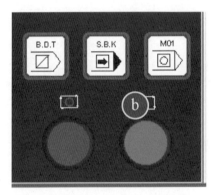

(c) 控制器畫面顯示接收並執行的 CNC 程式內容。

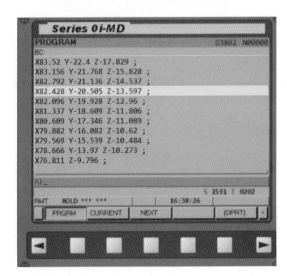

15.4 DNC 傳送 - 斷刀再起動

在 DNC 邊傳邊作時，發生中途斷刀或機械因素而傳送中斷。

當你重新傳送程式，希望直接從斷刀處開始，並且先傳送啟動基本資料程式。

15.4.1 斷刀再起動

(1) 於傳送過程中，發生問題而而傳送中斷時，【斷刀再啟動】會顯示可用。

按【斷刀再啟動】，出現選擇視窗，選擇啟動程式。

※DNC 傳送操作，請見第 15.3 節 -DNC 邊傳邊做。

(2) 按【開啟資料檔】選擇欲插入傳送的啟動基本資料程式。

(3) 在此選擇啓動基本資料程式。

例：ReStart.cnc

(4) 按【開啓】，其內容程式顯示在【啓動基本資料】中。

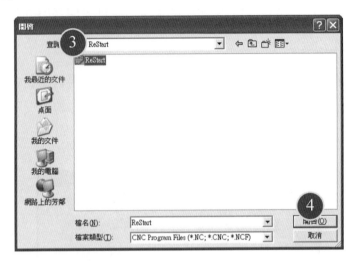

(5) 勾選【要執行再啓動基本資料】。

(6) 設定主程式重新啓動的行號。

例：11

(7) 按【確定】。

(8) 按【繼續】，先傳送啓動基本資料程式，再從主程式第 11 行開始傳送。

15.5 常用傳輸設定

將經常使用的傳輸設定另外儲存，以方便之後可快速切換使用。

15.5.1 切換傳輸設定

例：切換到【Defaults-ISO, COM1, 9600, 8, n, 1】傳輸設定。

(1) 按【傳輸功能】頁籤。

(2) 按【選擇傳輸設定】。

(3) 按下拉按鈕。

(4) 選擇【Defaults-ISO, COM1, 9600, 8, n, 1】。

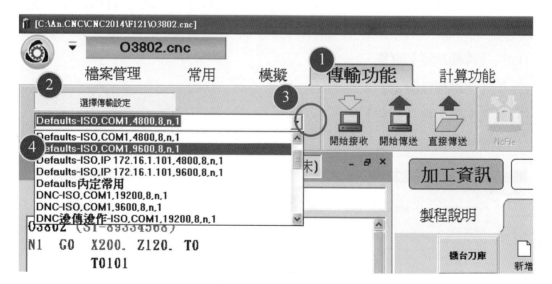

(5) 顯示使用的連接埠設定。

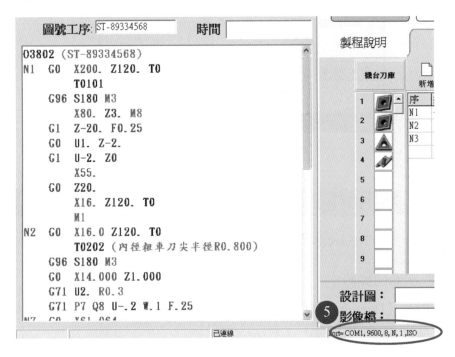

15.5.2 修改傳輸設定

例：修改【_Fanuc-ISO, COM1, 4800, 8, n, 1】傳輸設定，開啟【DNC 邊傳邊作模式】。

(1) 按【傳輸功能】頁籤。

(2) 按【傳輸參數設定】。

(3) 輸入密碼，按【確定】。

預設密碼為 aa。

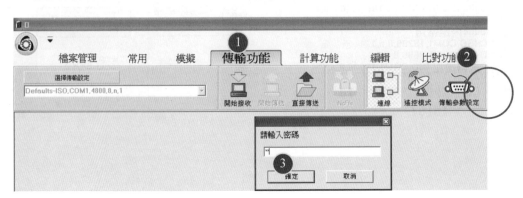

(4) 選擇【_Fanuc-ISO, COM1, 4800, 8, n, 1】。

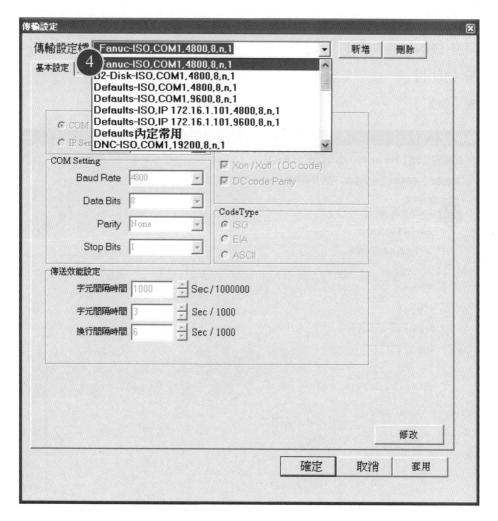

(5) 按【DNC 傳輸設定】頁籤。

(6) 按【修改】。

(7) 勾選【DNC 邊傳邊作模式】。

(8) 按【套用】。

(9) 按【確定】。

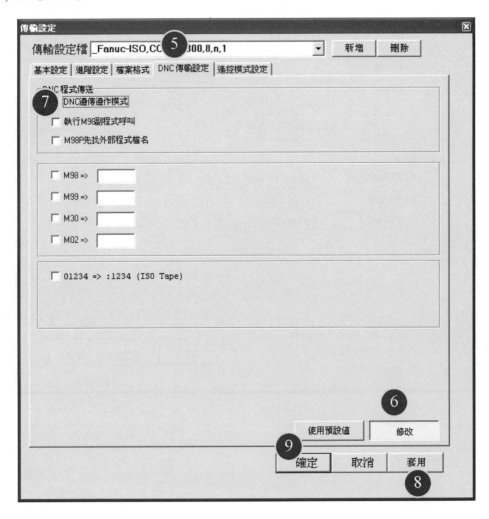

15.5.3 新增傳輸設定

例：新增【Defaults-ISO,COM2,4800,8,n,1】傳輸設定。

(1) 按【傳輸功能】頁籤。

(2) 按【傳輸參數設定】。

(3) 輸入密碼，按【確定】。

預設密碼為 aa。

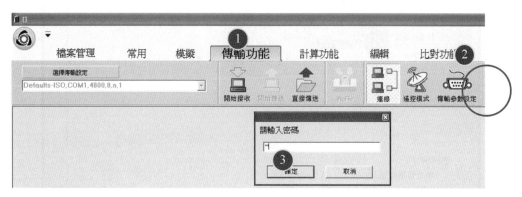

(4) 按【新增】。

(5) 輸入設定檔檔名 [Defaults-ISO,COM2,4800,8,n,1]，按【OK】。

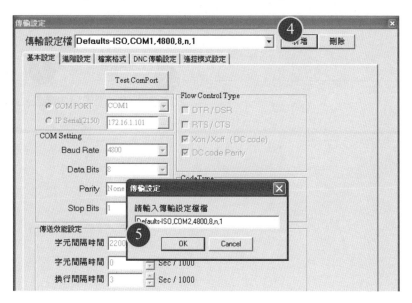

(6) COM PORT 選擇【COM2】。

(7) 按【套用】。

(8) 按【確定】。

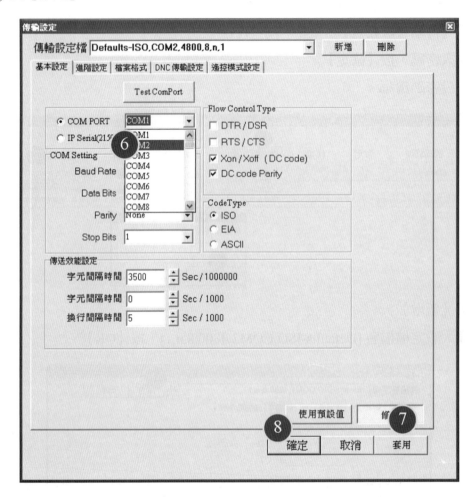

15.6 傳輸參數 - 基本設定

基本設定 | 進階設定 | 檔案格式 | DNC 傳輸設定 | 遙控模式設定 |

Test ComPort

- ⊙ COM PORT COM1 ▼
- ○ IP Serial(2150) 172.16.1.101 …

COM Setting
- Baud Rate 4800 ▼
- Data Bits 8 ▼
- Parity None ▼
- Stop Bits 1 ▼

Flow Control Type
- ☐ DTR / DSR
- ☐ RTS / CTS
- ☑ Xon / Xoff (DC code)
- ☑ DC code Parity

CodeType
- ⊙ ISO
- ○ EIA
- ○ ASCII

傳送效能設定
- 字元間隔時間 2200 ↕ Sec / 1000000
- 字元間隔時間 0 ↕ Sec / 1000
- 換行間隔時間 3 ↕ Sec / 1000

選項名稱	選項說明
Test ComPort	測試目前的連接埠狀態。 詳細請見第 15.6.1 節。
COM PORT	使用本機的通訊連接埠傳輸。
IP Serial(2150)	使用 IP Serial 作為傳輸。 詳細請見第 15.6.2 節。
COM Setting	傳輸格式的方式。
Flow Control Type	流量控制的方式。
Code Type	編碼方式。
字元間隔時間 Sec/1000000	字元與字元的間隔時間 (以 ns 為單位)。
字元間隔時間 Sec/1000	字元與字元的間隔時間 (以 ms 為單位)。
換行間隔時間 Sec/1000	換行的間隔時間 (以 ms 為單位)。

15.6.1 Test ComPort

測試選擇的 COM Port 狀態。

測試後狀態說明如下：

COM1 (V) = 可以使用，但未接線

COM2　　 = 不可使用 (或已被其它裝置使用)

COM3 (#) = 表示 COM3 有接線且可以使用

例：測試 COM PORT 的狀態。

(1) 選擇【COM PORT】。

(2) 按【Test ComPort】，顯示測試畫面。

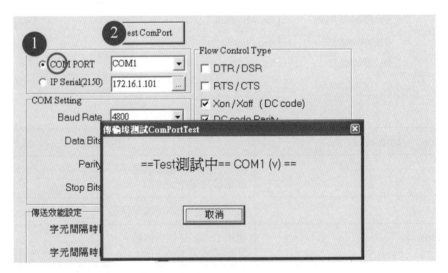

(3) 測試完成後，選項旁會顯示狀態。

例：【COM1(V)】為 COM1 的序列埠可以使用。

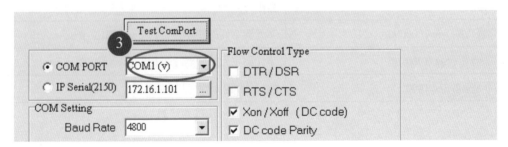

15.6.2 IP Serial

透過 IP Serial 裝置與機台做傳輸動作。

可使用控制畫面對 IP Serial 裝置作設定和搜尋。

例：搜尋並使用 IP Serial 裝置。

(1) 選擇【IP Serial (2150)】。

(2) 按【...】，顯示 IP Serial 控制畫面。

(3) 按【搜尋】。

(4) 搜尋 IP Serial 裝置伺服器時，會顯示已找到的裝置。

等待 30 秒或按【停止】，回到 IP Serial 控制畫面。

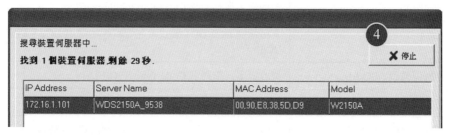

(5) 按 IP Serial 的 IP。

例：172.16.1.101。

(6) 按【選擇】，完成設定。

15.7 傳輸參數 - 進階設定

基本設定 | **進階設定** | 檔案格式 | DNC 傳輸設定 | 遙控模式設定 |

- ☑ 自動建立連線延遲秒數 = `1`
- ☐ 關閉時,通知 CNC 停止傳送
- ☐ 未連線再測試時間 `180`
- ☑ 傳送 DC2/DC4
- ☐ 接收自動判別傳輸碼 (ISO/EIA)
- ☑ 接收檔案自動儲存
- ☑ 接收連續程式,自動分開儲存

自動連線設定
- ☑ 傳輸埠未存在或被佔用時,提示警告視窗
- ☑ 傳輸埠參數設定錯誤時,提示警告視窗
- ☑ 傳輸線未接妥時,提示警告視窗

- ☑ 傳送時刪除空格
- ☐ 傳送時刪除空行
- ☐ 傳送時刪除 (小括弧及其註解內容)
- ☐ 傳送時刪除 (分號及其註解內容)
- ☑ 傳送時刪除中文字
- ☐ 傳送時,將副程式一起傳送

- ☐ 高速傳輸模式

- ☐ EtherNET to RS-232 傳輸模式
- ☐ 使用多埠卡

管理者密碼 `**`
確認 `**`

選項名稱	選項說明
自動建立連線延遲秒數	自動偵測 COM Port,建立連線時延遲秒數。
未連線再測試時間	未連線,自動偵測 COM Port 的間隔秒數。
傳送 DC2/DC4	支援傳送 DC2/DC4 模式,在資料起始送出 DC2,結束時送出 DC4。
接收自動判別傳輸碼 (ISO/EIA)	接收檔案自動判別 Code Type (ISO/EIA)。
接收檔案自動儲存	接收過來的檔案,自動將資料儲存起來。
接收連續程式,自動分開儲存	接收機台一次傳回多個程式時,自動依程式號碼分別儲存。
管理者密碼	傳輸設定登入密碼。 無此密碼即無法登入傳輸設定,請勿任意更改。 若修改後,請務必牢記,否則無法登入傳輸設定。

15.8 傳輸參數 - 檔案格式

基本設定 | 進階設定 | 檔案格式 | DNC 傳輸設定 | 遙控模式設定 |

- ☐ Fanuc特殊檔案格式
- ☐ Mitsubish特殊檔案格式
- ☐ OKUMA特殊檔案格式
- ☐ MAZAK特殊檔案格式
- ☐ SIEMENS特殊檔案格式
- ☐ SIEMENS-820T特殊檔案格式
- ☐ Brother特殊檔案格式
- ☐ Tosibu特殊檔案格式
- ☐ ALLEN特殊檔案格式
- ☐ EMCO_TM02特殊檔案格式
- ☐ MAHO 232 特殊檔案格式
- ☐ MAHO 432 特殊檔案格式
- ☐ TNC426特殊檔案格式
- ☐ TNC530特殊檔案格式

- ☐ 傳送OKUMA特殊檔案格式時,多檔加入 ($O1234.MIN%)的程式碼
- ☐ 檔名 與 檔案內容 O碼 同步修改
- ☐ 圖號名稱註解 與 程式內容註解同步修改
- ☑ 接收時,刪除程式號碼間的空白
- ☐ 檔案存檔時 檔案加密

- ☐ 檔案存檔時,程式內未含O碼自動產生檔名,起始O碼為 O [0100]

- ☐ 未定檔案格式接收傳送

選項名稱	選項說明
傳送 OKUMA 特殊檔案格式時,多檔加入 ($O1234MIN%) 的程式碼	傳送 NC 程式到 OKUMA 機器時,程式會加入 OKUMA 機器特殊的識別碼。
檔名與檔案內容 O 碼同步修改	接收 NC 程式存檔時,檔案內容 O 碼會隨檔名變更。
圖號名稱註解與程式內容註解同步修改	接收 NC 程式存檔時,檔案管理視窗名稱註解,將會依程式內註解做變更。
檔案存檔時檔案加密	檔案存檔後會存成 NcEditor 的加密檔,只能以 NcEditor 開啟編輯,若使用其它程式編輯軟體開啟時,程式內容會成為亂碼。
檔案存檔時,程式內未含 O 碼自動產生檔名,起始 O 碼為 O	檔案存檔時,若未指定程式號碼 O,系統會依照起始號碼往後,自動給予檔名存檔。

15.9 傳輸參數 -DNC 傳輸設定

基本設定 | 進階設定 | 檔案格式 | DNC 傳輸設定 | 遙控模式設定

┌─ DNC 程式傳送 ─────────────────────────────
☐ DNC邊傳邊作模式

☐ 執行M98副程式呼叫

☐ M98P先找外部程式檔名

☐ M98 => [   ]

☐ M99 => [   ]

☐ M30 => [   ]

☐ M02 => [   ]

☐ O1234 => :1234 (ISO Tape)

選項名稱	選項說明
DNC 邊傳邊作模式	使用 DNC 邊傳邊作模式，傳一行做一行。
執行 M98 副程式呼叫	程式中的 M98 指令會執行副程式呼叫，傳送該副程式之內容。 M98 指令本身不會傳送。
M98P 先找外部程式檔名	程式中 M98P，會優先搜尋外部程式檔。
M98 M99 M30 M02	將程式中的 M98(M99、M30、M02) 轉換成設定文字。 ※ 使用時，需勾選【☑DNC 邊傳邊作模式】 【☑執行 M98 副程式呼叫】 ※ 保持空白，傳輸時會忽略 M98(M99、M30、M02)。
O1234 =>：1234(ISO Tape)	將程式中的 O1234 轉換成：1234(ISO Tape)。 (只針對舊型控制器使用)

15.10 傳輸參數 - 遙控模式設定

基本設定 | 進階設定 | 檔案格式 | DNC 傳輸設定 | 遙控模式設定

☐ 自動啟動遙控模式

☑ 遙控時回授訊息 (ReturnMessage)

☑ 允許遙控覆蓋檔案及刪除檔案

☐ 回授訊息 (Mazak)

☐ 遙控模式回授訊息停頓　　　　　15

☐ 遙控模式,接收檔案存檔資料夾 FCode 指定行數:　　2

☐ 遙控模式,傳送檔案 FCode 位置在程式結尾

命令檔代碼　　　　　　　目前設定
O0001　　　 ==> 　O0001　　　　　　O00000001

訊息檔代碼　　　　　　　目前設定
O0002　　　 ==> 　O0002　　　　　　O00000002

資料檔代碼　　　　　　　目前設定
O0003　　　 ==> 　O0003　　　　　　O00000003

選項名稱	選項說明
自動啟動遙控模式	開啟 NcEditor 後會自動啟動【遙控模式】。
遙控時回授訊息 (ReturnMessage)	遙控模式下,電腦產生回授訊息給機台。
允許遙控覆蓋檔案及刪除檔案	當有相同程式編號,從機台傳回時,允許覆蓋檔案。允許從機台遙控指令,刪除 CNC 程式檔案。
回授訊息 (Mazak)	Mazak 機器專用格式的回授訊息。
遙控模式回授訊息停頓	使用無線遙控傳輸模式,回授訊息前,要停頓的秒數。(在無法暫停等待時使用)
遙控模式,接收檔案存檔資料夾 FCode 指定行數	可設定 F 碼的命令位置,在程式的第幾行。指定 F 資料分類夾
遙控模式,接收檔案 FCode 位置在程式結尾	設定 F 碼的命令位置,在程式的最後一行。
命令檔代碼	命令檔所用的 O 碼編號。
訊息檔代碼	訊息檔所用的 O 碼編號。
資料檔代碼	資料檔所用的 O 碼編號。

15.11 車削問題發現及問題解決對策

狀況			現象	原因	對策
車削問題	破損	崩裂	①用放大鏡即可看到刃部崩裂情形。 ②兩次磨耗跳動之痕跡。 ③有微少之破裂產生即會急速擴大以至於破損。	①進給率過大	減少進給率加大刃部修磨量，改變刀具形狀增加切削速度。
				②不正確之安裝。	檢查刀尖對工作之中心高，安裝時加強固定。
				③振動發生。	調整刀尖位置：安裝時，加大工具剛性
				④逃隙角過大。	調整刀尖位置，加大倒角量；加大工具剛性
				⑤工具形狀不適合。	採用 r 角半徑角大者，改變工具形狀（如側切刃角）（例如片刃斜尖）
				⑥刀片斷削槽寬度狹小。	採用刀片斷屑槽寬大者 (刀片斷屑槽面之切屑調整至最少為佳)
				⑦斷繞切削。	安裝時，加強刀具剛性，或改變刀具形狀 (例正角型 → 負角型)
				⑧剛性不足。	增大刀柄，改變工具形狀，安裝時加大剛性
				⑨刃部有裂碎痕跡。	檢查刀刃之刀鼻 r 角部位
		破裂	①很容易就能觀察出來。 ②會發生異狀聲音。 ③被削材之精加工面上會變成凹凸不平狀。	①崩裂情形擴大。	消除產生崩刃之原因、安裝時加強固定
				②進給量過大	減少進給量改變工具形狀
				③工具變形及剛性不足。	工具安裝時加強固定，改變刀柄尺寸，加強機械及夾具之剛性，增加刀片厚度。
				④刀片安裝不適當。	檢查刀柄內部裝置，更換不良零件；將刀片承座清除乾淨，或取下刀片附著物。
				⑤使用已磨耗刀片。	換上新刀片再繼續旋削加工。
				⑥切深過多。	更換重切削工具。
				⑦毛胚黑皮斷續切削。	改變切削速度及進給率，安裝時加強固定。
		振動	①會產生振動及噪音。 ②機械主軸之轉速產生變化。 ③精加工面上會有振動之痕跡顯現。 ④會產生崩刃及破碎現象。	①機械動力，剛性及被削材剛性不足	檢查工作機械之剛性。加大工作機械之動力，對被削材補強。
				②刀柄突工具超過及安裝時剛性不足。	減少刀柄突出量。使用重切削工具。安裝時加強固定。
				③刀片刀鼻 r 角半徑過大。	減小刀鼻 r 角半徑，進給率加大，切削速度減小，使用重切削工具。
				④不適當之進給量。	如必須要有精加工面；而在可以程度內，增大進給量。
				⑤工具之中心點過高。	切刃被削材中心需一致，有時可稍微高一點可減少振動發生。
				⑥工具當安裝不適當。	切刃之中心需配合；更換不良零件。

	狀況		現象	原因	對策
問題	破損	後斜面磨耗	①精加工面差，尺寸精度有變化。②噪音、火花、振動現象會發生。③動力需求增加。破碎及崩刃現象會發生。	①切削速度及進給量過大。	切削速度或進給量減少。
				②斜角過小。	使用正角型刀片。
				③工具安裝不對中心	切刃尖端與被削材之中心需配合。
				③工具安裝過長	縮短刀柄伸出量。
	精加工面		①精加工面上會有帶狀之光亮痕。②精加工面會有明顯的凹凸狀發生。③切削碰擊加工面。④發生火花。	①進給量過大	進給量減少；切削速度增大，r角半徑加大
				②切削速度過小。	正常磨耗有異狀時切削速度增大。
				③刀片使用超過其壽命。	更換新的切刃角或換上新刀片。
				④工具形狀不適當。	逃隙角(減少)側切刃角(變大)前切刃角(變小)斜角(變大)。
	切屑		①切屑良好不會斷屑②切屑會隨加工面的方向流出	①切屑長且無法中斷。	調整刀片斷屑槽寬度，使斷屑槽狹小。
				②斷屑槽形狀不適當。	改變斷屑槽形狀(加深斷屑槽深度，又加大斷屑槽厚度)。

15.11.1 刀片鍍層之認識

* 氮鋁鈦：呈藍黑色，可提高切削性，為高熱應力塗層，適合加工高硬度和難切削的材料。

* 氮碳鈦：呈粉紅色，比氮化鈦硬度高，磨擦係數低，適合加工韌性強的材料，如鑄鐵、銅合金、鋁合金。

* 氮化鈦：呈金色，一般用的耐磨塗層

* 氮鋁化鉻：具抗氧化能力與熱硬度，適合熱成型模具用塗層。

* 氮鉻鋁鈦：呈深粉色，高耐磨損性，適用於抗張強度高的工件及鑄件加工。

* 氮化鉻：呈銀灰色，具耐磨防腐性能，適合加工鈦合金、銅合金及其他有色金屬及塑料。

* 碳化鉻：呈深青灰色，良好的熱和化學穩定性，具高硬度和潤滑性，適合注塑成型工件用之塗層。

* 碳：潤滑性好可降低摩擦。

15.11.2 材料有黑皮時首刀切削注意事項

一、材料有黑皮時首刀切削注意事項

材料如有黑皮時須使用硬爪夾持，第一刀切削外徑時應選大刀鼻、進刀深度加深，讓黑皮作用在刀腹上，以避免刀尖磨損崩裂減短刀具壽命。

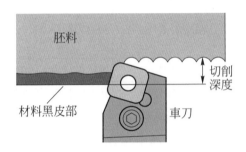

切削鋼材硬度在 HS70、 HRC50 以上時， 切削速度應選用範圍為 10~50m/ min 之低速切削，且刀尖應選用刀尖強度大者，刀具壽命較長。刀具間隙角越大則較鋒利，不宜做粗切加工，反之間隙角越小刀片強度越大。

二、如何讓工件於加工切削中光度不受切屑的影響

為避免工件於切削過程中，工件表面會被切屑擠傷或刮傷，無法達到所需之光度，應選用刀具前切刃角大於工件半錐角 θ 之工具，以利切削時切屑的順暢流動後排除。

使用刀片型式規格切深 d、進給率 F、主軸轉速 S、刀鼻尺寸 r、切削液，亦需做適當之配合調整。(參照所使用刀具商之技術手冊) 圖參照三特維克

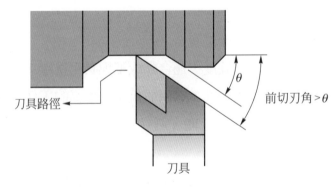

三、球型穴盲孔加工，刀具可由外而內往中心切削移動，刀尖比較不易崩裂損壞

15.12 對於鋼的維氏硬度比例換算值

維氏硬度 (HV)	勃氏硬度 10mm 球 負荷 3,000kgf (HB)		洛氏硬度 [2]			蕭氏硬度 (HS)	抗拉強度 (近似值) MPa [1]
	標準球	碳化鎢球	A 量規 負荷 60kgf 金剛石圓錐壓痕器 (HRA)	B 量規 負荷 100kgf 徑 1.6mm(1/16in) 球 (HRB)	C 量規 負荷 150kgf 金剛石圓錐壓痕器 (HRC)		
940	—	—	85.6	—	68.0	97	
920	—	—	85.3	—	67.5	96	
900	—	—	85.0	—	67.0	95	
880	—	(767)	84.7	—	66.4	93	
860	—	(757)	84.4	—	65.9	92	
840	—	(745)	84.1	—	65.3	91	
820	—	(733)	83.8	—	64.7	90	
800	—	(722)	83.4	—	64.0	88	
780	—	(710)	83.0	—	63.3	87	
760	—	(698)	82.6	—	62.5	86	
740	—	(684)	82.2	—	61.8	84	
720	—	(670)	81.8	—	61.0	83	
700	—	(656)	81.3	—	60.1	81	
690	—	(647)	81.1	—	59.7	—	
680	—	(638)	80.8	—	59.2	80	
670	—	630	80.6	—	58.8	—	
660	—	620	80.3	—	58.3	79	
650	—	611	80.0	—	57.8	—	
640	—	601	79.8	—	57.3	77	
630	—	591	79.5	—	56.8	—	
620	—	582	79.2	—	56.3	75	
610	—	573	78.9	—	55.7	—	
600	—	564	78.6	—	55.2	74	
590	—	554	78.4	—	54.7	—	2055
580	—	545	78.0	—	54.1	72	2020

維氏硬度 (HV)	勃氏硬度 10mm 球 負荷 3,000kgf (HB)		洛氏硬度 [2]			蕭氏硬度 (HS)	抗拉強度 (近似值) MPa[1]
	標準球	碳化 鎢球	A 量規 負荷 60kgf 金剛石 圓錐壓痕器 (HRA)	B 量規 負荷 100kgf 徑 1.6mm(1/16in) 球 (HRB)	C 量規 負荷 150kgf 金剛石 圓錐壓痕器 (HRC)		
570	—	535	77.8	—	53.6	—	1985
560	—	525	77.4	—	53.0	71	1950
550	505	517	77.0	—	52.3	—	1905
540	496	507	76.7	—	51.7	69	1860
530	488	497	76.4	—	51.1	—	1825
520	480	488	76.1	—	50.5	67	1795
510	473	479	75.7	—	49.8	—	1750
500	465	471	75.3	—	49.1	66	1705
490	456	460	74.9	—	48.4	—	1660
480	448	452	74.5	—	47.7	64	1620
470	441	442	74.1	—	46.9	—	1570
460	433	433	73.6	—	46.1	62	1530
450	425	425	73.3	—	45.3	—	1495
440	415	415	72.8	—	44.5	59	1460
430	405	405	72.3	—	43.6	—	1410
420	397	397	71.8	—	42.7	57	1370
410	388	388	71.4	—	41.8	—	1330
400	379	379	70.8	—	40.8	55	1290
390	369	369	70.3	—	39.8	—	1240
380	360	360	69.8	(110.0)	38.8	52	1205
370	350	350	69.2	—	37.7	—	1170
360	341	341	68.7	(109.0)	36.6	50	1130
350	331	331	68.1	—	35.5	—	1095
340	322	322	67.6	(108.0)	34.4	47	1070
330	313	313	67.0	—	33.3	—	1035
320	303	303	66.4	(107.0)	32.2	45	1005
310	294	294	65.8	—	31.0	—	980
300	284	284	65.2	(105.5)	29.8	42	950
295	280	280	64.8	—	29.2	—	935
290	275	275	64.5	(104.5)	28.5	41	915

維氏硬度 (HV)	勃氏硬度 10mm 球 負荷 3,000kgf (HB)		洛氏硬度 [2]			蕭氏 硬度 (HS)	抗拉強度 (近似值) MPa[1]
	標準球	碳化 鎢球	A 量規 負荷 60kgf 金剛石 圓錐壓痕器 (HRA)	B 量規 負荷 100kgf 徑 1.6mm(1/16in) 球 (HRB)	C 量規 負荷 150kgf 金剛石 圓錐壓痕器 (HRC)		
285	270	270	64.2	—	27.8	—	905
280	265	265	63.8	(103.5)	27.1	40	890
275	261	261	63.5	—	26.4	—	875
270	256	256	63.1	(102.0)	25.6	38	855
265	252	252	62.7	—	24.8	—	840
260	247	247	62.4	(101.0)	24.0	37	825
255	243	243	62.0	—	23.1	—	805
250	238	238	61.6	99.5	22.2	36	795
245	233	233	61.2	—	21.3	—	780
240	228	228	60.7	98.1	20.3	34	765
230	219	219	—	96.7	(18.0)	33	730
220	209	209	—	95.0	(15.7)	32	695
210	200	200	—	93.4	(13.4)	30	670
200	190	190	—	91.5	(11.0)	29	635
190	181	181	—	89.5	(8.5)	28	605
180	171	171	—	87.1	(6.0)	26	580
170	162	162	—	85.0	(3.0)	25	545
160	152	152	—	81.7	(0.0)	24	515
150	143	143	—	78.7	—	22	490
140	133	133	—	75.0	—	21	455
130	124	124	—	71.2	—	20	425
120	114	114	—	66.7	—	—	390
110	105	105	—	62.3	—	—	—
100	95	95	—	56.2	—	—	—
95	90	90	—	52.0	—	—	—
90	86	86	—	48.0	—	—	—
85	81	81	—	41.0	—	—	—

• 本表節選自 JIS 鐵鋼手冊。(引自 SAE J417)

註：(1) 1MPa = 1N / mm^2　(2) 表中 ( ) 內數值並非實際使用值，僅作參考使用。

自我評量

一、單選題

1. ( ) 切斷作業改善切削平面，下列何者為非？ ①縮小刀板伸出長度 ②更換已損壞之刀片 ③增加刀板的厚度及刀片寬度 ④增加進給率。

2. ( ) 刀尖崩損的原因，下列何者為非？ ①刀片材質太脆 ②刀具撓曲，剛性不足 ③繼續使用已鈍化的刀刃 ④切削深度及進給太小。

3. ( ) 切斷工件若發出吱吱聲，主因係 ①轉數過快，進刀太慢 ②工件、刀具鬆動 ③刀刃口太窄或刀具太銳利 ④轉數太慢，進刀太快。

4. ( ) 車削圓桿，在各項切削條件一致情況下，下列何者易產生振動？ ①刀鼻半徑過大 ②材料過硬 ③材料太軟 ④刀刃過於銳利。

5. ( ) 兩心間車削圓桿而產生振動現象時，如能立刻 ①提高刀具接觸面 ②提高主軸迴轉數 ③適度調整車削深度 ④適度調低車刀高度 則可望有所改善。

6. ( ) 車削中，若出現警告訊號時，應 ①離開機器 ②壓下緊急停止按鈕 ③大聲呼救 ④偵錯並排除錯誤。

7. ( ) 切削劑之流通管道保養工作，一般為多久進行一次 ①半 ②2 ③4 ④8 年。

8. ( ) 在程式鍵入時，最常誤打之字鍵是 ① "M" 打為 "N" ② "0" 打為 "O" ③ "L" 打為 "I" ④ "Z" 打為 "2"。

9. ( ) 造成切削劑不足的現象，通常不是下列何種情況？ ①切屑阻塞切削劑濾網 ②切削劑已低於最低水平面 ③嚴重地震後果 ④粗重切削的量過多或刀具已鈍化。

10. ( ) 選擇床台潤滑油的號數，最好取用 ①號數較大 ②號數較小 ③現場老師傅的指定 ④依機械保養手冊之規定。

11. ( ) 定期保養電腦數值控制車床工作應 ①由經銷廠商負責 ②由程式設計員負責 ③由老闆負責 ④依機器使用說明書之規定處理。

12. ( ) 當系統發生錯誤警告時宜 ①將電腦線路板上電子零件用力壓緊 ②搖動每一電路接觸點 ③關機再啓動 ④自行排除故障或洽詢機械製造廠商處理。

13. ( ) 調整油壓夾頭之夾持壓力，通常是 ①提高油壓泵轉數 ②交由製造廠商調整 ③調節油壓夾頭之輸出壓力 ④調節油壓泵之總壓力。

二、複選題

14. ( ) 電腦數值控制車床的主軸馬達出力圖有何用意 ①了解馬達的輸出馬力 ②偵測馬達負載狀況 ③了解主軸轉速 ④了解馬達輸出扭力。

15. ( ) 下面說法何者正確 ①進給率越大表面 Ra 值越大 ②正確夾持工件影響加工精度 ③工件定位前須仔細清理工件和夾具定位部位 ④通常精加工時的 F 值大於粗加工時的 F 值。

16. ( ) 符合工作安全的常識是 ①工具應放在專門地點 ②不擅自使用不熟悉的機具 ③量具放在機台上 ④按規定穿戴好防護用品。

17. ( ) 當油壓夾頭的夾緊力有不足現象時，除調整液壓油壓力外，應如何設法改善其的潤滑狀況 ①更換過期液壓油 ②添加夾爪潤滑油 ③放鬆固定螺絲 ④選用較小的固定螺絲。

18. ( ) 一般電腦數值控制車床採用液壓傳動機構為 ①油壓夾頭 ②刀塔 ③尾座頂心 ④ X 軸及 Z 軸移動。

答案

1.(4)	2.(4)	3.(1)	4.(1)	5.(3)	6.(4)	7.(1)	8.(2)	9.(3)	10.(4)
11.(4)	12.(4)	13.(3)	14.(134)	15.(123)	16.(124)	17.(12)	18.(123)		

16
Chapter

技能檢定範例

16.1 日本數值控制車床檢定試題

日本數值控制車床檢定試題 (第一級)

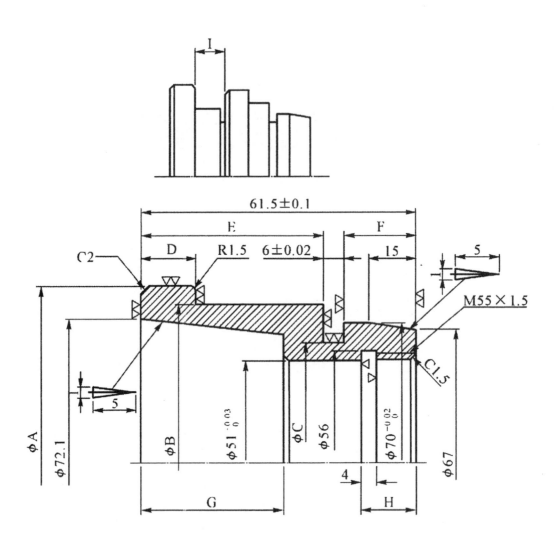

日本數值控制車床檢定試題 (第二級)

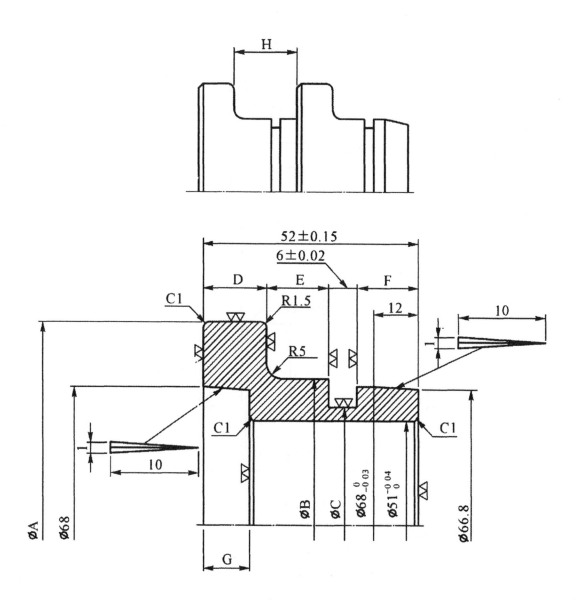

練習題一

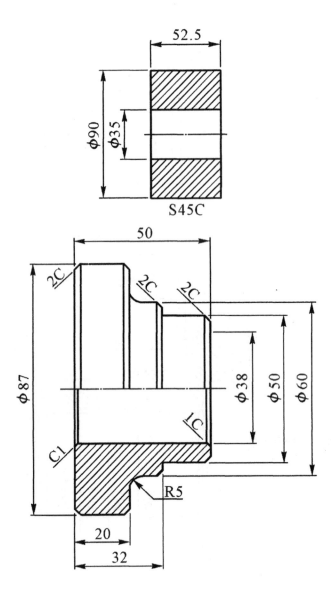

S45C

練習題二

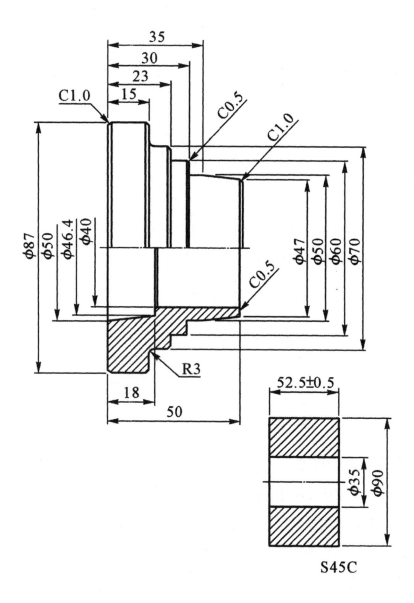

S45C

16.2 CNC 車床練習範例

練習題一材料毛胚圖

注意事項:

1. 檢查模擬後再實際切削。

2. 以下丙級技能檢定範例皆合適 F-10T、F-11T、F-15T、F-10TF、F-15TF 機型,
   內有 "*" 記號者則適合 F.0T 機型使用,但需先將非 F.0T 複合形循環指令刪除。

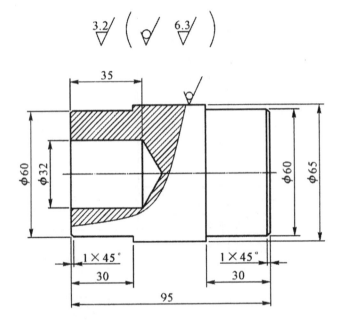

電腦數值控制車床技能檢定

　　電腦數值控制車床技能檢定乙級工作範圍:能依照工作圖或實樣選用刀具及加工條件製作程式,並能使用模擬機模擬刀具路徑,操作電腦數值控制車床從事內外徑及錐度、內外圓弧,一般內外螺紋與內外溝槽等車削工作。尺寸精度能達公差七級,表面粗糙能達 3.2a(12.5S)。試題共六題應檢當日電腦抽籤決定試題,材料兩件,只交一件,測驗時間共六小時 (編程及加工完成)。

電腦數值控制車床技能檢定注意事項

1. 先要了解檢定場提供之所有設備規格爲何？

2. 機器廠牌及控制器爲何？

3. 使用機型之剛性與性能爲何？

4. 使用機器所具備之機能爲何？

5. 使用機器之操作方式爲何？

6. 詳閱自備工具表及扣分事項。

7. 了解場地平面圖及消防設備位置

上機加工前注意事項

1. 檢查安全裝置是否正常

2. 檢視車床油壓夾頭的動作、各油箱及水箱視窗液位是否正常。

3. 試運轉主軸、刀塔轉動與移動、鐵屑輸送裝置、切削液供給是否正常。

4. 檢視刀把固定墊塊、墊塊固鎖螺絲及螺絲頭六角孔是否正常。

5. 確實依規定攜帶穿著安全護具。

6. 欲加工 NC 程式是否完整正確輸入控制器記憶體內。

7. 依照 NC 程式安裝設定使用的工具。

8. 檢視使用工具是否緊固，伸出長度是否足夠。

9. 檢查應檢材料總長及夾持材料位置是否在夾爪行程的一半位置。

10. 軟爪夾持工件時接觸面間隙部位是否正常。

11. 機器防護門及工作燈是否正常。

上機加工注意事項

1. 正確使用量具度量工件做刀長設定。

2. 程式模擬無誤後才可正式切削加工。

3. 隨時提高警覺遇異狀、異聲按下停止鈕。

4. 取件前檢視並去除毛邊。

5. 加工完畢交件後清理機器及環境。

CNC 車床練習範例一

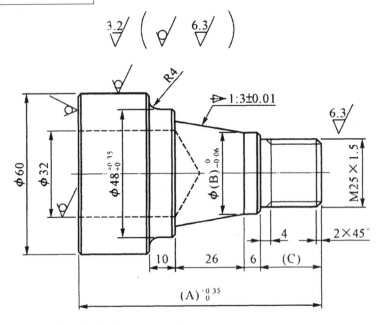

圖中未明標註尺寸之去角為 2×45°。

未標註尺寸之部位考前當場宣布。

以下先假設尺寸為：

A	93
B	28
C	20

未標註公差之尺寸按一般公差加工。

M25×1.5 節徑尺寸為 ϕ24.03(－0.05 至 －0.27)。

範例 O3331 工具參考資料表

工程	加工道次	刀具編號	補償欄	刀鼻	柄徑	刀角／刀寬	進給率
01	端面車削	T01	01	0.8		80	0.12
02	粗車外徑	T01	01	0.8		80	0.2
03	精車外徑	T03	03	0.4		60	0.1
04	螺紋車削	T07	07	0.1		60	

CNC 程式參考範例一 (*F-0T 機種使用)

O3331；
N01 G50 S4000；———— 端面車削
G97 S1200 M03；
G00 T0101 M08；
X65.0 Z2.0；
G94 X-1.6 Z2.0 F0.12；
Z1.0；
Z0；
G00 X100.0 Z100.0 M09；
M01；
N02 G96 S130 M03；——— 粗車外徑
G00 T0101 M08；
X65.0 Z5.0；
G71 P10 Q20 U0.3 W0.15 D2000
    F0.2；
*G71 U2.0 R1.0；
*G71 P10 Q20 U0.3 W0.15 F0.2
N10 G01 X15.332 F0.2；
G01 Z2.0 F0.1；
X24.80 Z-2.234；
Z-20.0；
X25.502；
X27.97 Z-21.234；
Z-26.367；
X35.758 Z-49.0；
X45.702；
X48.175 Z-50.234；
Z-58.4；
G02 X55.375 Z-62.0 R3.6；
G01 X57.532；

X60. Z-63.234；
N20 X65.0；
G00 X100. Z100. M09；
M01；
N03 G50 S4500；———— 精車外徑
G96 S160 M03；
G00 T0303 M08；
X65.0 Z5.0；
G70 P10 Q20；
G00 X100.0 Z100.0 M09；
M01；
N04 G97 S1200 M03；—— 螺紋車削
G00 T0707 M08；
X26.0 Z10.0；
G76 X23.15 Z-17.5 K0.975 D250
F1.5；
*G76 P001060 Q100 R100；
*G76 X23.15 Z-17.5 P0975 Q250
F1.5；
G00 X100.0 Z100.0 M09；
M30；

CNC 車床練習範例二

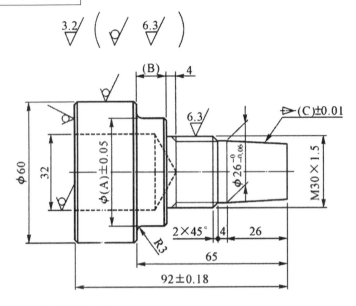

圖中未明標註尺寸之去角爲 2×45°。

未標註尺寸之部位考前當場宣布。

以下先假設尺寸爲：

A	45
B	15
C	1：5

未標註公差之尺寸按一般公差加工。

M25×1.5 節徑尺寸爲 ϕ24.03(−0.05 至 −0.27)。

範例 O3332 工具參考資料表

工程	加工道次	刀具編號	補償欄	刀鼻	柄徑	刀角／刀寬	進給率
01	端面車削	T01	01	0.8		80	0.12
02	粗車外徑	T01	01	0.8		80	0.2
03	精車外徑	T03	03	0.4		60	0.1
04	螺紋車削	T07	07	0.1		60	

CNC 程式參考範例二 (*F-0T 機種使用)

O3332；
N01 G50 S4500；——————— 端面車削
G97 S1200 M03；
G00 T0101 M08；
X67.0 Z2.0；
G94 X-1.6 Z2. F0.12；
Z1.0；
Z0；
G00 X100.0 Z100.0 M09；
M01；
N02 G96 S120 M03；——— 粗車外徑
G00 T0101 M08；
X67.0 Z5.0；
G71 P10 Q20 U0.3 W0.15 D2000
    F0.2；
*G71 U2.0 R1.0；
*G71 P10 Q20 U0.3 W0.15 F0.2；
N10 G01 X20.694 F0.2
G01 Z0 F0.15；
X25.97 Z-26.38；
Z-30.234；
X29.85 Z-32.234；
Z-50.0；
X42.532；
X45. Z-51.234；
Z-62.4；
G02 X50.2 Z-65. R2.6 F0.1；
G01 X57.532 F0.15；
X60. Z-66.234；
N20 X65.0；

G00 X100.0 Z100.0 M09；
M01；
N03 G50 S4500；——————— 精車外徑
G96 S160 M03；
G00 T0303 M08；
X65.0 Z5.0；
G70 P10 Q20；
G00 X100.0 Z100.0 M09；
M01；
N04 G97 S1200 M03；——— 螺紋車削
G00 T0707 M08；
X32. Z-20.；
G76 X28.15 Z-47.5 K0.975 D250
F1.5；
*G76 P001060 Q100 R100；
*G76 X28.15 Z-47.5 P0975 Q250
F1.5；
G00 X100.0 Z100.0 M09；
M30；

CNC 車床練習範例三

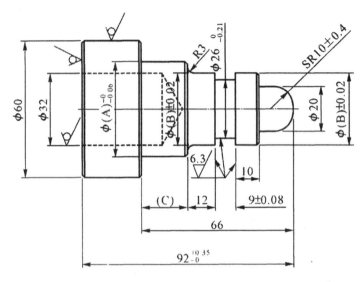

圖中未明標註尺寸之去角為 2×45°。

未標註尺寸之部位考前當場宣布。

以下先假設尺寸為：

A	54
B	40
C	15

未標註公差之尺寸按一般公差加工。

M25×1.5 節徑尺寸為 ϕ24.03(–0.05 至 –0.27)。

範例 O3333 工具參考資料表

工程	加工道次	刀具編號	補償欄	刀鼻	柄徑	刀角 / 刀寬	進給率
01	端面車削	T01	01	0.8		80	0.12
02	粗車外徑	T01	01	0.8		80	0.2
03	精車外徑	T03	03	0.4		60	0.1
04	溝槽車削	T05	05	0.2	3mm	0.07	

CNC 程式參考範例三 (*F-0T 機種使用)

```
O3333;
N01 G50 S4500;————— 端面車削
G97 S1200 M03;
G00 T0101 M08;
X67.0 Z2.0;
G94 X-1.6 Z2.0 F0.12;
Z1.0;
Z0;
G00 X100.0 Z100.0 M09;
M01;
N02 G96 S160 M03;——— 粗車外徑
G00 T0101 M08;
X67.0 Z5.0;
G71 P10 Q20 U0.3 W0.15 D2000
    F0.2;
*G71 U2.0 R1.0;
*G71 P10 Q20 U0.3 W0.15 F0.2;
N10 G01 X-0.8 F0.2;
G01 Z0 F0.15;
G03 X20.0 Z-10.4 R10.4 F0.1;
G01 Z-20.0 F0.15;
X37.532;
X40.0 Z-21.234;
Z-48.4;
G02 X45.2 Z-51.0 R2.6;
G01 X51.532;
X53.93 Z-52.234;
Z-66.0;
X57.532;
X60. Z-67.234;
N20 X65.0;
G00 X100.0 Z100.0 M09;
```

```
M01;
N03 G96 S160 M03;——— 精車外徑
G00 T0303 M08;
X67.0 Z5.0;
G70 P10 Q20;
G00 X100.0 Z100.0 M09;
M01;
N04 G97 S1200 M03;——— 溝槽車削
G00 T0505 M08;
X44.0 Z-33.1;
G01 X26.0 F0.07;
G00 X44.0;
Z-35.5;
G01 X26.0;
G00 X44.0;
Z-38.0;
G01 X26.0;
G00 X44.0;
Z-38.9;
G01 X26.0;
G00 X44.0;
G01 Z-39.0;
X25.9;
G04 X0.06;
G00 X44.0;
Z-33.0;
G01 X25.9;
Z-39.0;
G04 X0.06;
G00 X44.0
G00 X100.0 Z100.0 M09;
M30;
```

CNC 車床練習範例四

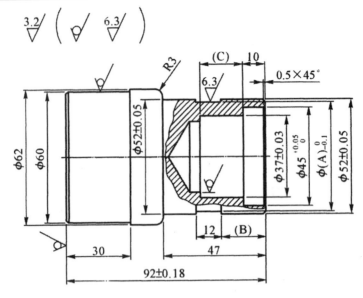

圖中未明標註尺寸之去角為 2×45°。

未標話尺寸之部位考前當場宣布。

以下先假設尺寸為：

A	46
B	16
C	15

未標註公差之尺寸按一般公差加工。

M25×1.5 節徑尺寸為 ϕ24.03(− 0.05 至 − 0.27)。

範例 O3334 工具參考資料表

工程	加工道次	刀具編號	補償欄	刀鼻	柄徑	刀角 / 刀寬	進給率
01	端面車削	T01	01	0.8		80	0.12
02	粗車外徑	T01	01	0.8		80	0.2
03	精車外徑	T03	03	0.4		60	0.1
04	溝槽車削	T05	05	0.2		3mm	0.07
05	內徑粗車	T02	02	0.8		80	0.15
06	內徑精車	T04	04	0.4		80	0.1

CNC 程式參考範例四 (*F-0T 機種使用)

```
O3334；
N01 G50 S4500；————— 端面車削
G97 S1200 M03；
G00 T0101 M08；
X67.0 Z2.0；
G94 X-1.6 Z2.0 F0.12；
Z1.0；
Z0
G00 X100.0 Z100.0 M09；
M01；
N02 G96 S150 M03；——— 粗車外徑
G00 T0101 M08；
X67.0 Z5.0；
G71 P10 Q20 U0.3 W0.15 D2000
F0.2；
*G71 U2. R1.0；
*G71 P10 Q20 U0.3 W0.15 F0.2；
N10 G01 X45.532 F0.2；
G01 Z2. F0.15；
X52.0 Z-1.234；
Z-47.0；
X55.2；
G03 X62. Z-50.4 R3.4 F0.1；
G01 Z-65.0 F0.15；
N20 X65.0；
G00 X100.0 Z100.0 M09；
M01；
N03 G96 S150 M03；——— 精車外徑
G00 T0303 M08；
X67.0 Z5.0；
```

```
G70 P10 Q20 F0.1；
G00 X100.0 Z100.0 M09；
M01；
N04 G97 S1200 M03；—— 溝槽車削
G00 T0505 M08；
X56. Z-19.1；
G01 X46.05 F0.08；
G00 X56.0；
Z-21.6；
G01 X46.05；
G00 X56.0；
Z-24.1；
G01 X46.05；
G00 X56.0；
Z-26.6；
G01 X46.05；
G00 X56.0；
Z-28.0；
G01 X45.95；
G04 X0.06；
G01 X56.0
G00 Z-19.0；
X45.95；
G04 X0.06；
G01 Z-27.9；
G00 X56.0；
X100.0 Z100.0 M09；
M01；
N05 G96 S150 M03；——— 粗車內徑
G00 T0202 M08；
```

CNC 車床練習範例五

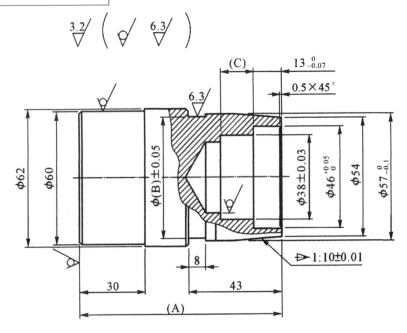

圖中未明標註尺寸之去角為 2×45°。

未標註尺寸之部位考前當場宣布。

以下先假設尺寸為：

A	92
B	50
C	15

未標註公差之尺寸按一般公差加工。

M25×1.5 節徑尺寸為 ϕ24.03(− 0.05 至 − 0.27)。

範例 O3335 工具參考資料表

工程	加工道次	刀具編號	補償欄	刀鼻	柄徑	刀角／刀寬	進給率
01	端面車削	T01	01	0.8		80	0.12
02	粗車外徑	T01	01	0.8		80	0.2
03	精車外徑	T03	03	0.4		60	0.1
04	溝槽車削	T05	05	0.2		3mm	0.07
05	內徑粗車	T02	02	0.8		80	0.15
06	內徑精車	T04	04	0.4		80	0.1

CNC 程式參考範例五 (*F-0T 機種使用)

O3335；

N01 G50 S4500；——— 端面車削

G97 S1200 M03；

G00 T0101 M08；

X67.0 Z2.0；

G94 X-1.6 Z2.0 F0.12；

Z1.0；

Z0

G00 X100.0 Z100.0 M09；

M01；

N02 G96 S150 M03；——— 粗車外徑

G00 T0101 M08；

X67.0 Z5.0；

G71 P10 Q20 U0.3 W0.15 D2000

F0.2；

*G71 U2.0 R1.0；

*G71 P10 Q20 U0.3 W0.15 F0.2；

N10 G01 X53.962 F0.2；

Z0 F0.15；

X56.96 Z-29.89；

Z-43.0；

X59.532；

X62.0 Z-44.234；

Z-65.0；

N20 X67.0；

G00 X100.0 Z100.0 M09；

M01；

N03 G96 S160 M03；——— 精車外徑

G00 T0303 M08；

X65.0 Z5.0；

G70 P10 Q20 F0.1；

G00 X100. Z100. M09；

M01；

N04 G97 S1200 M03；——— 溝槽車削

G00 T0505 M08；

X61.0 Z-38.1；

G01 X50.1 F0.08；

G00 X61.0；

Z-40.6；

G01 X50.1；

G00 X61.0；

Z-42.9；

G01 X50.1；

G00 X61.0；

Z-43.0；

G01 X50.0；

G04 X0.06；

G00 X61.0；

G00 Z-38.0；

G01 X50.0；

G04 X0.06；

G01 Z-42.8；

G04 X0.06；

G00 X61.0；

X100.0 Z100.0 M09；

M01；

N05 G96 S150 M03；——— 粗車內徑

G00 T0202 M08；

X30.0 Z5.0；

```
X30.0 Z5.0；
G71 P30 Q40 U-0.3 W0.15 F0.15；
*G71 U1.5 R1.0；
*G71 P30 Q40 U-0.3 W0.15
F0.15；
N30 G01 X48.493 F0.2；
G01 Z2.0 F0.1；
X45.025 Z-0.734；
Z-10.0；
X37.0；
Z-25.0；
N40 X30.0；
G00 X100.0 Z100.0 M09；
M01；
N06 G96 S160 M03； ——— 粗車內徑
G00 T0404 M08；
X30.0 Z5.0；
G70 P30 Q40；
G00 X100.0 Z100.0 M09；
M30；
```

CNC 車床練習範例六

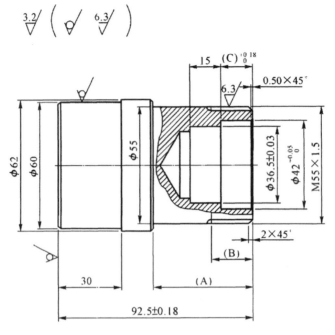

圖中未明標註尺寸之去角為 2×45°。

未標註尺寸之部位考前當場宣布。

以下先假設尺寸為：

A	47
B	20
C	15

未標註公差之尺寸按一般公差加工。

M25×1.5 節徑尺寸為 ϕ49.026(−0.032 至 −0.347)。

範例 O3336 工具參考資料表

工程	加工道次	刀具編號	補償欄	刀鼻	柄徑	刀角／刀寬	進給率
01	端面車削	T01	01	0.8		80	0.12
02	粗車外徑	T01	01	0.8		80	0.2
03	精車外徑	T03	03	0.4		60	0.1
04	內徑粗車	T02	02	0.8		80	0.15
05	內徑精車	T04	04	0.4		80	0.1
06	螺紋車削	T07	07	0.1		60	

CNC 程式參考範例六 (*F-0T 機種使用)

O3336；
N01 G50 S4500；──── 端面車削
G97 S1200 M03；
G00 T0101 M08；
X67. Z2.；
G94 X-1.6 Z2. F0.12；
Z1.0；
Z0；
G00 X100.0 Z100.0 M09；
M01；
N02 G96 S130 M03；──── 粗車外徑
G00 T0101 M08；
X67.0 Z5.0；
G71 P10 Q20 U0.3 W0.15 F0.2；
*G71 U2.0 R1.0；
*G71 P10 Q20 U0.3 W0.15 F0.2；
N10 G01 X45.332 F0.2；
Z2.0 F0.1；
X54.80 Z-2.234；
Z-47.0；
X59.532；
X62.0 Z-48.234；
Z-65.5；
N20 X65.0；
G00 X100.0 Z100.0 M09；
M01；
N03 G96 S160 M03；──── 精車外徑
G00 T0303 M08；
X65.0 Z5.0；
G70 P10 Q20 F0.10；
G00 X100.0 Z100.0 M09；
M01；

G00 T0202 M08；
X30.0 Z5.0；
G71 P30 Q40 U-0.3 W0.15 D1500
F0.15；
*G71 U1.5 R1.0；
*G71 P30 Q40 U-0.3 W0.15
F0.15；
N30 G01 X42.493 F0.2；
Z2.0 F0.1；
X43.025 Z-0.734；
Z-15.09；
X36.5；
Z-30.0；
N40 X30.0；
G00 X100.0 Z100.0 M09；
M01；
N05 G96 S180 M03；──── 精車內徑
G00 T0404 M08；
X30.0 Z5.0；
G70 P30 Q40 F0.1；
G00 X100.0 Z100.0 M09；
M01
N06 G97 S1200 M03；──── 螺紋車削
G00 T0707 M08；
X56.0 Z10.0；
G76 X53.15 Z-23.0 K0.975 D250
F1.5；
*G76 P001060 Q100 R100
*G76 X53.15 Z-23.0 P0975 Q250
F1.5；
G00 X100.0 Z100.0 M09
M30；

N04 G96 S150 M03；————— 粗車內徑

G71 P30 Q40 U-0.3 W0.5 D1500

F0.15；

*G71 U1.5 R1.0；

*G71 P30 Q40 U-0.3 W0.15 F0.2；

N30 G00 X47.488；

G01 Z0 F0.1；

X46.02 Z-0.734；

Z-12.97；

X38.0；

Z-27.97；

N40 X30.0；

G00 X100.0 Z100.0 M09；

M01；

N06 G96 S180 M03；————— 精車內徑

G00 T0404 M08；

X30.0 Z5.0；

G70 P30 Q40；

G00 X100.0 Z100.0 M09；

M30；

16.3 乙級技術士術科檢定模擬練習試題

練習試題一

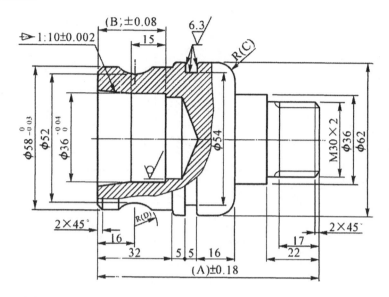

1. 圖中未明標註尺寸之去角為 1×45°。

2. 去角及曲率半徑之一般許可差如下表。

標示尺度	許可差
0.5 以上至 3	±0.2
超過 3 至 6	±0.5
超過 6 至 30	±1.0

3. 未標註尺寸之部位考前當場宣佈。

A	B	C	D

4. 未標註公差之尺寸按一般許可差加工。(請參閱材料粗胚圖)

5. M30×2.0 外徑尺寸為 ϕ30.0(− 0.04 至 − 0.32)節徑尺寸為 ϕ28.70(− 0.04 至 − 0.25)。

練習試題二

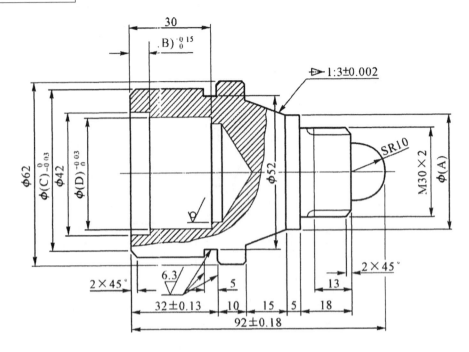

1. 圖中未明標註尺寸之去角為 1×45°。

2. 去角及曲率半徑之一般許可差如下表。

標示尺度	許可差
0.5 以上至 3	±0.2
超過 3 至 6	±0.5
超過 6 至 30	±1.0

3. 未標註尺寸之部位考前當場宣佈。

A	B	C	D

4. 未標註公差之尺寸按一般許可差加工。(請參閱材料粗胚圖)

5. M30×2.0 外徑尺寸為 ϕ30.0(−0.04 至 −0.32) 節徑尺寸為 ϕ28.70(−0.04 至 −0.25)。

練習試題三

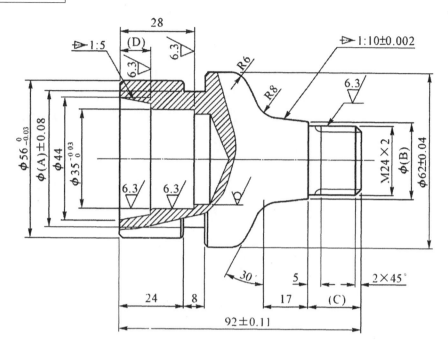

1. 圖中未明標註尺寸之去角為 1×45°。

2. 去角及曲率半徑之一般許可差如下表。

標示尺度	許可差
0.5 以上至 3	±0.2
超過 3 至 6	±0.5
超過 6 至 30	±1.0

3. 未標註尺寸之部位考前當場宣佈。

A	B	C	D

4. 未標註公差之尺寸按一般許可差加工。(請參閱材料粗胚圖)

5. M24×2.0外徑尺寸為 ϕ24.0(− 0.04 至 − 0.32)節徑尺寸為 ϕ22.70(− 0.04 至 − 0.25)。

練習試題四

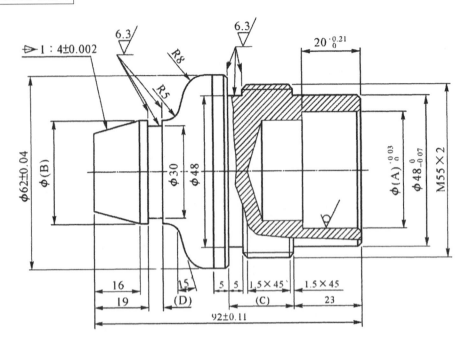

1. 圖中未明標註尺寸之去角為 1×45°。

2. 去角及曲率半徑之一般許可差如下表。

標示尺度	許可差
0.5 以上至 3	±0.2
超過 3 至 6	±0.5
超過 6 至 30	±1.0

3. 未標註尺寸之部位考前當場宣佈。

A	B	C	D

4. 未標註公差之尺寸按一般許可差加工。(請參閱材料粗胚圖)

5. M55×2.0 外徑尺寸為 ϕ55.0(−0.04 至 −0.32)節徑尺寸為 ϕ53.70(−0.04 至 −0.27)。

練習試題五

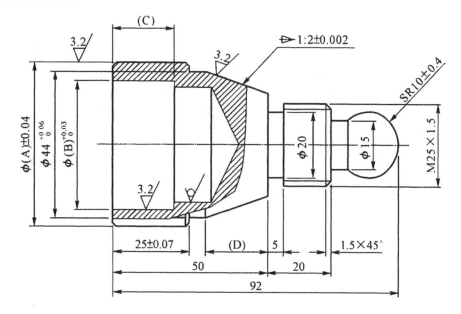

1. 圖中未明標註尺寸之去角為 1×45°。

2. 去角及曲率半徑之一般許可差如下表。

標示尺度	許可差
0.5 以上至 3	±0.2
超過 3 至 6	±0.5
超過 6 至 30	±1.0

3. 未標註尺寸之部位考前當場宣佈。

A	B	C	D

4. 未標註公差之尺寸按一般許可差加工。(請參閱材料粗胚圖)

5. M25×1.5 外徑尺寸為 ϕ25.0(− 0.04 至 − 0.27) 節徑尺寸為 ϕ24.02(− 0.04 至 − 0.23)。

練習試題六

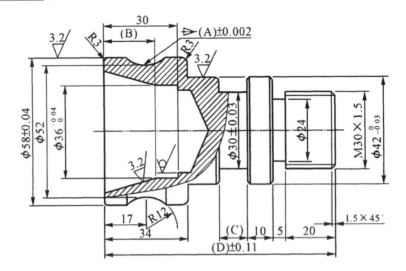

1. 圖中未明標註尺寸之去角為 1×45°。

2. 去角及曲率半徑之一般許可差如下表。

標示尺度	許可差
0.5 以上至 3	±0.2
超過 3 至 6	±0.5
超過 6 至 30	±1.0

3. 未標註尺寸之部位考前當場宣佈。

A	B	C	D

4. 未標註公差之尺寸按一般許可差加工。(請參閱材料粗胚圖)

5. M30×1.5 外徑尺寸為 ϕ30.0(−0.04 至 −0.27) 節徑尺寸為 ϕ29.02(−0.04 至 −0.23)。

16.4　乙級技術士術科檢定參考試題

檢定題號：18301-106201 ～ 18301-106206

測試時間：6H

材料：S45C-ϕ65 × 95mm（一般鑽孔 ϕ30 × 40mm）

乙級技術士檢定模擬練習試題一

檢定題號：18301-106201

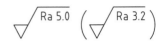

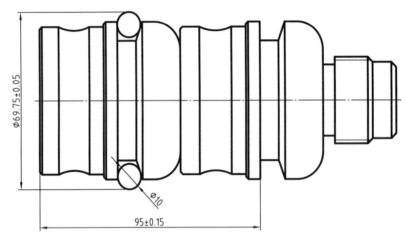

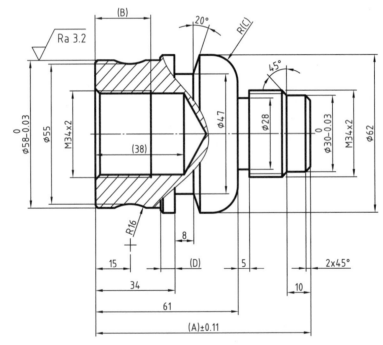

註：1. 可使用自製或標準的螺紋塞規
2. 未標示尺度之去角皆為：1X45°
3. 去角及曲率半徑之一般許可差為：

4. 未標示尺度之部位，於術科測驗前宣佈

尺度	指定值	建議範圍
A		90－92
B		22－24
C		9－11
D		5－6

5. 未標示許可差之尺度，按照一般許可差加工
6. M34X2 外徑尺度為：Φ34 $^{-0.04}_{-0.32}$
節徑尺度為：Φ32.7 $^{-0.04}_{-0.25}$
內徑尺度為：Φ31.84 $^{+0.30}_{0}$

一 般 許 可 公 差	
標 示 尺 度	許可公差
0.5以上至3	±0.1
超 過 3 至 6	±0.1
超 過 6 至 30	±0.2
超過30至120	±0.3

標 示 尺 度	許可差
0.5以上至3	±0.2
超 過 3 至 6	±0.5
超 過 6 至 30	±1.0

乙級技術士檢定模擬練習試題二

檢定題號：18301-106202

Ra 5.0 (Ra 3.2)

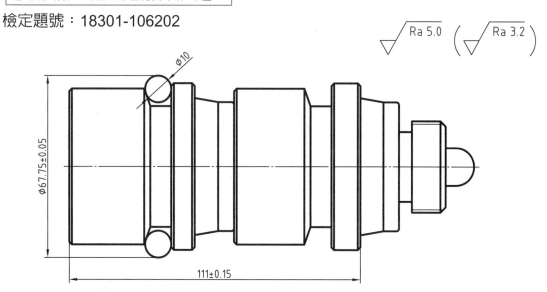

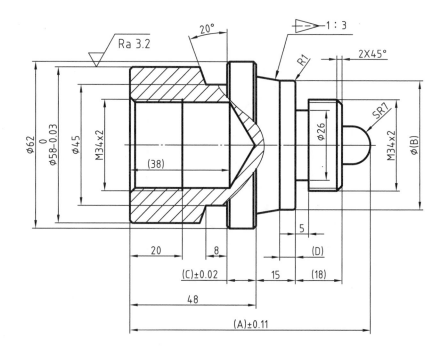

註: 1. 可使用自製或標準的螺紋塞規
2. 未標示尺度之去角皆為:1X45°
3. 去角及曲率半徑之一般許可差為:

一 般 許 可 公 差	
標 示 尺 度	許可公差
0.5以上至3	±0.1
超 過 3 至 6	±0.1
超 過 6 至 30	±0.2
超過30至120	±0.3

標 示 尺 度	許可差
0.5以上至3	±0.2
超 過 3 至 6	±0.5
超 過 6 至 30	±1.0

4. 未標示尺度之部位，於術科測驗前宣佈

尺度	指定值	建議範圍
A		90~92
B		46~48
C		9~11
D		5~6

5. 未標示許可差之尺度，按照一般許可差加工
6. M34X2 外徑尺度為：$\phi 34^{-0.04}_{-0.32}$
節徑尺度為：$\phi 32.7^{-0.04}_{-0.25}$
內徑尺度為：$\phi 31.84^{+0.30}_{0}$

乙級技術士檢定模擬練習試題三

檢定題號：18301-106203

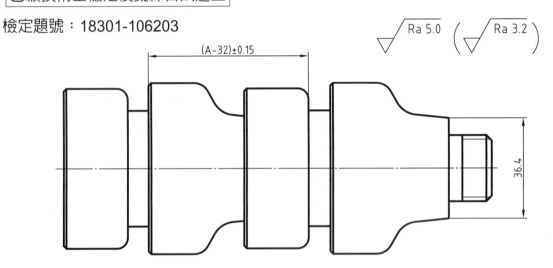

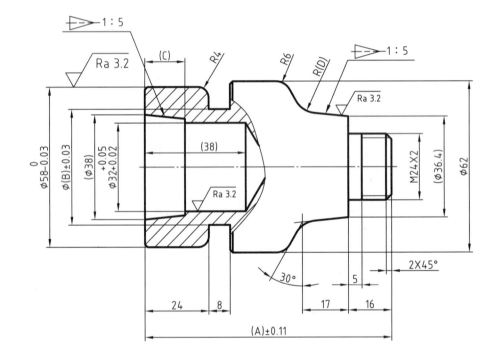

註：1. 未標示尺度之去角皆為：1X45°
　　2. 去角及曲率半徑之一般許可差為：

一　般　許　可　公　差	
標　示　尺　度	許可公差
0.5以上至3	±0.1
超過 3 至 6	±0.1
超過 6 至 30	±0.2
超過30至120	±0.3

標　示　尺　度	許可差
0.5以上至3	±0.2
超過 3 至 6	±0.5
超過 6 至 30	±1.0

3. 未標示尺度之部位，於術科測驗前宣佈

尺度	指定值	建議範圍
A		90-92
B		40-42
C		14-15
D		8-9

4. 未標示許可差之尺度，按照一般許可差加工
5. M24X2 外徑尺度為：$\phi24_{-0.32}^{-0.04}$
　　　　節徑尺度為：$\phi22.7_{-0.25}^{-0.04}$

乙級技術士檢定模擬練習試題四

檢定題號：18301-106204

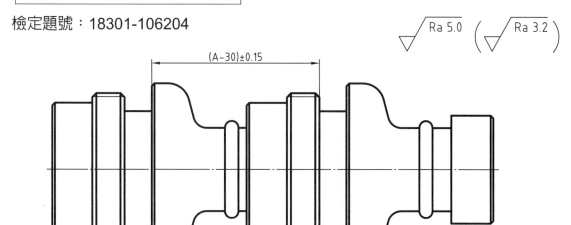

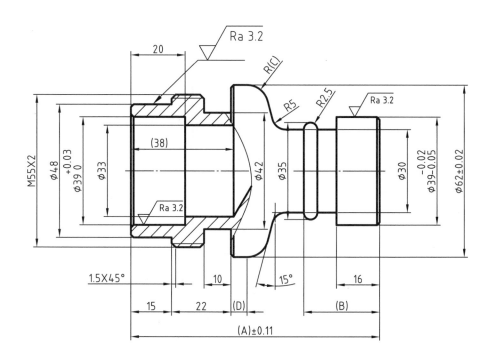

3. 未標示尺度之部位，於術科測驗前宣佈

尺度	指定值	建議範圍
A		90-92
B		26-28
C		6-8
D		5-6

註：1. 未標示尺度之去角皆為：1X45°
    2. 去角及曲率半徑之一般許可差為：

一 般 許 可 公 差	
標 示 尺 度	許可公差
0.5以上至3	±0.1
超 過 3 至 6	±0.1
超 過 6 至 30	±0.2
超過30至120	±0.3

標 示 尺 度	許可差
0.5以上至3	±0.2
超 過 3 至 6	±0.5
超 過 6 至 30	±1.0

4. 未標示許可差之尺度，按照一般許可差加工
5. M55X2 外徑尺度為：$\phi55^{-0.04}_{-0.32}$
           節徑尺度為：$\phi53.7^{-0.04}_{-0.25}$

16-33

乙級技術士檢定模擬練習試題五

檢定題號：18301-106205

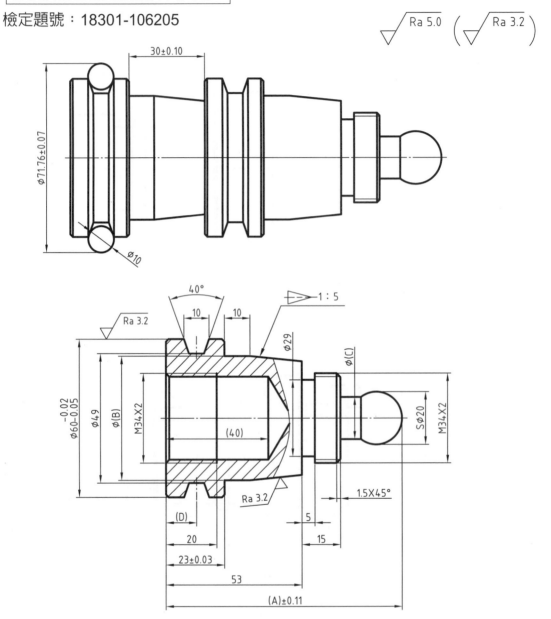

註：1. 可使用自製或標準的螺紋塞規
   2. 未標示尺度之去角皆為：1X45°
   3. 去角及曲率半徑之一般許可差為：

一 般 許 可 公 差	
標 示 尺 度	許可公差
0.5以上至3	±0.1
超過 3 至 6	±0.1
超過 6 至 30	±0.2
超過30至120	±0.3

標 示 尺 度	許 可 差
0.5以上至3	±0.2
超過 3 至 6	±0.5
超過 6 至 30	±1.0

4. 未標示尺度之部位，於術科測驗前宣佈

尺度	指定值	建議範圍
A		90-92
B		47-49
C		14-16
D		11-12

5. 未標示許可差之尺度，按照一般許可差加工
6. M34X2 外徑尺度為：$\phi 34 \, ^{-0.04}_{-0.32}$
   節徑尺度為：$\phi 32.7 \, ^{-0.04}_{-0.25}$
   內徑尺度為：$\phi 31.84 \, ^{+0.30}_{0}$

乙級技術士檢定模擬練習試題六

檢定題號：18301-106206

$\sqrt{\text{Ra } 5.0}$ $\left(\sqrt{\text{Ra } 3.2} \right)$

(A-60)±0.10

Φ49.8±0.05

Φ8

34°

8

2.7

6.3

細部放大圖V
比例2：1

7 : 24

(C)

R10

R2

V

Φ(B)

Ra 3.2

Ra 3.2

Φ60±0.02

Φ54

Φ40

M34X2

(38)

Φ28

M34X2

Φ46⁻⁰·⁰²₋₀.₀₅

R2

10

(D)

7

1.5X45°

27

26

34

(A)±0.11

4. 未標示尺度之部位，於術科測驗前宣佈

尺度	指定值	建議範圍
A		90~92
B		26~28
C		19~21
D		14~15

5. 未標示許可差之尺度，按照一般許可差加工

6. M34X2 外徑尺度為：$\phi 34 \, ^{-0.04}_{-0.32}$
　　　　節徑尺度為：$\phi 32.7 \, ^{-0.04}_{-0.25}$
　　　　內徑尺度為：$\phi 31.84 \, ^{+0.30}_{0}$

註：1. 可使用自製或標準的螺紋塞規
　　2. 未標示尺度之去角皆為：1X45°
　　3. 去角及曲率半徑之一般許可差為：

一 般 許 可 公 差	
標 示 尺 度	許可公差
0.5以上至3	±0.1
超 過 3 至 6	±0.1
超 過 6 至 30	±0.2
超過30至120	±0.3

標 示 尺 度	許可差
0.5以上至3	±0.2
超 過 3 至 6	±0.5
超 過 6 至 30	±1.0

國家圖書館出版品預行編目資料

CNC 車床程式設計實務與檢定 / 梁順國編著. - - 十版.
- - 新北市：全華圖書股份有限公司, 2022.04
面 ； 公分

ISBN 978-626-328-135-6(平裝)

1. CST：車床 2.CST：數值控制
3.CST：電腦程式設計

446.8923029 111004610

CNC 車床程式設計實務與檢定

作者／梁順國

發行人／陳本源

執行編輯／蔣德亮

封面設計／楊昭琅

出版者／全華圖書股份有限公司

郵政帳號／0100836-1 號

印刷者／宏懋打字印刷股份有限公司

圖書編號／0245509

十版一刷／2022 年 05 月

定價／新台幣 560 元

ISBN／978-626-328-135-6(平裝)

全華圖書／www.chwa.com.tw

全華網路書店 Open Tech／www.opentech.com.tw

若您對本書有任何問題，歡迎來信指導 book@chwa.com.tw

臺北總公司(北區營業處)
地址：23671 新北市土城區忠義路 21 號
電話：(02) 2262-5666
傳真：(02) 6637-3695、6637-3696

南區營業處
地址：80769 高雄市三民區應安街 12 號
電話：(07) 381-1377
傳真：(07) 862-5562

中區營業處
地址：40256 臺中市南區樹義一巷 26 號
電話：(04) 2261-8485
傳真：(04) 3600-9806(高中職)
　　　(04) 3601-8600(大專)

歡迎加入 全華會員

● **會員獨享**

　會員享購書折扣、紅利積點、生日禮金、不定期優惠活動⋯⋯等。

● **如何加入會員**

　掃 QRcode 或填妥讀者回函卡直接傳真 (02) 2262-0900 或寄回，將由專人協助登入會員資料，待收到 E-MAIL 通知後即可成為會員。

如何購買 全華書籍

1. **網路購書**

　全華網路書店「http://www.opentech.com.tw」，加入會員購書更便利，並享有紅利積點回饋等各式優惠。

2. **實體門市**

　歡迎至全華門市（新北市土城區忠義路 21 號）或各大書局選購。

3. **來電訂購**

　(1) 訂購專線：(02) 2262-5666 轉 321-324

　(2) 傳真專線：(02) 6637-3696

　(3) 郵局劃撥（帳號：0100836-1　戶名：全華圖書股份有限公司）

　※ 購書未滿 990 元者，酌收運費 80 元。

OpenTech 全華網路書店 .com.tw

全華網路書店 www.opentech.com.tw
E-mail: service@chwa.com.tw

※ 本會員制如有變更則以最新修訂制度為準，造成不便請見諒。

（請由此處撕下）

讀者回函卡

掃 QRcode 線上填寫 ▶▶▶

姓名：

電話：（　）　　　　　　　　　　手機：

e-mail：　（必填）

通訊處：□□□□□

學歷：□高中・職　□專科　□大學　□碩士　□博士

職業：□工程師　□教師　□學生　□軍・公　□其他

學校／公司：　　　　　　　　　　　科系／部門：

· 需求書類：

□ A. 電子　□ B. 電機　□ C. 資訊　□ D. 機械　□ E. 汽車　□ F. 工管　□ G. 土木　□ H. 化工　□ I. 設計

□ J. 商管　□ K. 日文　□ L. 美容　□ M. 休閒　□ N. 餐飲　□ O. 其他

· 本次購買圖書為：　　　　　　　　　　　　　　　書號：

· 您對本書的評價：

封面設計：□非常滿意　□滿意　□尚可　□需改善，請說明

內容表達：□非常滿意　□滿意　□尚可　□需改善，請說明

版面編排：□非常滿意　□滿意　□尚可　□需改善，請說明

印刷品質：□非常滿意　□滿意　□尚可　□需改善，請說明

書籍定價：□非常滿意　□滿意　□尚可　□需改善，請說明

整體評價：請說明

· 您在何處購買本書？

□書局　□網路書店　□書展　□團購　□其他

· 您購買本書的原因？（可複選）

□個人需要　□公司採購　□親友推薦　□老師指定用書　□其他

· 您希望全華以何種方式提供出版訊息及特惠活動？

□電子報　□ DM　□廣告　（媒體名稱　　　　　　　　　　　　）

· 您是否上過全華網路書店？（www.opentech.com.tw）

□是　□否　您的建議

· 您希望全華出版哪方面書籍？

· 您希望全華加強哪些服務？

感謝您提供寶貴意見，全華將秉持服務的熱忱，出版更多好書，以饗讀者。

填寫日期：　　　／　　　／

生日：西元　　　　年　　　月　　　日　性別：□男 □女

註：數字零，請用 Φ 表示，數字 1 與英文 L 請另註明並書寫端正，謝謝。

全華圖書 敬上

2020.09 修訂

親愛的讀者：

感謝您對全華圖書的支持與愛護，雖然我們很慎重的處理每一本書，但恐仍有疏漏之處，若您發現本書有任何錯誤，請填寫於勘誤表內寄回，我們將於再版時修正，您的批評與指教是我們進步的原動力，謝謝！

全華圖書 敬上

勘　誤　表

書　號			作　者
頁　數	行　數	書　名	
		錯誤或不當之詞句	建議修改之詞句

我有話要說：　（其它之批評與建議，如封面、編排、內容、印刷品質等⋯⋯）